国际信息工程先进技术译丛

云应用中的服务质量

[美] 埃里克·鲍尔（Eric Bauer）
兰迪·亚当斯（Randee Adams） 著

谭 励 杨明华 译

机 械 工 业 出 版 社

本书通过“配置”、“分析”和“建议”三个部分，先介绍了关于应用程序服务质量、云模型以及虚拟化架构缺陷的基础内容，然后系统地分析了应用程序服务由于云架构缺陷受到的影响，继而为云计算应用以及尚在开发过程中的应用提供了技术和策略方面的建议，最大化其能够提供优质服务的能力，使通过云计算架构交付给用户的软件应用和服务，具有与在传统本地硬件配置上运行时相同级别的服务质量、可靠性和可用性。

本书能够帮助应用的架构师、开发人员和测试人员为客户和终端用户开发出符合期望，满足要求的高质量应用。适合从事云计算、云应用设计以及软件工程行业的人士阅读，也适合作为相关专业的师生的参考书。

关 于 作 者

Eric Bauer是阿尔卡特-朗讯的IP平台CTO的可靠性工程经理，他曾在阿尔卡特-朗讯的平台、应用以及解决方案的可靠性方面工作超过十年。在从事可靠性工程领域之前，Bauer花了二十年时间设计和开发嵌入式固件、网络操作系统、IP PBX、互联网平台以及光传输系统。Bauer获得了十多项美国专利，撰写了《Reliability and Availability of Cloud Computing（云计算实战：可靠性与可用性设计）》《Beyond Redundanoy：How Geographic Redundancy Can Improve Service Availability and Reliability of Computer-Based Systems（超越冗余：地理冗余如何才能提高计算机系统的可用性和可靠性）》《Design for Reliability：Information and Computer-Based Systems（可靠性设计：信息和计算机系统）》《Practical System Reliability（系统可靠性实用技术）》（均由Wiley-IEEE出版社出版）等著作，并有多篇论文在《Bell Labs Technical Journal（贝尔实验室技术期刊）》发表。Bauer拥有康奈尔大学电子工程学士学位和普渡大学电气工程硕士学位，他住在新泽西州弗里霍尔德。

Randee Adams是阿尔卡特-朗讯的IP平台CTO的技术顾问，她花了近十年时间专注于产品的可靠性设计，曾多次在各种内部可靠性论坛上发言。Adams撰写了《Beyond Redundanoy：How Geographic Redundancy Can Improve Service Availability and Reliability of Computer-Based Systems（超越冗余：地理冗余如何才能提高计算机系统的可用性和可靠性）》和《Reliability and Availability of Cloud Computing（云计算实战：可靠性和可用性设计）》等著作。她最初作为5ESS交换机的程序员，于1979年加入贝尔实验室。Adams在整个公司的多个项目（如软件开发、故障单管理、负载管理研究、软件交付、系统工程、软件架构、软件设计、开发工具和联合风险设置）和多个功能领域（如数据库管理、公共信道信令、操作实施、指导和管理、可靠性和安全性）工作过。Adams拥有亚利桑那大学的学士学位以及伊利诺伊理工学院的计算机科学硕士学位，她住在伊利诺伊州内珀维尔。

译者序

本书的作者为我们规划了部署在云上的应用程序的美好愿景，那就是这些在云架构上的应用和服务，应该能够与部署在传统、本地的硬件上一样，具有良好的服务质量、可靠性和可用性。云计算架构在具有优势的同时也带来了一系列在虚拟化计算、内存、存储和网络资源损耗方面的风险和缺陷，应用程序开发人员和运营商应当尽可能避免云计算架构的缺陷，才能保证应用和服务交付给最终用户时不会受到很大影响。

本书介绍了云模型和基于云的应用程序服务质量，分析了可能影响交付给最终用户的应用程序服务质量的虚拟化架构缺陷，并探讨了改进云服务质量的各种可能。同时，本书还推荐了一些关于架构、策略和相关技术方面的建议，帮助读者在云计算应用程序开发和部署过程中，实现服务质量方面的优化。

本书由三个部分组成：配置、分析与建议。第一部分主要是一些概念，介绍了什么是服务质量，什么是云模型，什么是虚拟化架构的缺陷等。第二部分则分析了虚拟化架构的缺陷是如何影响应用程序服务质量的，分析涉及冗余、负载均衡、版本管理、容量管理等多个方面。第三部分则是作者的建议，如何能够使云应用满足服务质量方面的需求。作者在服务质量方面的从业经验丰富，书中经常能够用具体生动的例子对概念进行解释，不仅如此，书中还提供了大量的交叉引用，方便读者能够前后查找一些概念或者有选择性的对本书进行阅读。

希望读者能在本书中找到对自己有用的东西，为开发和部署一个高服务质量的云应用做些准备。本书由谭励和杨明华合译，水平有限，虽然不是第一次翻译外文文献，但本书绝对是用时最长的，特别是在处理和核对书中交叉引用的内容上，为了保证前后文的一致性，的确花费了大量的时间。尽管如此，书中仍难免有各种翻译不当的地方，还请各位同仁指正。

译　者

2015 年底

目 录

Ⅱ　分　析

Ⅲ 建 议

第1章 概　　述

用户希望部署在云计算架构上的应用和服务能够与部署在传统、本地的硬件上一样，具有相似的服务质量、可靠性、可用性和延迟。云计算架构引入了一系列由于虚拟化计算、内存、存储和由“架构即服务（Infrastructrue-as-a-Service，IaaS）”供应商带给托管的应用程序实例等网络资源带来的服务缺陷风险，因此，应用程序开发人员和云消费者应当尽可能避免这些缺陷，以确保应用程序服务交付给最终用户时不会受到很大影响。本书分析了可能影响应用程序服务交付给最终用户的云架构问题，以及改进云服务质量的各种可能。同时，本书还推荐了一些架构、策略和相关技术，能够使得部署在云上的应用程序为终端用户提供更好的服务。

1.1 入门

基于云的应用软件在一系列虚拟机实例中执行，每一个独立的虚拟机实例依靠云架构所提供的虚拟计算、内存、存储和网络来进行服务交付。如图 1.1 所示，应用程序通过虚线边界向终端用户提供“面向用户的服务（customer facing service）”，“IaaS”供应商通过图中的虚线边界，即“面向资源服务（resource facing service）”提供虚拟化资源。对于终端用户而言，应用程序的服务质量可以看做是一个由应用程序架构和软件质量构成的函数，而由 IaaS 通过面向资源服务边界提供的虚拟架构的服务质量，以及将终端用户连接至应用程序实例的接入服务和广域网服务质量也是如此。本书考虑了为云应用程序所提供的虚拟化资源存在的各种缺陷，并讨论如何将终端用户体验的用户服务质量最优化。如果忽略终端用户设备的服务缺陷，在接入和广域网中，用户可以勉强感受到应用程序服务质量的差异，从而区分一个特定的应用程序是部署在云架构上的还是部署在传统的硬件设备上的。

应用软件部署在本地或云端的关键技术差异在于，本地部署应用程序的用户操作系统能够直接访问物理计算、内存、存储和网络资源，而云端部署则在用户操作系统和物理硬件之间插入了一个管理程序层或者虚拟机管理软件。这个管理程序层或虚拟机管理软件能够实现复杂的资源共享，技术参数和操作策略。然而，管理程序层或虚拟机管理软件并不能向用户操作系统和应用软件提供合适的硬件仿真，这使得提供给最终用户的应用程序服务质量会受到一定影响。如图 1.1 所示，应用程序部署在一个独立的数据中心，而现实中应用程序往往需要部署在多个数据中心，通过缩短消息抵达最终用户的延迟，支持连续性业务和灾难恢复以及其他商业措

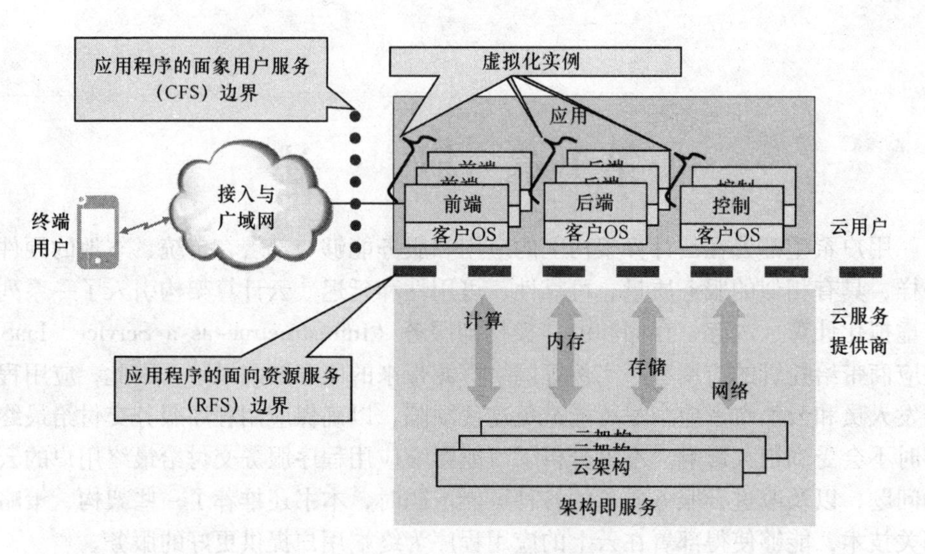

图 1.1 基于云的应用示例

施，才能保证用户的服务质量。本书也会涉及部署在多个数据中心的应用程序服务质量问题。

本书提供了当应用程序软件部署在云架构上时，为保证交付给最终用户好的应用程序服务质量所应采用的应用程序架构、配置、验证和操作策略。本书所采用的保障应用程序服务质量的方法，来自于终端用户视角，同时还参考了行业标准和来自 NIST、TM 论坛、QuEST 论坛、ODCA、ISO、ITIL 等联盟的推荐。

1.2 目标读者

本书为应用程序架构师、开发人员和测试人员提供了设计和工程应用的指导，能够满足客户和最终用户在服务可靠性、可用性、质量和延迟方面的期望。产品经理、开发经理和项目经理也将从本书中获得关于服务质量风险方面的深入理解，风险必须尽可能减小才能确保一个应用程序部署到云架构时，能够一如既往地满足或超过客户在用户服务质量方面的预期。

1.3 本书组织结构

本书由三个部分组成：配置、分析与建议。

第Ⅰ部分：配置，将基于云的应用程序服务质量配置做出划分：

- “应用程序服务质量（第 2 章）”。本章定义了书中对于应用程序服务质量的度量标准，包括：服务可用性、服务延迟、服务可靠性、服务可访问性、服务可维持性、服务吞吐量以及服务时间戳精度。

- “云模型（第 3 章）”。本章从技术和运维的角度，分别阐述了部署在云架构上的应用程序与传统应用程序的不同，并揭示了快速弹性服务和大规模资源池可能带来的新机遇。
- “虚拟化架构缺陷（第 4 章）”。本章阐述了运行在云架构虚拟机上的应用程序必须要克服的架构服务缺陷，从而能够确保向终端用户提供可被接受的服务质量。本章中提到的服务质量的影响因素将在第Ⅱ部分：分析中进一步加以阐述。

第Ⅱ部分：分析，将通过以下的内容，系统地阐述在第 2 章“应用程序服务质量”中定义的应用程序服务是如何被第 4 章“虚拟化架构缺陷”中列举的架构缺陷影响的：

- “应用程序冗余和云计算（第 5 章）”。本章回顾了基本的冗余体系结构（简单结构、顺序冗余、并发冗余以及混合并发冗余），并阐述了在面对虚拟化架构缺陷时，这些冗余在减少缺陷所带来的影响时能够发挥的作用。
- “负载分配与均衡（第 6 章）”。本章系统的分析了应用程序负载分配与均衡问题。
- “故障容器（第 7 章）”。本章关于虚拟化和云如何帮助应用程序实现故障容器策略。
- “容量管理（第 8 章）”。本章系统分析了与快速弹性和在线容量增长和逆增长相关的应用程序服务风险。
- “发布管理（第 9 章）”。本章介绍了虚拟化和云在发布管理方面的支持。
- “端到端考虑因素（第 10 章）”。本章阐述了应用程序服务质量缺陷是如何通过端到端的服务交付路径不断累积的。本章同时阐述了服务质量影响的不同。部署应用程序到一个小型的云数据中心，服务质量的影响更接近终端用户，而部署到大型的、地区性的云数据中心，服务质量的影响则离终端用户更远。本章还讨论了关于灾难恢复和地理位置冗余问题。

第Ⅲ部分：建议，包含了以下内容：

- “服务质量问责（第 11 章）”。本章介绍了云部署是如何改变服务质量传统的职责，提供了通过云服务传输链实现这些职责的指导。本章同时通过服务差距模型回顾了如何规范连接、架构、实现、验证、部署以及监控应用程序，从而确保期望能够得到满足。与此同时，本章还介绍了服务水平协议。
- “服务可用性度量（第 12 章）”。本章阐述了传统应用服务的可用性度量如何应用到基于云的应用程序的部署中，同时能够保证服务可用性。
- “应用程序服务质量需求（第 13 章）”。本章阐述部署在云上的应用程序的高层服务质量需求。
- “虚拟化架构度量与管理（第 14 章）”。本章介绍了在生产系统中虚拟化架构缺陷的定量测量策略，以及消除导致影响架构性能的应用程序服务质量风险的策略。

- “基于云的应用程序分析（第15章）”。本章给出了一系列分析技术能够严格地评估服务质量风险和迁移目标应用程序体系结构的损失。
- “测试注意事项（第16章）”。基于云的应用程序测试注意事项一章，除了一些虚拟化架构不可避免的缺陷之外，阐述了能够确保服务质量满足期望的问题。
- “关键点连接与总结（第17章）”。本章讨论了如何应用第Ⅲ部分的内容，使得现有的和新的应用程序能够减少第Ⅰ部分：基础内容和第Ⅱ部分分析所提到并分析的服务质量风险。

许多读者可能会希望学习与他们业务相关的技术或者感兴趣的专业相关的章节，而不会严格地按照本书的章节来阅读，因此本书提供了很多交叉引用的内容，读者可以直接进入第Ⅱ部分分析，再通过交叉引用回到第Ⅰ部分来找一些定义或者到第Ⅲ部分参考一些推荐的内容。本书提供了详细的索引能够帮助读者快速的找到需要的内容。

致谢

感谢Dan Johnson、Annie Lequesne、Sam Samuel和Lawrence Cowsar一直以来的支持，如果没有他们，我们难以完成本书的写作。感谢Mark Clougherty、Roger Maitland、Rich Sohn、John Haller、Dan Eustace、Geeta Chauhan、Karsten Oberle、Kristof Boeynaems、Tony Imperato和Chuck Salisbury为我们提供了许多专业的反馈意见。感谢Karen Woest、Srujal Shah、Pete Fales和许多朋友们向我们无私地分享了数据和专业的见解。感谢Bob Brownlie提供的有关服务度量和职责的深刻观点。感谢Bruce Collier为我们提供的有关虚拟化应用程序发布管理方面的专业意见。感谢Mark Cameron、Iraj Saniee、Katherine Guo、Indra Widjaja、Davide Cherubini和Karsten Oberle，你们提供的专业意见和大量翔实的材料对本书的完成起到了重要的作用。还要感谢Tim Coote、Steve Woodward、Herbert Ristock、Kim Tracy和Xuemei Zhang几位评审专家，花时间通读了本书并给予了本书非常有意义的改进建议。

非常欢迎您对本书发表您的阅读意见，读者可以通过以下email将意见反馈给我们：Eric. Bauer@ alcatel- lucent. com以及Randee. Adams@ alcatel- lucent. com。

I 配置

本书关于配置的相关内容如图 2.0 所示：基于云的应用程序依赖虚拟化计算、内存、存储和网络资源，通过接入和广域网向终端用户提供信息服务。应用程序的质量主要关于通过应用程序面向用户服务边界（在图 2.0 中以虚线表示）提供的用户服务。

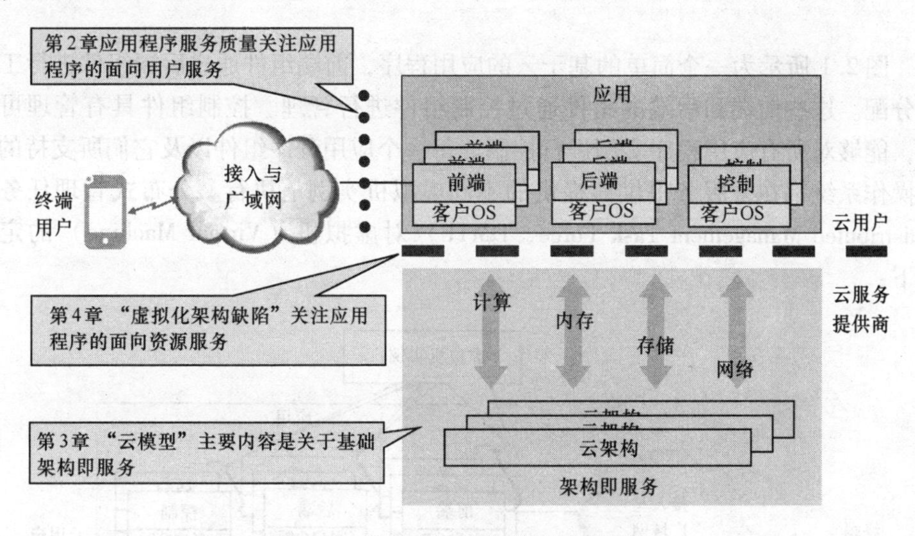

图 2.0 第 I 部分：配置组织结构图

- 第 2 章"应用程序服务质量"主要关注通过边界传输的应用程序服务。应用程序本身依赖通过云服务提供的虚拟化计算、内存、存储以及网络来执行应用软件。
- 第 3 章"云模型"介绍了支持虚拟化架构的云服务配置。
- 第 4 章"虚拟化架构缺陷"则关注通过应用程序的面向资源服务边界给应用程序组件带来的服务缺陷。

第2章　应用程序服务质量

本章介绍了应用程序向终端用户所提供的服务以及度量这些服务质量的方法。在本章中，将详细介绍其中一部分最常用的度量应用程序服务质量的方法。而一些服务的关键质量指标（Key Quality Indicator，KQI）将在第Ⅱ部分“分析”中做深入介绍。

2.1　简单应用程序模型

图2.1所示为一个简单的基于云的应用程序，前端组件通过后端组件进行工作的分配。这些前端和后端的组件通过控制组件进行管理。控制组件具有管理可见性，能够对所有应用程序实例进行控制。每一个应用程序组件以及它们所支持的客户操作系统都在云服务提供商提供的不同虚拟机实例上执行。分布式管理任务组（Distributed Management Task Force，DMTF）对虚拟机（Virtual Machine）的定义如下：

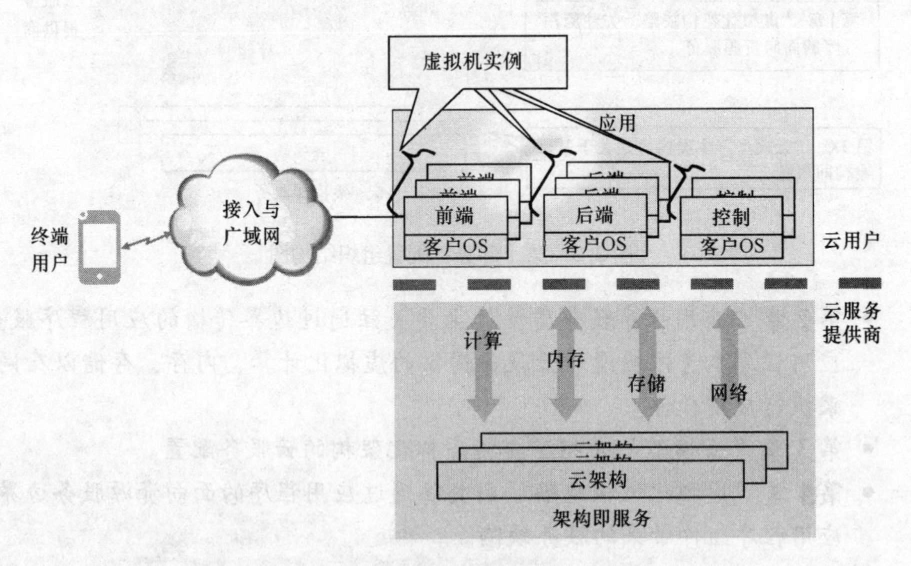

图2.1　一个简单的基于云的应用程序

能够支持客户软件执行的完整环境。虚拟机是一个虚拟硬件、虚拟磁盘以及与之相关的元数据的完整封装。虚拟机使得底层的物理机器能够通过一个软件层实现多路复用，这就是虚拟机管理程序［DSP0243］。

为简单起见，简单模型忽略了直接支持应用程序的系统，例如能够保护应用程序免受外部攻击的安全装置、域名服务器等。

图 2. 2 所示为一个简单的应用程序组件，部署在基于云架构的虚拟机上。这个应用软件以及其下层的操作系统——是指客户 OS——运行在虚拟机的实例上，实现对物理服务器的仿真。云服务提供商的架构为应用程序的客户操作系统实例提供了以下资源服务：

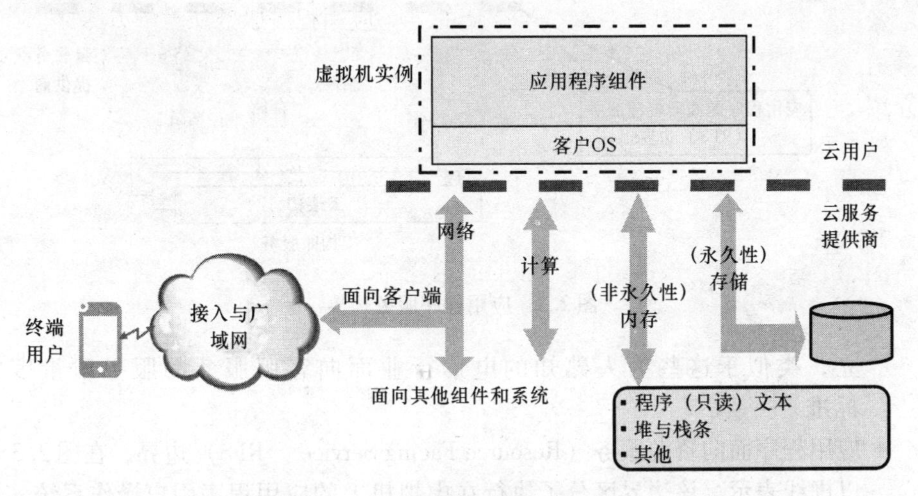

图 2. 2　一个简单的虚拟机服务模型

- 网络：应用程序软件与其他应用程序组件、应用程序客户端和其他系统进行联网。
- 计算：应用程序最终将在一个物理处理器上执行。
- (非永久性) 内存：应用程序可以执行多种程序的内存，包括堆内存、栈存储、共享内存以及使用主存维护动态数据，例如应用程序状态信息。
- (永久性) 存储：应用程序在文件或文件系统中存储永久性的数据，包括程序的执行参数、配置以及需要永久保存的应用程序数据。

2. 2　服务边界

对于服务边界进行定义是十分有意义的，可以帮助我们区别用户程序和应用程序所提供的服务，更好地理解在用户服务交付的过程中，每个部分的依赖关系、交互、角色以及职责。接下来我们将关注图 2. 3 中所示的两个高层的应用程序服务边界。

- 应用程序的面向用户服务（Customer Facing Service，CFS）边界，在图 2. 3 中如圆点线所示。该边界划分了应用程序实例面向用户的边界。用户服务可靠性，例如呼叫完成率，以及服务延迟，例如呼叫建

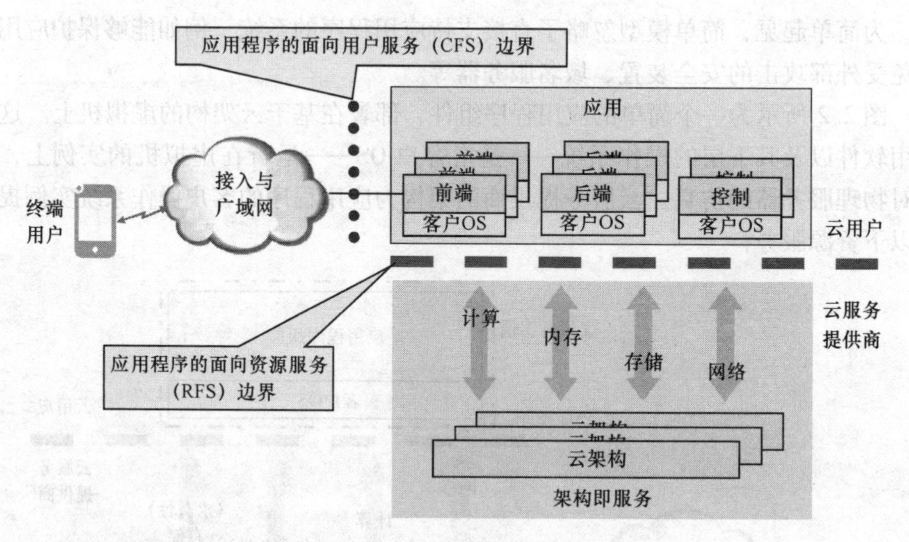

图 2.3　应用程序服务边界

立，类似于这些为人熟知的电信行业面向客服服务的服务质量度量标准。

- 应用程序面向资源服务（Resource Facing Service，RFS）边界，在图 2.3 中以虚线表示。该边界区分了执行在虚拟机上的应用程序用户操作系统实例和云服务提供商提供的虚拟化计算、内存、存储和网络。在永久性存储（例如硬盘驱动器）中检索数据所产生的延迟就是我们非常熟悉的面向资源服务的服务质量度量。

需要注意的是，面向用户服务和面向资源服务边界在服务交付链中是相对于某个特定的实体而言的。如图 2.3 所示，本书是从基于云的应用程序视角来解读这些概念，而同样的服务边界概念，可以作为云架构即服务的一个组成部分或者被当作诸如技术组件即服务，例如数据库即服务的一部分。

2.3　质量和性能的关键指标

通过服务边界传送的服务质量，例如服务的延迟或可靠性，是可以进行量化度量的。这些服务度量的技术指标通常被称为关键性能指标（Key Performance Indicator，KPI）。如图 2.4 所示，通过面向用户服务边界包含的 KPI 的子集从用户经验和感受的角度刻画了服务质量的关键要素，这些要素统称是关键质量指标（Key Quality Indicator，KQI）[TMF_TR197]。企业通常会把跟踪并管理这些 KQI 当作是常规工作，以确保用户对服务质量能够满意。一个运转良好的企业还会将员工的奖金与 KQI 的定量目标实现程度挂钩，激励员工为客户提供最好的服务质量从而能够获得更多的经济效益。

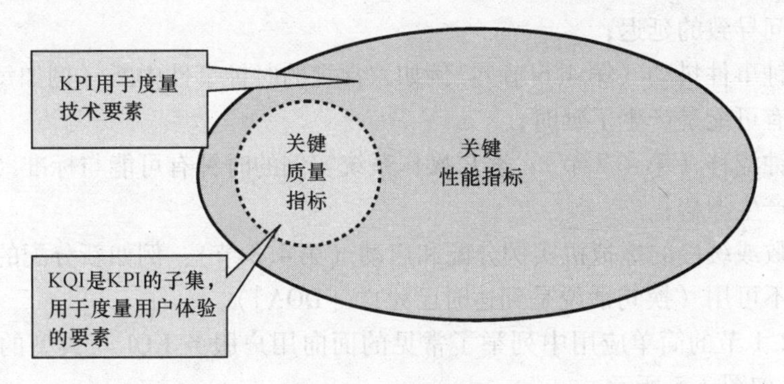

图 2.4　KQI 和 KPI

在应用程序中，KQI 包含了高层业务所考虑的因素，包括了影响用户满意程度和导致客户流失的服务质量，例如：

- 服务可用性（第 2.5.1 节）：服务对于用户而言是在线可用的；
- 服务延迟（第 2.5.2 节）：服务是否能够快速响应用户的需求；
- 服务可靠性（第 2.5.3 节）：服务能够正确地响应用户的请求；
- 服务可访问性（第 2.5.4 节）：是指个人用户能够按需迅速访问服务或资源的概率；
- 服务可维持性（第 2.5.5 节）：是指一个服务会话，例如电影、游戏或者电话的数据流，能够不间断地保持好的服务质量直到其正常中断（例如，用户要求其中断）的概率；
- 服务吞吐量（第 2.5.6 节）：根据用户的需要提供合适的服务吞吐量；
- 服务时间戳精度（第 2.5.7 节）：提供满足预计或符合规定的时间精度要求。

具有不同业务模型的不同应用程序所定义的 KPI 会有所不同，也会在一定范围的应用程序 KPI 中选择不同的 KQI。

一个基于云的应用程序主要的面向资源服务的风险，取决于由云服务提供的虚拟化计算、内存、存储和网络传输的服务质量。第 4 章“虚拟化架构缺陷”将包含以下内容：

- 虚拟机故障（第 4.2 节）：就像传统的硬件设备一样，虚拟机也有可能发生故障；
- 无法交付的虚拟机配置容量（第 4.3 节）：例如，虚拟机能够完成简单的停止操作（或是停止安装）；
- 交付退化的虚拟机容量（第 4.4 节）：例如，某个虚拟机服务器有可能产生了拥塞，则一些应用程序的 IP 数据包就会被主机操作系统或管理程序丢弃；
- 尾部延迟（第 4.5 节）：例如，一些应用程序组件有可能会遇到长时间资源访问导致的延迟；

- 时钟事件抖动（第4.6节）：例如，常规的时钟事件中断（例如每1ms）发生有可能是产生了延时；
- 时钟漂移（第4.7节）：客户操作系统实例的时钟有可能与标准（UTC）时间产生漂移；
- 失败或缓慢的虚拟机实例分配和启动（第4.8节）：例如新分配的云资源也许不可用（换句话说是到达时已死亡［DOA］）。

在第2.1节的简单应用中列举了常见的面向用户服务KQI与典型的面向资源服务KPI，如图2.5所示。

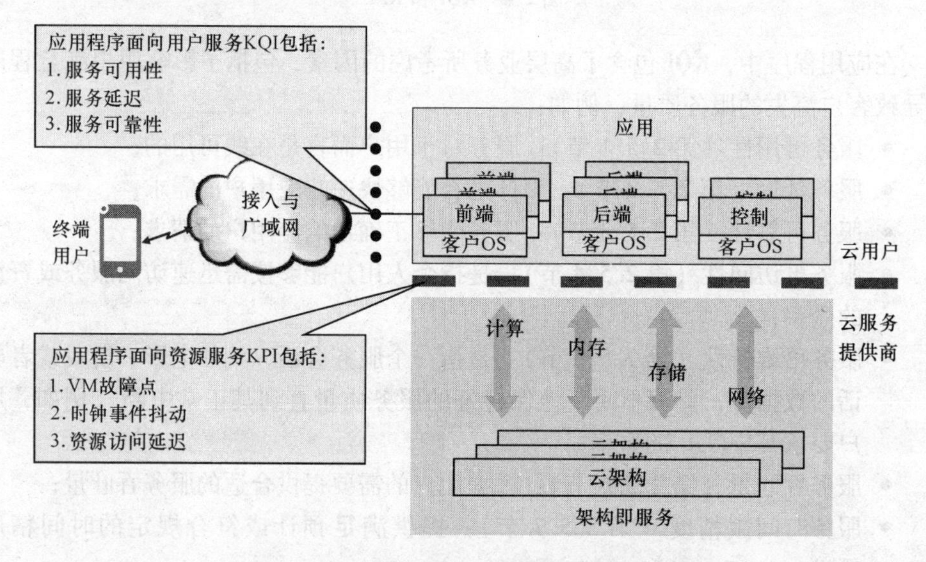

图2.5　应用程序的面向用户和资源服务指标

如图2.6所示，一个健壮的应用程序体系结构，能够通过应用程序的面向用户服务边界维护好的服务质量，同时还能够克服通过面向资源服务边界时产生的缺陷以及应用程序本身的故障。

图2.7所示是一个具体的健壮性的例子：如果一个托管了应用程序的云架构虚拟机出现了故障，其中应用程序后端实例需要在数百毫秒（参见4.3节“无法交付的虚拟机配置容量”）进行响应，那么应用程序的面向用户服务会受到影响么？是否一些或者全部用户操作需要在数百毫秒时间内完成？一些（或者全部）操作会由于超时而失败？一个健壮的应用程序能够屏蔽这些面向用户服务缺陷的影响，使得终端用户不会体验到难以接受的服务质量。

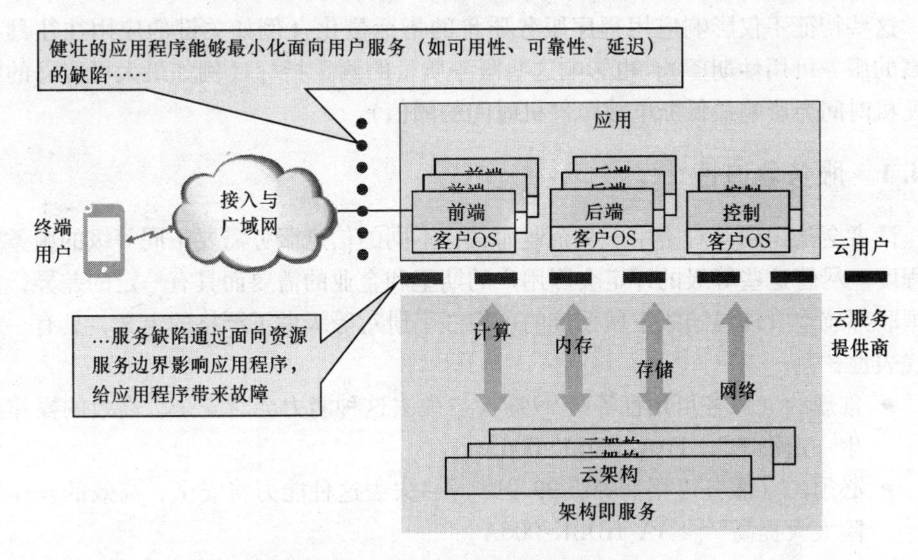

图2.6　应用程序健壮性

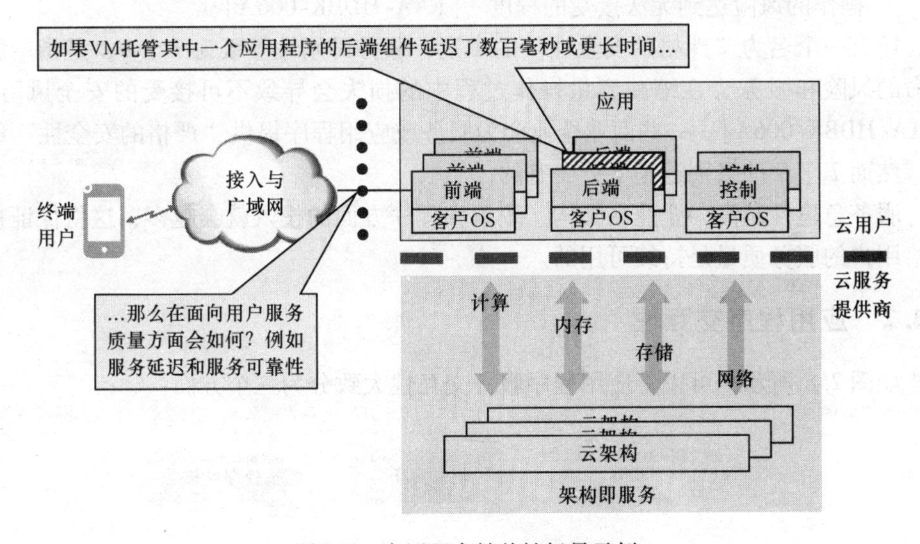

图2.7　应用程序健壮性场景示例

2.4　关键应用特征

面向用户服务质量根据期望可以划分为以下几个部分：

- 服务急迫性（第2.4.1节）；
- 应用程序交互性（第2.4.2节）；
- 网络传输缺陷的耐受性（第2.4.3节）。

这些特征不仅影响应用程序服务质量的指标量化（例如关键的应用往往具有较高的服务可用性期望），也影响这些服务质量的测量指标（例如最大可容忍的服务死机时间会影响最低断电故障停机时间的阈值）。

2.4.1 服务急迫性

读者会认识到，对于用户和企业而言，不同的信息服务需要不同等级的服务紧迫程度。尽管这些等级的评定会因用户的期望和企业的需要而具有一定的差异，但美国联邦航空管理局国家空域系统的可靠性手册对等级做了严格的定义，具有一定的代表性：

- 常规的（服务可用性等级 99%）：“失去这种能力会对安全、高效的操作产生一定影响”[FAA-HDBK-006A]；
- 必须的（服务可用性等级 99.9%）：“失去这种能力将安全、高效的操作风险大大提高”[FAA-HDBK-006A]；
- 严格的（服务可用性等级 99.999%）：“失去这种能力将使得安全、高效的操作的风险达到无法接受的程度”[FAA-HDBK-006A]；

还有一个名为“严格的安全性”的类别，服务可用性等级为 7 个 9，是指威胁生命的风险和服务“在缩减容量操作过程中的损失会导致不可接受的安全风险”[FAA-HDBK-006A]。一些商业企业会为服务或应用程序提供“严格的安全性”级别，然而 7 个 9 的级别还是十分少有的。

服务急迫性越高，企业在架构、政策和程序方面的投入就会越多，这将保证提供给用户的服务质量是持续可用的。

2.4.2 应用程序交互性

如图 2.8 所示，可以将应用程序服务交互性大致分为三个方面：

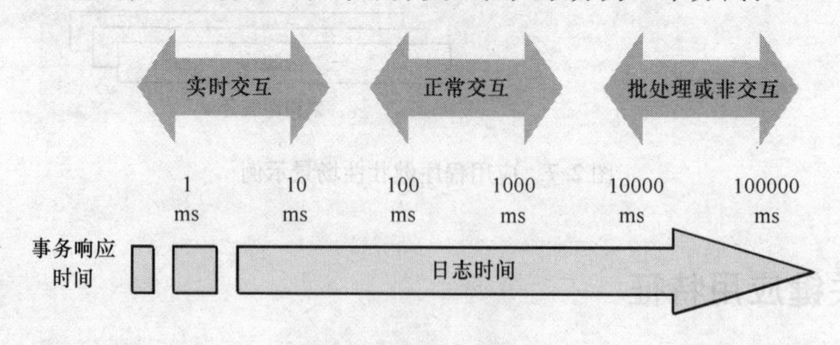

图 2.8 交互性时间表

- 批处理或非交互类型。那些“离线”的应用程序大多是这种类型，例如处理薪资单、离线账单以及离线分析。这类应用程序大多数会运行几分钟到几个小时。对于用户而言，这类离线应用程序的吞吐量总和（例如完成整个批处理任务所需要的全部时间）往往要比完成单个事务所需要的时间更有意义。一个批处理任务可能包含成百上千，甚至更多独立的事务，每个事务可能执行成功，也可能失败。对失败的事务进行手动处理会导致用户的运营成本增加。对于批处理操作而言，交互性的要求会比较低，而服务可靠性（例如，事务具有低错检率可以减少重做，降低成本）的要求则通常比较高。

- 正常交互类型。具有正常交互性需求的在线应用程序往往是这种类型，例如常规的网络流量（例如电子商务）和通信信号发射。这类应用程序的交互性受应用程序类型、服务提供商以及其他的一些因素的影响，而具有较大的差异。例如，大多数用户拨电话后等待接听的时间不会超过几秒钟，看电视换台时等待 IP TV 视频出现的时间也不会超过几秒钟，然而，这个等待时间到了基于 web 的应用程序上，例如完成一个电商的购物，则可能会长一些。交互性事务的响应时间通常以几百毫秒或者数千毫秒计算。
- 实时交互类型。具有严格的响应时间或服务延迟要求的应用程序属于这种交互性极强的类型。交互式多媒体内容（例如音频或视频会议）、游戏（例如第一人称射击游戏）以及数据或承载面的应用程序（例如防火墙、网关）等，都具有非常严格的实时服务要求。对于实时应用程序事务的响应时间通常是以毫秒或几十毫秒计算的。

2.4.3 网络传输缺陷的耐受性

数据网络受到以下三类网络服务缺陷的影响：

- 丢包：由于发送方和接收方之间网络拥塞、传输失败或其他原因，数据包可能会被中间系统丢弃。
- 包延迟：电气和光学信号的传播速度有限，当信号通过中间系统，例如路由器和交换机，会花费一定的时间。因此，在一方传输数据包的时候或是在另一方接收数据包的时候，总会产生一定的延迟。
- 包抖动：一个数据流内数据包与数据包之间的包延迟差异被称为抖动。同步数据流抖动的问题尤其严重，例如音频或视频会话，接收设备必须不断地为终端用户呈现流媒体数据。如果一个数据包没有在规定的时间内顺利抵达呈现给最终用户，则最终用户的设备就需要一些丢包的补偿机制，有可能会在服务的呈现上做一些降低精度的妥协，这可能会影响终端用户的服务质量体验。

[RFC4594] 描述了常见应用程序类型对于丢包、延迟和抖动的耐受性。

2.5 应用程序服务质量指标

尽管不同的应用程序向终端用户提供不同的功能，但通过应用程序面向用户服务边界向终端用户提供的应用程序的主要服务 KQI 包含以下一个或者多个指标：

- 服务可用性（第 2.5.1 节）；
- 服务延迟（第 2.5.2 节）；
- 服务可靠性（第 2.5.3 节）；
- 服务可访问性（第 2.5.4 节）；
- 服务可维持性（第 2.5.5 节）；
- 服务吞吐量（第 2.5.6 节）；
- 服务时间戳精度（第 2.5.7 节）；
- 特定应用程序的服务质量度量（第 2.5.8 节）。

注意，对于用户而言，服务质量的一致性也十分重要。服务质量性能的度量在任何时候，应该是一致的和可重复的。信息和通信服务的一致性对于用户而言就像其他产品的品牌一样重要。

2.5.1 服务可用性

可用性的定义如下，“IT 服务或其他配置项在需要的时候执行其约定功能的能力”[ITIL- Availability]。数学上，可用性可以由式（2.1）描述，可用性的公式如下：

$$可用性 = \frac{约定服务时间 - 故障停机时间}{约定服务时间} \quad (2.1)$$

约定服务时间是系统认可的测量窗口时间。所谓的 24 ×7 × 不间断系统（也被称为“24 ×7 ×365”），约定服务时间是每天每时每刻，如果系统允许计划停机，则计划和安排停机时间应在约定服务时间之外。故障停机时间（Outage Downtime）被定义为：“服务不可用的一定数量的系统、网络元素或服务实体处以平均可用数量系统、网络元素或网络实体在给定时期内加权时间的总和。”[TL_9000]。注意，现代应用程序通常同时为不同的用户提供不同的功能，因此，部分功能发生中断故障往往比整体发生故障更为常见；部分功能故障通常也仅会使系统的一部分功能受到影响。

服务可用性度量和目标通常反映了受影响的应用程序的服务急迫程度（参见第 2.4.1 节“服务急迫性”）。例如，对于 IaaS 供应商的应用程序而言，所使用的可用性相关的定义从字面上会有“必要”和“常规”紧迫性两种。针对最小可充电故障时间至少 5min 这种情况：“不可用”意味着所有运行实例在 **5min** 的时间内

都没有外部连接并且不能够运行其他替换的实例[⊖]。关键服务通常会有很多严格的服务度量和性能目标。例如，电信行业的质量标准 TL 9000 使用以下故障定义："导致主要功能完成失效的全部故障中断都必须计算在内……只要全部或部分的系统的操作窗口时间大于 15s，无论中断故障是临时或计划发生的。"[TL_ 9000]。显然，最低断电中断持续时间 15s 远比最低断电中断持续时间 5min 要严格得多。除了严格的服务性能目标，关键服务通常会包括更多精确的度量，例如，按比例分配部分容量或功能缺陷，而不是测量全部（例如，"在 5min 时间内没有可用连接"）。死机事件往往是罕见的急性事件，几周、几个月、或几年的正常运转被一个持续几十分钟甚至几小时事件中断。因此，可用性或故障停机时间通常是在平均 6 个月的时间设置中断事件，重新对环境进行配置。

对于服务可用性度量的需求将在第 13.1 节"服务可用性需求"中进一步详细阐述。

2.5.2　服务延迟

如图 2.9 所示，服务延迟是指服务请求与响应之间经过的时间。大多数基于网络的服务都会按照客户端用户发出的请求运行事务：web 应用程序响应 HTTP GET 的请求返回各种网页（当遇到 HTTP PUT 请求时更新网页）；通信网络接到用户的请求后建立呼叫；游戏服务器响应用户的输入；多媒体服务器按照用户的要求播放流媒体视频等。

除了具体的服务延迟度量，例如载入网页需要的时间，一些应用程序对于更高级别的操作有着服务延迟方面的需求，这些更高级别的操作包含了许多具体的事务，例如激活一个新的智能手机需要多少秒或者多少分钟，给一个新的用户提供应用程序服务需要花多长时间。好的解决方案能够将高级别的应用程序延迟需求降低到较低级别，从而有效地确保整体的服务延迟管理有序。

服务延迟方面的度量需求将在第 13.2 节"服务延迟需求"中进一步讨论。

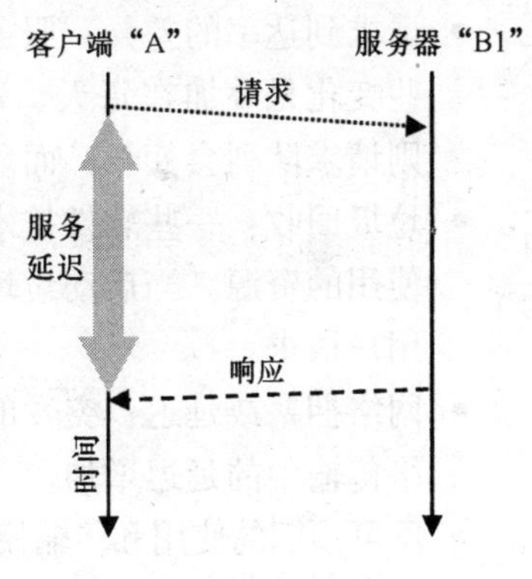

图 2.9　服务延迟

2.5.2.1　延迟变化的传统原因

延迟发生在客户端发送请求和接收到响应的两个时间之间，一些难以避免的原因导致了延迟发生，包括：

- 请求队列：当资源繁忙的时候请求正好到来，这时候不是立即拒绝请求，而是将这些请求放入一个队列依次响应，队列使得请求得到响应的概率增

⊖ "Amazon EC2 服务级别协议"，生效时间：2008 年 10 月 23 日。http：//aws. amazon. com/ec2- sla/ 访问时间：2012 年 12 月 14 日。

加，但同时也会使得服务的延迟增大。如果系统设计合理，则请求队列满足服务能够提供的负载，而不需要服务为系统在最繁忙的时候（例如，最繁忙的毫秒或微秒）增加系统的硬件投入。本质上，请求队列带来了偶尔增加的服务延迟，但却避免了系统硬件方面更多的投入。

- 缓存：来自缓存的响应要远比来自读硬盘或网络事务的响应要快得多。
- 磁盘结构：随机存取内存（RAM）中，访问内存不同位置需要的时间是一样的，而磁盘存储则不同，数据访问需要不同的访问时间，因为磁头需要移动到磁盘的相应位置才能够进行数据的存储。磁头的移动有两种不同的方向：
  - ○ 按照磁盘存储的方式旋转。
  - ○ Track-to-track 方式，磁头在数据存储的同心环或磁轨间移动。

当访问顺序数据时，利用文件系统和数据库的物理布局往往能够减少旋转或按磁轨访问数据所带来的延迟，但由于数据在磁盘上的物理布局，一些数据操作将不可避免地需要更多的时间。

- 磁盘碎片：磁盘碎片导致数据在磁盘中不能连续存储。在对非连续的磁盘块进行读写时，需要在查找合适读写的磁盘空间上耗费时间，当处理碎片空间或文件时，会产生一些额外的延迟。
- 请求到达率的差异：服务请求的到达率会不可避免的有一些随机变化，这些变化是叠加在每天、每周这样周期性的使用模式之上的。当负载增大，则请求队列会变长，而队列延迟便会增大。
- 垃圾回收：一些软件技术要求能够周期性地进行垃圾回收以释放那些不再使用的资源。当启动垃圾回收机制时，一些资源可能就不能响应应用程序用户请求。
- 网络拥塞或延迟：突发的网络活动或峰值的出现可能会导致 IP 数据包在网络传输中的延迟增加。
- 不可预期的使用和传输模式：数据库和软件体系结构都是为某种使用场景或传输模式进行了配置和优化。而当使用场景和传输模式发生了与预期差异很大的变化时，之前的配置就不再是优化的配置了，这有可能导致性能的下降。
- 丢包或包损坏：当 IP 数据包在客户端与应用程序实例间传输时，有可能发生丢失或者损坏，丢失或损坏的情况也有可能发生在解决方案中任何组件之间。检测丢包并重传需要花费一定的时间，这有可能导致延迟的产生。
- 资源配置：本地的资源往往比附近数据中心的资源性能更优，同样，在附近数据中心的资源比在远端数据中心的资源访问延迟要低。
- 网络带宽：几乎所有的网络用户都知道，网络连接带宽较低则网页的加载速度会很慢。DSL 比拨号上网快，而入户光纤又比 DSL 要更快。同理，云端的资源如果不具备足够的网络带宽，就会像用户上网带宽不足一样，导致服务延迟的增加。

应用程序的体系结构能够帮助应用程序克服这些延迟导致的不足。例如，具有关键功能的应用程序，往往包含多个网络事务或磁盘操作，它们比那些缺少关键操作的应用程序更容易受到延迟影响。

2.5.2.2　服务延迟描述

图 2.10 给出了一个具有 30000 个事务的应用程序服务延迟分布的例子。平均（50%）服务延迟时间是 130ms，响应时间的范围较大；在这个数据集中，最慢的响应（1430ms）比 50% 平均延迟要耗时 10 倍。从这个累计分布中可以看到，延迟的“尾部”包含了一些异常值（有时也被称作是“变形”），它们比大多数的值要慢得多。尽管这些尾部数据显然也比一些典型延迟（例如 50% 的平均值或是 90% 的值）要慢得多，但对于系统地研究延迟来说，数以百万事务的延迟统计，比图 2.10 中这个数据集中仅有几千个样本的例子要更有说服力。

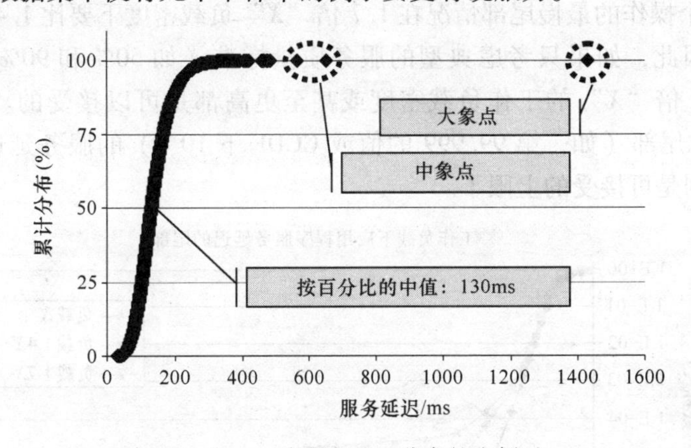

图 2.10　一个服务延迟分布的小例子

分别记录每个事务的服务延迟，然后直接分析数百万，数千万或更多的数据通常是不可行的。因此，一般关于服务延迟的度量都是按时间段进行的。（例如 30m 以下，30～49ms，50～69ms）。图 2.11 所示是一个运行在虚拟化架构上基于实时会话发起协议（Session Initiation Protocol，SIP）的应用程序服务延迟示意图。图中服务延迟基于三种不同的负载密度——“*X*”，1.4 倍“*X*”以及 1.7 倍“*X*”，可以很清楚地看到一些典型的延迟（例如 50% 和 90% 的值）是较为稳定的，而那些较好情况的延迟（例如，最快的 25%）则会随着负载密度增加而有所下降。

图 2.11 中，线性累积分布函数（CDF）掩盖了延迟尾部的“100%”的线，而对数互补累积分布函数（CCDF）则可以更好地将延迟的尾部用可视化效果展示出来。注意，虽然 y 轴上数值范围还是使用线性分布，y 轴上的 CCDF 使用对数刻度，更好地可视化极端的尾部值。图 2.12 给出了与图 2.11 所示同一个数据集的数据应用程序的延迟 CCDF，可以看到在 50000 操作中最慢的尾部情况是完全不同

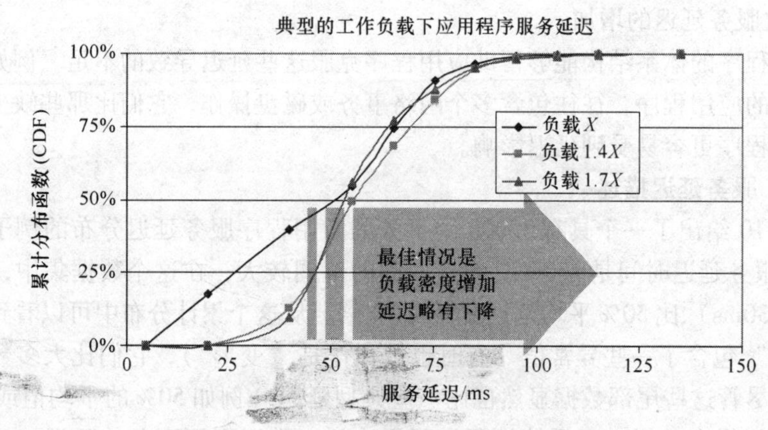

图 2.11 工作负载密度下典型延迟变化示例

的，100000 个操作的最慢尾部情况在 1.7 倍"X"负载密度下要比 1.4 倍负载密度下高许多。因此，如果只考虑典型的服务质量标准（如 50% 和 90% 的）服务延迟，那么 1.7 倍"X"的工作负载密度或甚至更高都是可以接受的。然而，如果 QoS 标准考虑尾部（如，第 99.999 的值或 CCDF 下 10^{-5}）的服务延迟，那么 1.4 倍工作负载则是可接受的上限了。

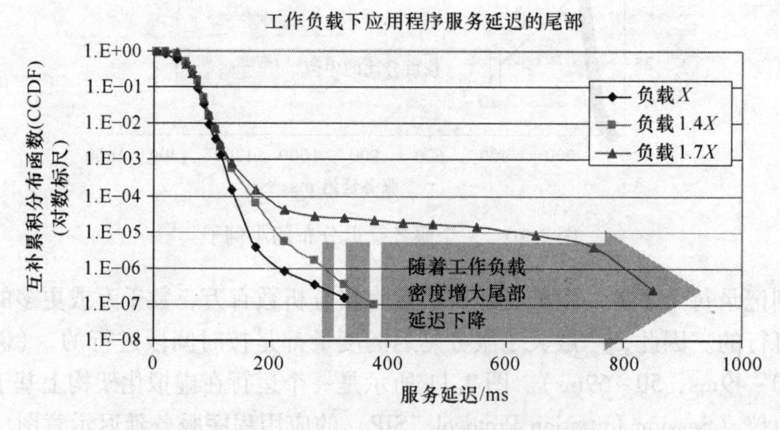

图 2.12 工作负载密度下尾部延迟变化示例

实际测量的延迟数据往往在 CCDF 下呈现得更为混乱，可以从数据的统计分布来分析结果。图 2.13 所示是在 CCDF 下三种类型的统计分析结果分布：

- 凹形（例如正态分布）分布：该分布在半对数 CCDF 坐标下下降得十分快。例如，在 10^5 情况下最慢只比十个操作的情况下慢 3 倍。
- 指数分布：指数分布在半对数 CCDF 坐标下是一根直线，在 10^5 情况下最慢比十个操作的情况下慢 5 倍。
- 凸面分布（例如幂律分布）：该分布比指数分布下降得慢，在 10^5 情况下最慢比十个操作的情况下大约会慢 10 倍左右。

图 2. 13　理解互补累计分布图

从图 2. 12 可见，实际的分布可能会是多种理论分布的混合，例如，在最慢的 10^4 操作情况下符合标准分布，而在尾部变为幂律分布（也许在 50000 时发生变化）。

2. 5. 2. 3　服务延迟优化

关于服务延迟有两类特征，可以尝试从这两个方面对延迟进行优化（见图 2. 14）。

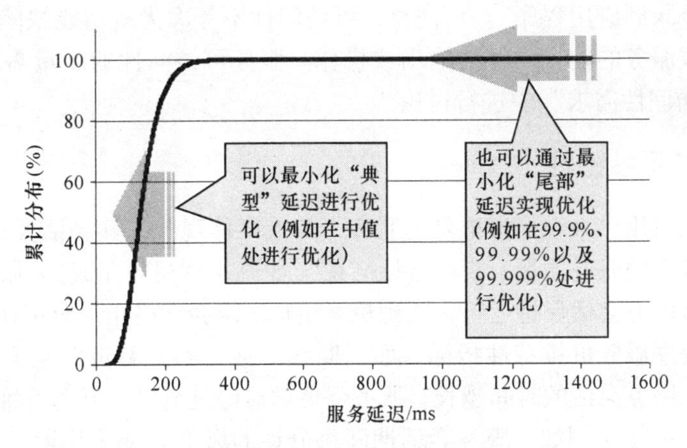

图 2. 14　服务延迟优化选项

- 最小化“典型”延迟，将典型延迟或者是 50% 值的延迟降低为毫秒（或微秒）能够提高平均性能。
- 最小化“尾部”延迟，较少操作数量带来的延迟要远大于典型延迟，因此可以通过减少“尾部”延迟从而减少分布方差，消除变形。

导致典型和尾部延迟的根本原因各不相同，但应该找到能够导致延迟的根本原因以便于进行优化，并可以在部署的时候进行识别或采用正确的方式避免延迟产生。

2.5.3 服务可靠性

可靠性是在［TL_ 9000］中定义为“在规定条件下规定时间内具有完成所有要求的能力”。服务可靠性是一个可以在最大可接受时间内正确处理服务请求的程序。服务可靠性的损伤有时被称为缺陷、失败或者故障操作。虽然服务可靠性可以作为衡量成功的概率（例如99.999%的成功概率），但概率表示是很多人不容易理解而且在数学上是难以计算的。相反，成熟的客户和供应商通常通过百万分之一失败（或故障）的尝试操作（DPM）衡量服务可靠性。例如，7个1%的失败尝试操作比99.9993%的服务可靠性更容易让人掌握。此外，DPM通常可以表示为沿关键服务交付路径求DPM值的总和。该度量需求将在第13.3节“服务可靠性需求”中讨论。

2.5.4 服务可访问性

应用服务可访问性是用户成功建立一个新的应用程序服务的会话或连接的可能性，诸如，开始流视频内容或开始音频呼叫或启动交互式游戏。应用程序通常有特定的服务可访问性指标，如电话服务可访问性故障，有时也被称为“呼叫失败的尝试。”服务可达性有时会作为服务可用性的替换，如“可用”和“可用的”表示消费者能够登录到应用程序”。请注意，可访问性不考虑为有功能缺陷的用户提供可能需要修改服务的输入、补偿输出或操作。服务可访问性的度量需求在第13.4节“服务可访问性需求”中进行讨论。

2.5.5 服务可维持性

面向会话对用户来说是很重要的服务，如流媒体视频，其会话要持续不间断，保持正常可接受的服务质量，直到会话结束（如流媒体视频完成）。服务可维持性的概念是现有服务会话保持运行，直到最终用户请求会话终止。应用程序通常具有特定的应用程序服务可维持性指标，如“断线”或“过早释放”会影响电话服务的可维持性。服务会话的时间越长，服务保留的风险就越高，服务可维持性往往用范化的时间来描述（例如，服务会话期间每分钟的风险）或采用隐式表示（例如90min的电影或10min在线游戏或3min电话可能存在的风险）。例如，一个30min的视频通话过程中断开服务的风险，要比一个3min的视频电话断开服务的风险要高10倍。因此，服务可维持性是一个概率，无法接受的服务影响事件会导致单个用户在规范化服务会话窗口（如每用户会话分钟）激活服务会话。本书将在第13.5节讨论“服务可维持性需求”的度量。

2.5.6　服务吞吐量

服务吞吐量是持续成功处理事务的比例，如每小时处理的事务数。服务吞吐量通常被认为是服务能力指标。一个未能满足服务吞吐量的预期，而（名义上）正确的配置，往往被视为具有服务质量问题。服务可靠性与服务吞吐量是耦合的，因为客户最关心的是成功处理的操作——有时候被称为“goodput”——不是去计算那些不成功或失败操作。例如，应用程序在过载时，能够成功向多个服务请求返回一个“TOO BUSY”的响应，以防止应用程序崩溃。但很少有用户会认为“TOO BUSY”是一个成功吞吐量响应或能看作是一个 goodput。因此，用户将吞吐量定义为最大可接受事务或影响率。本书将在第 13.6 节“服务吞吐量需求”中讨论服务吞吐量的度量。

2.5.7　服务时间戳精度

出于计费、规范要求或是一些操作上的原因，如故障，应用程序必须仔细记录时间戳。一些应用程序和管理系统使用时间戳来记录——之后用于重建——操作的时序，因此错误的时间戳可能会产生错误的操作/事件序列。尽管最终用户可能不会考虑规范的要求或操作的原因，但应用程序的规范和事务的用户可能依靠精确的时间戳来做完成工作。正如在第 4.7 节讨论的“时钟漂移”所述，虚拟化可能影响运行在虚拟机实例上的应用程序或客户 OS 软件的实时时间准确性，这是因为与本地的硬件不同，虚拟机实例采用的是通用协调时间（UTC）。本书将在第 13.7 节“时间戳精度需求”中讨论时间戳精度的度量。

2.5.8　特定应用程序的服务质量度量

不同类别的应用程序通常具有特定于应用程序的服务质量度量，例如：

- 平均意见得分：描述终端用户对于服务的总体质量体验，特别是流媒体服务，如语音电话、交互式视频会议和视频回放。平均意见得分（Mean Opinion Scores，MOS）［P. 800］通常表示为五个度量级别，见表 2.1。

表 2.1　平均意见得分［P. 800］

MOS	质　量	缺　陷
5	极好	几乎无法查觉
4	好	可以查觉但没有影响
3	一般	有轻微的影响
2	不好	有影响
1	很差	令人厌烦的影响

流媒体应用程序的服务质量指标主要受编码和解码（又名编解码器）算法与实

现，数据包丢失，数据包延迟以及抖动的影响。通过抖动缓冲区，当传输数据包不可用时，能够减小数据包传输时的改变或实现包补偿算法，使得复杂的客户端应用程序能够对用户屏蔽服务质量的缺陷。服务质量缺陷会导致最终用户对于整体服务质量的体验变差。对于大多数应用程序而言，高服务质量意味着需要低延时、低抖动和最小丢包率，然而，抖动的容忍度和丢包率实际上是独立于应用程序和用户的。服务质量主要考虑在终端用户的物理交互接口进行补偿，例如用户听到的音频或呈现在用户的眼前的视频。然而，呈现在用户面前的音频、视频和其他服务的服务质量缺陷，实际上受到许多因素的影响，包括应用程序本身，接入网络的包延迟、丢包和抖动，以及设备的质量和性能，包括是否编码和解码等因素。例如，无线电话的语音质量受到音频编码器/解码器（又名编解码器）的影响，同时还受接入无线网络延迟，抖动和网络丢包率，以及传输过程中是否音频转码的影响。任何一个在服务交付路径上的单个组件服务质量都会影响整体的服务质量（例如，一个基于云的应用程序），而这些影响通常是难以定量描述的。端到端的服务质量将在第 10 章“端到端考虑因素”中阐述。

- 音频/视频同步（又名“唇同步”）：音频和视频的同步是一个关键的流媒体服务质量，因为如果声音的漂移超过 50ms，会导致与演讲者的嘴形图像无法对上，观众对于服务质量的满意程度就会降低。

2.6 技术服务与支持服务

“服务质量”这一与应用程序相关的术语，通常被用于两个不同的环境：应用程序实例的技术服务质量（第 2.6.1 节）或由供应商或服务提供商提供给用户的支持服务质量（第 2.6.2 节）。在本书中，术语“服务质量”是指**技术服务质量**，而不是指支持服务质量。

2.6.1 技术服务质量

技术服务质量描述通过面向用户服务边界交付给用户的应用程序服务，如服务可用性（第 2.5.1 节），服务延迟（第 2.5.2 节）和服务可靠性（第 2.5.3 节）。

2.6.2 支持服务质量

供应商和服务提供商都会为他们的客户提供技术支持服务。许多读者对帮助台和客户支持服务十分熟悉。与技术服务 KQI 一样，支持服务 KQI 根据应用程序或服务支持的类型不同而不同。支持服务 KQI 通常包括三个指标：

- 响应：服务提供商能够很快响应客户的援助请求。例如，响应一个寻求帮助电话的时间是一种常见响应时间指标，客户对于不同的情况可能希望不同的响应时间，拨打 911 请求紧急援助与打电话到信用卡公司解决计费问题所希望的响应时间是不同的。支持服务响应时间的起始点和终止点，根据行业惯例和供应商策略会有所不同。

- 恢复：是指服务恢复的速度。注意，服务有时是通过一个解决方案才得以恢复的，如临时配置更改或重新启动进程。
- 解决：解决问题通常需要纠正真正的问题根源，如安装软件补丁以修补软件生产过程中遗留的缺陷。行业惯例和供应商策略将决定何时需要解决一个问题，例如计划安排交付一个补丁或实际交付一个补丁或已经安装了一个补丁并在生产环境中进行验证。

支持服务中，只有与寻址技术服务质量相关的中断和缺陷才会被考虑。

2.7　安全事项

无论对于传统应用程序还是基于云的应用程序，安全攻击都属于慢性风险。质量和可靠性关注在传输过程中能够具有可接受的质量；地址拒绝安全确保不受非法传输和其他安全风险的影响。通过分布式拒绝服务（DDoS）的安全攻击可以直接影响服务可用性、可访问性、吞吐量和应用程序服务质量。篡改应用程序数据和配置信息可能会影响服务的可靠性和正确性。质量和可靠性是两个不同的处理流程，但应该实现并行。计算机安全，尤其是云安全，是十分活跃和重要的话题，但已经超出了本书的讨论范围。读者可以通过访问众多安全方面的资源，例如［CSA］，获取更多关于这方面内容的信息。

第3章 云 模 型

云计算本质上是一种商业模型。在这种模型下，个人或者组织用户把支持其应用服务的计算、内存、存储以及主机网络等这些资源的运营和所有权外包给云计算提供商。这种计算转变为一种实用模型，如电力、水、电话、宽带上网等，在这种模型下服务提供商拥有并运营所必需的设备和设施，以提供计算服务并且消费者能够按需使用服务。[NTST] 对云计算做出如下定义：

一个可以随时的，方便的，按需通过网络访问共享资源池的计算资源（例如网络、服务器、存储器、应用程序和服务)，资源池可以通过最小化管理开销或服务提供商交互操作实现快速地配置和发布。云模型由5个基本特征，3个服务模型，4个部署模型组成。[SP800-145]

本章将阐述云计算的标准角色，服务模式和本质特征。本章最后将对云空间和可用区域作简要介绍。

3.1 云计算中的角色

图3.1在第2章“应用程序服务质量”中使用过的简单应用模型中，标识了云用户和云服务提供商角色。本书将重点放在了云用户和云服务提供商上，因为他们通常对于应用程序服务质量以及架构的服务质量具有主要责任。

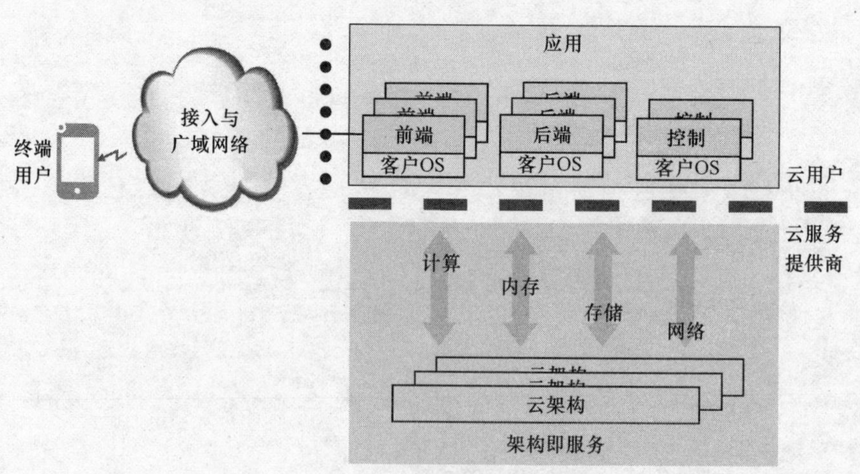

图3.1 一个简单应用中的云角色

云用户通过从一个或多个云服务提供商的计算架构应用中选择和集成软件组件

来提供应用服务给终端用户。一个或多个云或 IP 运营商为云数据中心和最终用户提供它们之间的网络连接。

3.2 云服务模型

NIST 定义了3种云服务模型：

- 架构即服务（IaaS）：提供给消费者的能力是处理、存储、网络和其他基本的计算资源，消费者能够用于部署和运行任意软件，包括操作系统和应用程序［SP800-145］。
- 平台即服务（PaaS）：提供给消费者的能力是将使用供应商支持的编程语言、库、服务和工具创建的或用户创建的应用程序部署到云架构上［SP800-145］。
- 软件即服务（SaaS）：提供给消费者的能力是使用在云架构上运行的供应商应用程序。应用程序是从各种客户端设备或通过微型客户端接口，如 Web 浏览器（例如，基于 Web 的电子邮件），或程序接口进行访问［SP800-145］。

IaaS 或 PaaS 的服务提供商面向用户服务边界是基于云的应用程序的资源服务边界。本书重点放在基于云的应用程序，但也将考虑 IaaS/ PaaS 的服务边界，即作为应用程序的面向资源服务边界。

3.3 云的基本特征

云计算有如下5个基本特征［SP800-145］：

1）按需自助服务（第3.3.1节）；
2）广泛的网络访问（第3.3.2节）；
3）资源池（第3.3.3节）；
4）快速弹性（第3.3.4节）；
5）度量服务（第3.3.5节）。

每个特征的最高级别的应用程序服务质量风险将进行单独说明。

3.3.1 按需自助服务

按需自助服务被定义为“消费者可以单方面规定计算能力，例如服务时间和网络存储，作为自动而不需要与每个服务提供商进行交互”［SP800-145］。按需自助服务使基于云的应用程序远比传统的应用灵活，因为新的资源可以通过云计算用户快速的分配和释放。这自然会导致需要更多的配置和容量变化，许多这些需求变化会发生在满足云用户方便使用的时间段而不是维护时间段（例如半夜）。因此，提供给基于云的应用程序的操作和服务必须具有高服务可用性和服务质量，能够适应按需配置的变化发生是在中度到重度应用程序使用时间段内的需要。

3.3.2 广泛的网络访问

广泛的网络访问被定义为“资源可以通过互联网，使用标准机制规定的异构瘦客户端或富客户端平台进行访问”［SP800-145］。终端用户通过 IP 接入和广域网使用基于云的应用程序。端到端服务质量将在第 10 章“端到端考虑因素”中阐述。

3.3.3 资源池

资源池被定义为“供应商的计算资源集中通过多租户模式服务于多个消费者，根据消费者的需求动态分配和重新分配不同的物理和虚拟资源……资源包括存储、处理、内存和网络带宽”［SP800-145］。传统上，应用程序和它们支持的操作系统被直接部署到本机硬件上，所以在名义上由硬件提供的计算、内存、存储和网络资源的全部容量都在由操作系统不断的分时提供给不同的应用程序。多个用户共享池中的资源不可避免的会引发资源争夺的风险，包括“交付退化的虚拟机容量”（第4.4节），增加“尾部延迟”（第4.5 节）和“时钟事件抖动”（第4.6 节）。由资源共享策略和技术（如虚拟化）导致的应用程序服务质量风险是这部分重点关注的内容。

3.3.4 快速弹性

快速弹性被定义为“功能能够自动地可弹性配置和发布，在某些情况下能够根据需求快速向外扩展或向内相称。对于消费者来说，可以获得的能力似乎是无限的，服务可以在任何时间进行交付”。［SP800-145］ 图 3.2 所示的 3 个基本弹性增长策略：

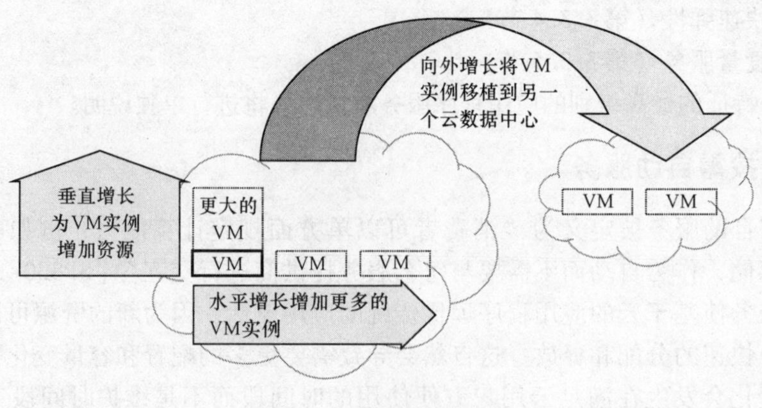

图 3.2 弹性增长策略

- 水平增长。添加更多的资源实例（例如，向现有的应用程序实例增加虚拟机和虚拟磁盘卷）。“向外扩展”是指横向的增长操作，如增加更多的虚拟机实例；“向内扩展”是指横向逆增长（即缩减）操作。
- 垂直增长。增加对现有应用程序实例的资源分配（例如，增加现有VM实例的内存分配或现有虚拟存储设备的最大磁盘分配）。“向上扩展”指的是垂直增长操作，如增加预先分配的虚拟磁盘分区的大小；“向下扩展”是指垂直逆增长（即缩减）操作。请注意，垂直增长的一个选项是用较大的实例取代之前分配的虚拟机实例。
- 向外扩展：通常意味着在另一个云数据中心实例化一个新的应用程序实例。

弹性度量将在3.5节讨论，弹性增长和逆增长将在第8章“容量管理”中进行详细分析。

3.3.5 度量服务

度量服务被定义为“云系统自动地通过一定程度的计量能力，某种程度上可以抽象为服务的类型（例如存储、处理、带宽和活动用户账户）来控制和优化资源的使用。资源的使用可以被监视，控制和报告，为供应商和消费者提供透明度服务”[SP800-145]。将弹性需求与度量服务相结合，使云用户能够主动管理应用程序的在线容量。第8章“容量管理”将考虑在线应用程序容量可能遇到的容量不足错误和失败。

3.4 简化云架构

与IaaS（在云服务模型栈的底部），或SaaS（在云服务模型栈的顶部）相比，PaaS在本质上的定义不太明确。云架构不应该专注于IaaS：PaaS或PaaS：SaaS的分界线，而应该考虑由5个逻辑组件组成的简化云模型：

- 应用软件（第3.4.1节）；
- 虚拟机服务器（第3.4.2节）；
- 虚拟机服务器控制器（第3.4.3节）；
- 云操作支撑系统（第3.4.4节）；
- 云技术组件“即服务”（第3.4.5）。

图3.3说明了前4个简化的组件类型如何进行交互。技术组件即服务（“as-a-Service”）-如“数据库即服务”，在逻辑上是黑盒子，应用程序可以配置和使用，并且可以被认为是PaaS的组成部分。

3.4.1 应用软件

应用程序实例是包括实例化套件的虚拟机应用程序软件组件和客户操作系统的

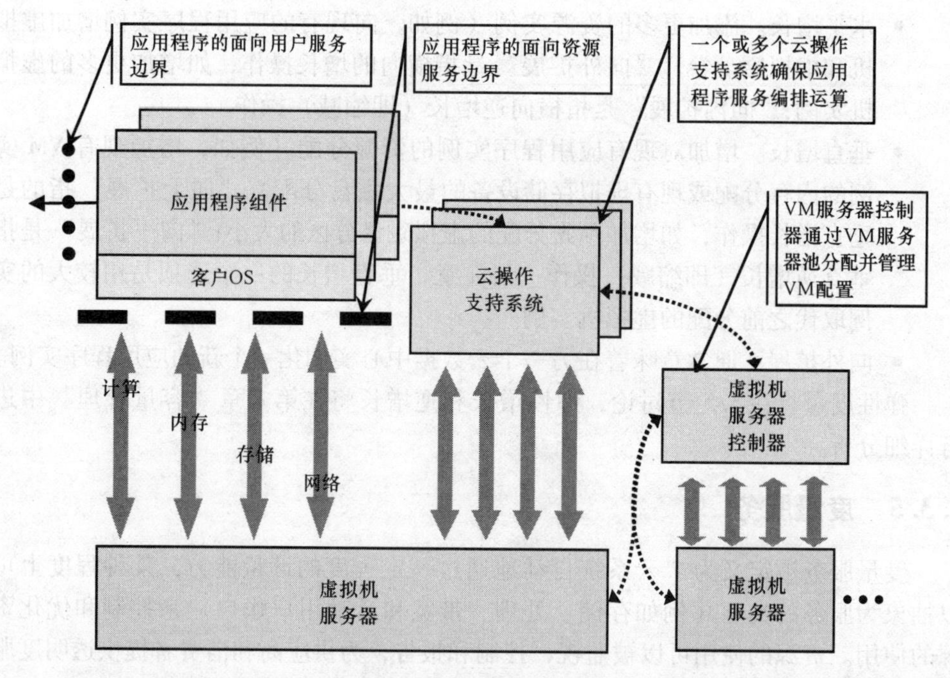

图 3.3 云架构的简单模型

实体。传统上，应用程序的质量测量与网络元素或系统实例的测量不同。网元和系统的标准定义[⊖]不完全适合云部署，但在第 12 章，“服务可用性度量”提供了基于云计算应用程序部署的一个示例。

3.4.2 虚拟机服务器

虚拟机在物理服务器托管虚拟机实例。图 3.4 所示是一个由虚拟机实例组成的虚拟机服务器，这些虚拟机实例运行在服务器或通用计算机上的虚拟机管理器或由管理软件托管。虚拟机服务器往往会由大规模机架式服务器（RMS）的组成并作为预配置设备交付。需要注意的是 VM 实例是短暂的，并可能是动态创建的，在被释放之前活跃数小时、数天、数周或数月。支持虚拟机服务器的物理硬件预计可以服务多年。

⊖ “系统”由［TL_9000］定义为：“位于一个或多个物理位置中的硬件和/或软件元素的集合，集合中所有的元素都正常运行。没有单个元素可以独立完成全部功能”，“网元”（NE）［TL_9000］定义为：“一种系统设备，实体或节点包括位于一个位置中的所有相关的硬件和/或软件组件。网元（NE）必须包括履行其适用的产品类别主要功能所需的所有组件。如果需要多个 FRU 的，设备和/或软件组件组成的网元，才能提供其产品类别的主要功能，则这些单独组件不能独立认定为网元。所有这些组件的总合才被认为是一个 NE。注意：当一个网元可以包括电源、CPU、外设卡、操作系统和执行主要功能的应用软件，没有单个元素有权认为自己是一个的网元”。

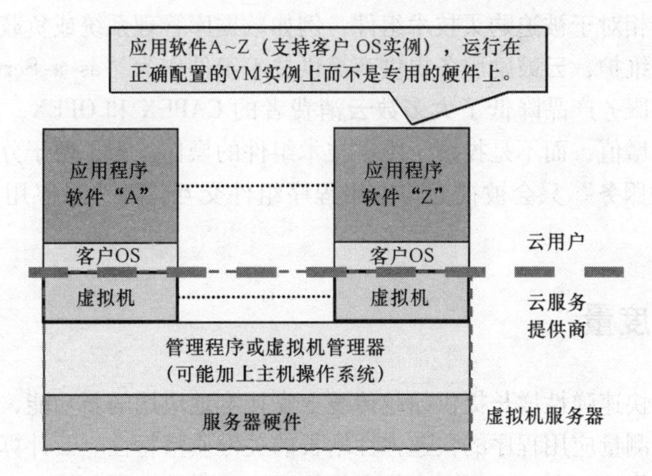

图 3.4 虚拟机服务器的抽象

3.4.3 虚拟机服务器控制器

虚拟机服务器实现高效的资源共享，允许多个应用程序整合到一起，比传统的专用硬件配置的硬件少得多。越来越多的应用整合和资源共享的规模压低运营支出（Operational Expenditure，OPEX），并最终引发了所谓的仓库规模的计算。有效地操作虚拟机的服务器池，专业在线操作支持系统（Opration Support System，OSS）被称为虚拟机服务器控制器。虚拟机服务器控制器分配、管理和控制托管在一个或多个虚拟机的服务器上的虚拟机实例，包括相应的硬件资源。这些控制器减少用户服务对虚拟机服务器的影响，如采用特定应用反关联规则以确保没有单个虚拟机服务器成为一个单点故障的应用程序（见第 7.2.4 节，"在云计算中确保无 SPOF"）。这些控制器将参与服务编排和联合支持云爆发。虚拟机服务器更多关注单个虚拟机实例，而虚拟机服务器控制器则控制单个应用程序实例的映射成多个虚拟机实例的集合，集合中的多个虚拟机实例有可能被分布在多个虚拟机服务器上。

3.4.4 云操作支持系统

OSS 系统提供了众多的功能，操作、管理、维护并提供应用程序在虚拟机服务器上运行，同时支持云计算架构。例如 OSS 支持对应用程序组合、弹性增长、云爆发以及相关的服务管理功能编排。OSS 的功能通常分布在多种类型实例的互联支持系统。例如，执行应用增长到另一个云数据中心，不可避免地需要由一个或多个 OSS 系统协调与该虚拟机服务器控制器所在的云数据中心虚拟机服务器。

3.4.5 云技术组件"即服务"

云计算鼓励客户和服务提供商将常见的标准技术组件作为服务而不是软件产品

看待。因此，相对于被迫购买技术组件，例如数据库管理系统或负载平衡器，然后安装、操作和维护，云鼓励服务提供商提供技术组件作为“as-a-Service”。该技术组件作为一种服务产品降低了大多数云消费者的CAPEX和OPEX，并且使他们能够专注于企业增值，而不是投资于维护技术组件的操作。为了便于分析，提供这些技术组件“即服务”只会被视为与应用程序组件交互，并为最终用户提供应用服务组件实例。

3.5 弹性度量

在线容量快速弹性增长提供超越传统上支持本地应用的新功能，从而新的服务标准是适当的测量应用程序的快速弹性增长的关键质量特性。云计算产业还没有正式规范的弹性指标，所以，本书中作者将使用以下弹性度量的概念：

- 密度（第3.5.1节）；
- 配置间隔（第3.5.2节）；
- 释放间隔（第3.5.3节）；
- 向内和向外扩展（第3.5.4节）；
- 向上或向下扩展（第3.5.5节）；
- 敏捷性（第3.5.6节）；
- 转换速率和线性度（第3.5.7节）；
- 弹性加速（第3.5.8节）。

3.5.1 密度

[SPECOSGReport] 提出了一种云密度度量方式“测量有多少实例可以在 [单元测试] 运行前的性能低于特定的 [服务质量] 值。”不同的云服务提供商的虚拟化架构支持不同的密度（如每一个虚拟机实例的工作负载），例如：

- 底层的硬件组件和架构；
- 虚拟机管理程序和主机软件；
- 云服务提供商的业务策略和架构配置。

虚拟机密度同时受应用程序的体系结构以及由云服务提供商提供的虚拟架构质量的影响。图2.12显示了尾部延迟可以受到工作负载密度的显著影响。交付退化的虚拟化资源（参见4.4节，交付退化的虚拟机容量）可能会降低能够持续提供可接受的服务质量的工作负载。例如，随着工作负载的增加，云计算架构可能开始丢弃在最繁忙时刻的IP数据包；这些被丢弃的数据包的超时到期和重传会直接增加应用程序的服务延时。如果云服务提供商的虚拟化架构不能始终提供足够的资源吞吐量和具有可接受质量的应用程序，则应用程序通常需要水平增长以减少密度，以便该应用程序的延迟（特别是尾部延迟）降低。

3.5.2 配置间隔

传统上，需要数天或数周为用户订购和取送物理计算、内存、网络或存储硬件，然后通过手动安装，之前的应用软件可以被重新配置以使用额外的资源。云计算显著减少了这些延迟，资源获取的时间从数天或数周减少至数分钟或更少。[SPECOSGReport] 提出了一种配置间隔（provisioning interval）的云度量方式，这是“当资源已准备响应第一个请求或已响应第一个请求时，发起请求与获取或放弃新资源之间的时间”。图3.5所示为配置间隔T_{Grow}的在线容量水平增长。间隔从云OSS、人或其他实体发起在线应用程序容量弹性增长开始。间隔包括以下内容：

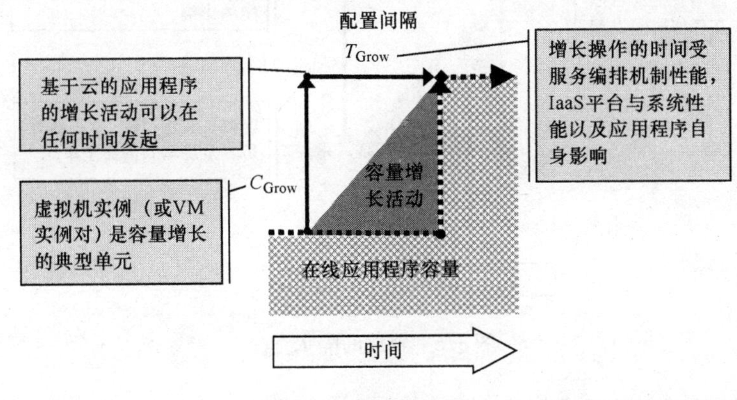

图3.5 配置间隔 T_{Grow}

1）云OSS要求云架构提供额外的虚拟资源（如虚拟机实例）；

2）云服务提供商成功地分配额外的虚拟资源并将它们分配给云用户；

3）初始化应用软件到新分配或增加的虚拟资源；

4）验证新的应用程序组件能否正常工作，如通过测试流量或其他操作验证；

5）将新的或增加的虚拟资源与现有的应用程序组件同步。

当新的应用程序容量满足用户流量时，该间隔结束。注意，配置间隔可应用于VM实例和永久存储。

弹性增长被云服务提供商提供的资源量化为应用程序容量的离散单元。图3.5所示为应用程序容量的C_{Grow}增长。可以通过考虑以每个虚拟化云资源（如虚拟机实例）为单位申请容量（C_{Grow}）单元，从而定义逻辑密度增长的度量。例如，一个应用程序可能会为100个额外的活跃用户（即$C_{Grow}=100$个用户）增加容量。

配置间隔在很大程度上是由应用程序的体系结构和弹性增长过程决定的，但云服务提供商需要的配置间隔应该能够分配额外的虚拟化资源，同时还能够在关键路径上保证具有足够的资源可供使用，这会对整体的时间间隔产生影响。需要注意的是，弹性增长的操作通常发生在应用程序实例负载沉重或负荷不断增长的情况下，因此，弹性增长时应用程序的性能可能会比应用程序实例在轻度或中度负载时差。

3.5.3　释放间隔

工作负载减少时不需要的弹性应用程序应该能够正常释放资源。而需要释放应用程序容量时，并不会影响用户的服务，当所提供的工作负载具有拉锯效应（参见第8.9节，“负载拉锯”）该度量可能是重要的。图3.6所示为资源释放时间轴。释放间隔（T_{Shrink}）开始时，云OSS、人或其他实体决定发起容量逆增长操作，包括：

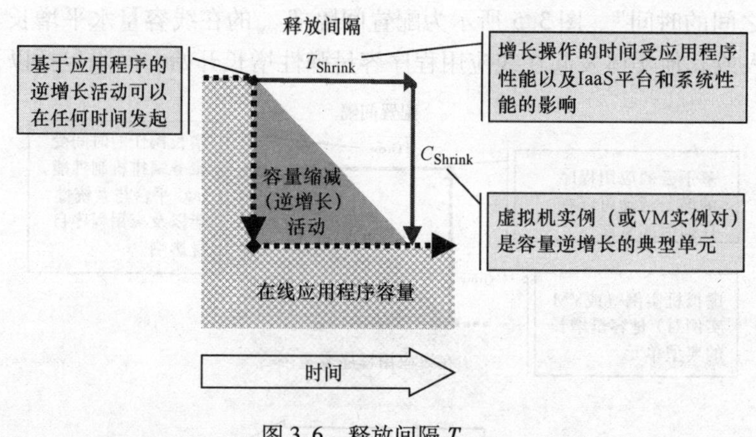

图3.6　释放间隔T_{Shrink}

1）选择需要释放的虚拟化资源；

2）阻止新的流量被分配到选定要释放的资源；

3）从选定资源处排出或迁移活动流量。需要注意的是，如果流量不能够很快的从选定的资源处释放，则可能会被终止；

4）释放所选资源。

C_{Shrink}是应用程序的容量单元，由释放操作决定。C_{Grow}和C_{Shrink}往往是相同的（例如，虚拟机实例的一个应用程序既可以增长，同时也可以收缩在线容量）。由于资源使用是按小时计费，因此用几秒钟或几分钟释放资源T_{Shrink}，对用户业务没有影响什么影响，减少T_{Shrink}可能产生的运营成本节省微不足道。

释放间隔受到将流量从待释放的资源处排出或迁移需要的时间影响。应用程序的性质（如有状态vs无状态）随着目标资源提供服务的作用和云消费者的意愿来影响用户的业务，也影响资源被释放需要的时间。

3.5.4　向内和向外扩展

图3.7所示是水平弹性的向内和向外扩展。通常情况下，应用具有（在图3.7中的R_{Overhead}）固定开销监控和控制功能。这个固定开销R_{Overhead}必须在第一个用户服务-容量单元之前被实例化，R_{Grow}能够在应用程序服务第一个用户时被实例化。

因此，应用程序实例需要 R_{Overhead} 加一个单元的 R_{Grow} 以服务于第一用户。

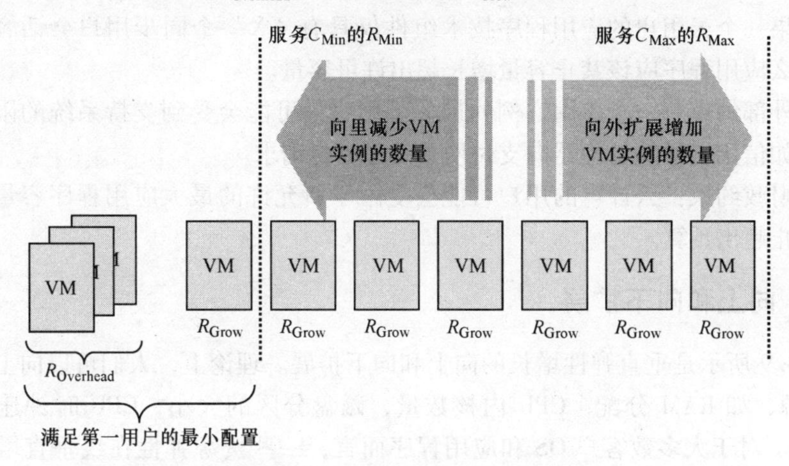

图 3.7　虚拟机向内和向外扩展

如图 3.8，应用程序的资源使用可以以 R_{Grow}（如离散 VM 实例）为单位增长，从而增加 C_{Grow} 为单位的在线服务容量。

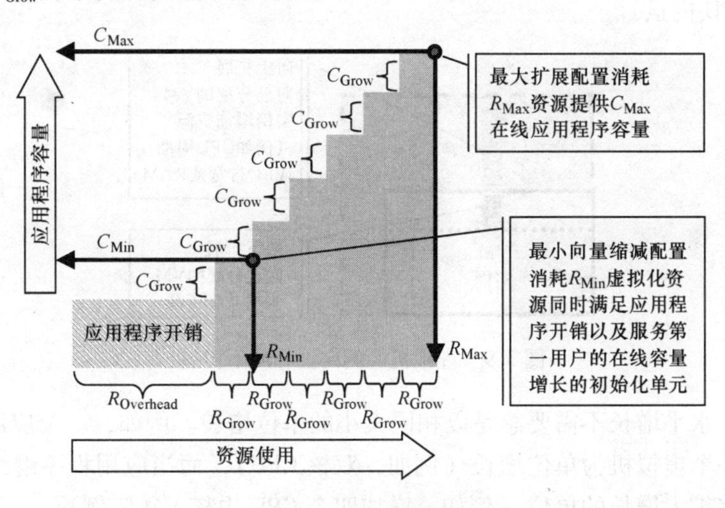

图 3.8　水平弹性

最大支持在线容量的应用程序实例常常受限于：

- 内部算法：例如，当数据集变得过大时，对未排序算法数据集的线性搜索变得不切实际，因此，在最大容量限制可以增加之前，需要更有效的数据排列。
- 静态分配：如果在应用程序启动时，非弹性的数据结构是静态分配的（如活动用户会话表，打开文件、VM 实例等），则该配置可以限制应用程序实例的最大容量。

- 许可限制：出于商业原因，应用程序可能会故意限制容量增长。例如，如果一个云用户的应用程序技术组件仅具有“X”个同步用户会话容量，那么应用程序应该禁止容量增长超出许可容量。
- 外部约束：一个应用实例的最大可用容量可能会受到支持系统的限制，例如信用卡付款处理器向支付网关发送支付请求。
- 财政约束：云计算的用户可能会受限于所允许的最大应用程序容量，以防止超出预算。

3.5.5 向上和向下扩展

图3.9所示是垂直弹性增长的向上和向下扩展。理论上，人们可以向上或向下扩展资源，如RAM分配，CPU内核数量，磁盘分区的大小，CPU时钟速率以及I/O带宽。对于大多数客户OS和应用程序而言，一些资源弹性在线垂直增长（例如，CPU内核）是不可行或不切实际的，但是其他一些资源的在线垂直增长（例如，CPU的时钟速率和I/O带宽）则非常自然。因此，应用程序可以支持一些资源（例如，CPU的时钟速率）的在线垂直增长（向上扩展），但不是全部资源（例如，CPU内核）。

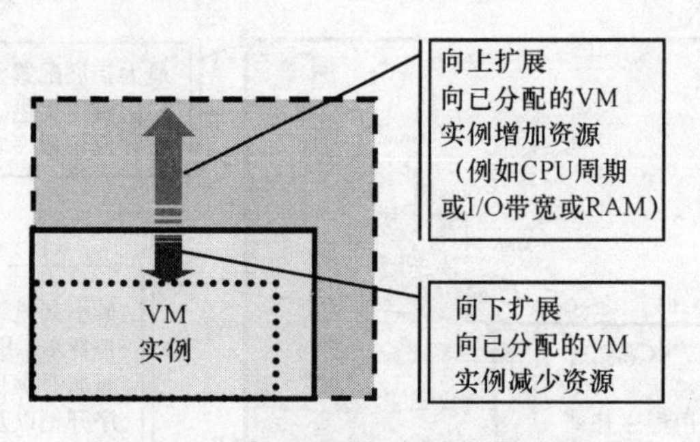

图3.9 虚拟机实例向上和向下扩展

注意，水平增长不需要总是以相同大小的单位增长。例如，一个应用程序可以理论上以一个虚拟机为单位增长（例如，双核CPU），而当应用程序继续水平增长时，它能够扩大增长的单位（例如，增加四个CPU内核VM实例）。

3.5.6 敏捷性

[SPECOSGReport] 提出了一种度量云容量敏捷性的方法“能够描述工作负载量化的能力，以及系统尽可能接近工作负载需求的能力。”从本质上讲，该特征描述了在线应用程序容量能够追踪工作负载的紧密程度，这一特性受到容量增长单位（图3.5中的C_{Grow}），以及应用程序所支持的容量缩减程度（图3.6中的C_{Shrink}）的限制。从图3.10中可以很容易理解容量增长配额和敏捷性的关系。每个增长操作都会增加C_{Grow}额外的容量；增长单位越小，在线容量可以越容易跟踪工作负载的需求。

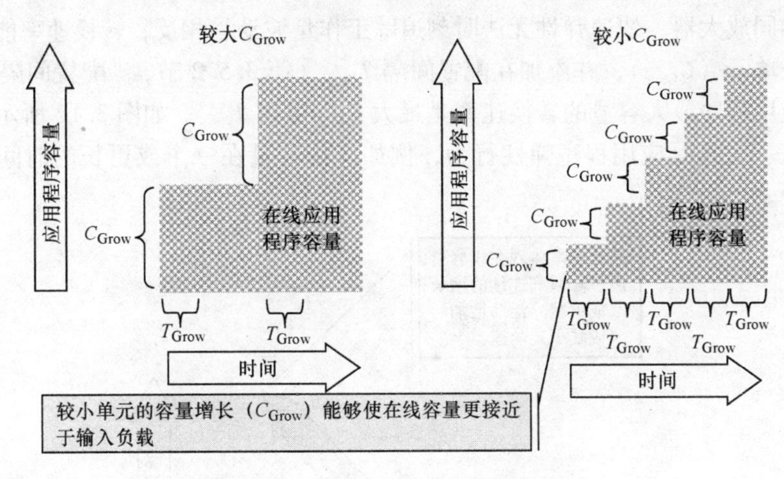

图3.10　理想（线性）的容量敏捷性

需要注意的是，类似零售商的实物库存，具有闲置的在线容量并非一件坏事。关键是要认真管理网络容量的“存货”，从而确保一旦工作负载发生变动，能够有效地为用户提供可接受的服务质量，同时最大限度地减少云消费者的用户服务质量风险和OPEX。因此，敏捷性是一个重要的应用特点，但维持多少闲置在线容量是由云用户的操作策略和应用程序的配置间隔T_{Grow}决定的。

C_{Grow}从根本上是由两者共同决定的，一个方面是云服务如何提供商量化资源（例如，为虚拟机实例提供的CPU个数和与之匹配的RAM），另一方面是应用程序的架构。第8章“容量管理”中将会更详细地讨论这一内容。但一种折衷的情况是，以不消耗过多资源的开销来平衡C_{Grow}的最小单位（例如，Guest OS实例与管理和控制功能一起），与此同时，管理更小的组件实例而不是少量大型组件实例，从而减少运营成本和复杂性。

3.5.7　转换速率和线性度

电气工程师使用转换速率的概念来表征放大器的输出应当多快才可以追踪剧烈变化的输入，如图3.11所示。

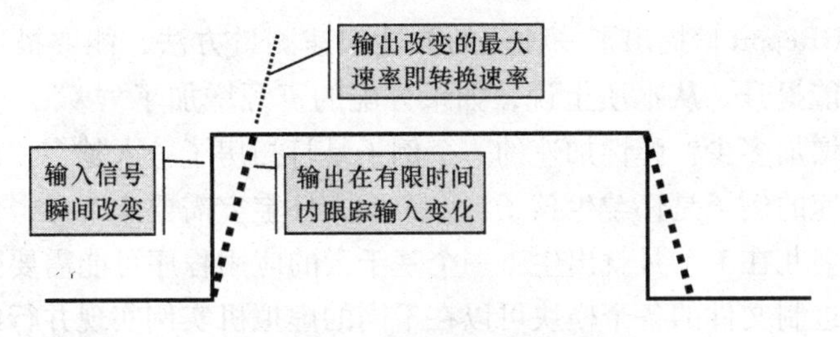

图3.11　方波放大的转换速率

就如同放大器，快速弹性无法时刻追踪工作量波动。相反，转换速率能够描述容量增长单元（C_{Grow}），并添加在配置间隔 T_{Grow}（第 3.5.2 节，“配置间隔”）里。因此，应用程序最大容量的转换速率是最大 C_{Grow} 除以 T_{Grow}。如图 3.12 所示，转换速率捕获“大量”应用程序弹性行为，例如应用容量在一个或更长的时间内能够增长多少。

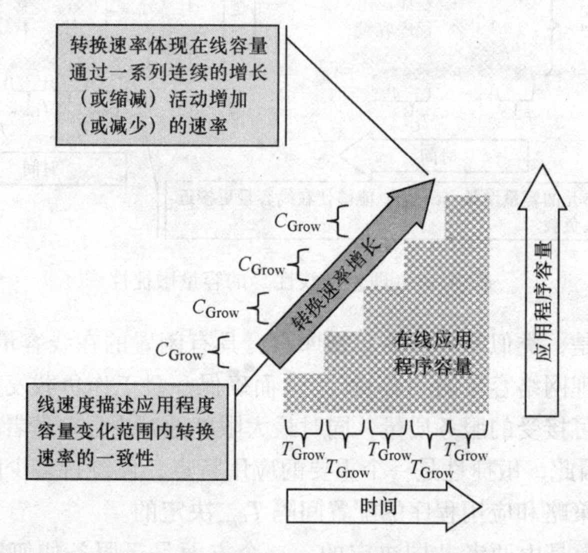

图 3.12 弹性增长转换速率和线性度

线性弹性增长是 C_{Grow} 除以 T_{Grow} 的比率（即斜律或转换率），在应用程序的整个弹性范围由 C_{MIN} 到 C_{max}。例如，T_{Grow} 的典型值是否在整个应用程序的弹性范围内保持不变，还是当在线容量达到 C_{MAX} 时，T_{Grow} 增加（或减少）？同样地，线性弹性缩减是 C_{Shrink} 除以 T_{Shrink}，范围从 C_{MAX} 到 C_{MIN}。如果在应用程序的整个容量范围内不是线性的，则弹性策略将需要确保应用程序的自动弹性策略能够追踪变化的工作负荷，即使是在应用程序最缓慢的弹性增长曲线点上出现流量激增。

3.5.8 弹性加速

［SPECOSGReport］提出了一种云的弹性加速测量方法，能够描述增加云资源带来的任何性能提升。从本质上说，如果分配的资源增加了“X”，应用程序的吞吐量能够大幅增加多少？弹性加速的一个例子是打扫房子：人越多，房子清洁得越快。非弹性加速的例子是怀孕生孩子：一个女人怀宝宝需要 9 个月，但 9 个女人怀宝宝也不能让婴儿在 1 个月就出生。一个基于云的应用程序可能需要弹性加速，例如应用软件二进制文件的各个模块可以在不同的虚拟机实例实现并行编译。如果一个应用程序包括必须 1000 个需要编译的源代码文件，则采用更多的 VM 实例同时编译这些文件可以缩短整体作业的完成时间。

弹性加速由应用程序的体系结构驱动。弹性加速带来的好处是减少了应用程序消耗后资源能够线性增长，包括用户流量的协调和控制。

3.6 空间和区域

传统上，企业会设置相距遥远的数据中心，使得当灾难事件发生，某个数据中心不可用或无法访问时，业务能够不被中断。云计算可以更容易的在云数据中心实现灾难恢复服务，无论灾难发生地是否远离主数据中心，云数据中心使得事件不会同时影响两个站点。云计算提高了应用程序部署的经济性，将实际的应用程序实例部署到多个地理上分散的数据中心，从而分散流量，而不是依靠单一主站点和冷/热灾难恢复站点。

一些云服务提供商在其数据中心内，通过可用区域实现“虚拟”的数据中心，使得这些虚拟的数据中心依靠各自独立的架构，从而架构故障也不会带来相互的影响。如图 3.13 所示，两个假设的云数据中心站点（“北方”和“南方”），在地理位置上远隔千里，这样诸如地震这样的灾难事件就几乎不可能同时影响两个站点。而在每个数据中心有三个完全独立的可用区域：北 1 区，北 2 区，和北 3 区位于北方数据中心内，与南 1 区，南 2 区，和南方 3 区位于南方数据中心内。谨慎的做法是每个分区的数据中心拥有独立的物理架构和管理域，以确保任何基础设施故障或管理错误造成的影响仅限于单个分区，而不会影响大规模数据中心的所有用户。每个分区被称为“可用区域”。例如，如果火灾发生在数据中心，则紧急断电（EPO）的影响应该仅限于某个单一可用区域（希望只有一个机架或一排设备在这个可用区域内）。因此，协同可用区域可以有效的减少云架构故障和行政失误的风险，但地理上分开（如分区）数据中心则可以减轻地震等不可抗力事件的风险。

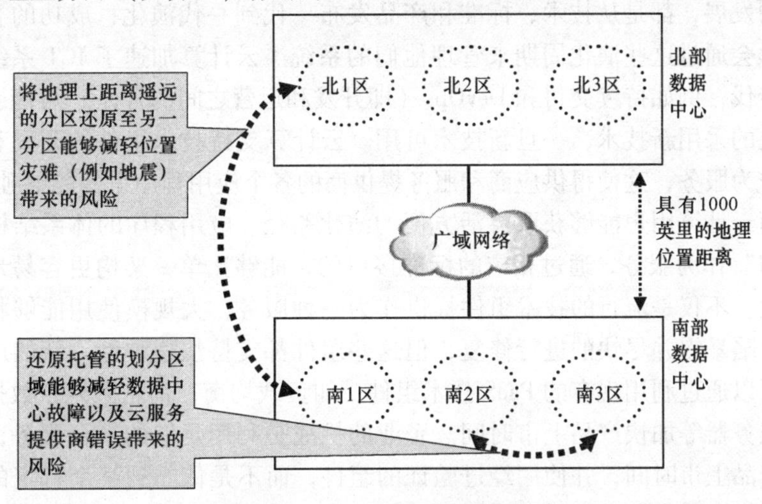

图 3.13　空间与可用区域

3.7 云意识

只部署一个应用程序到云计算架构并不需要“云意识”。开放数据中心联盟（ODCA）框架的“云意识”概念如下：

具有云意识的应用程序的设计和创建都只为了唯一的目的，那就是部署在云环境中。它们传承了传统应用程序的特性，同时能够充分利用云计算的先天优势。[ODCA_CIaaS]

云应用程序若不具备云意识则被称为是传统的，由 ODCA 定义如下：

简单地说，一个程序或系统尚未专门设计（或修复）具有以透明地利用云计算的独特功能。相反，这样的应用可以被迁移到云环境中运行，但这种情况下实现会受到限制。[ODCA_CIaaS]

ODCA 提供了 8 个云意识属性［ODCA_CIaaS］［Freemantle］［ODCA_DCCA］。接下来分析这些属性的面向用户服务的质量隐患：

- 组合：“应用程序是分布式和动态连接的”［ODCA_CIaaS］。分布式功能会引入风险，在分布式组件之间的通信故障会带来风险；广域分布比本地分布带来的风险更大，例如通信延迟，丢包和抖动。组合性进一步增加了风险，因为每个配置操作，例如重定向 IP 包或分布式组件之间的服务关系，都存在着风险，从而可能影响用户服务。
- 弹性：“负载能够增大或缩减容量的能力。”［ODCA_CIaaS］。第 8 章“容量管理”中具体阐述了弹性存在的服务质量风险。
- 演化：“与便携性相关，能够根据企业和市场需求的变化，对底层技术或厂商决策做出建议，并对业务的影响最小。”［ODCA_CIaaS］。所有信息系统的发展，都是从技术、标准和产品发布一代到一代演化；成功的企业必须学会通过这些演化周期来管理他们的系统。云计算加速了 ICT 系统演变的步伐，例如持续交付和 DevOps（即开发和运营之间的合作）可能会鼓励更快的采用新技术，一旦新技术可用。云计算支持技术组件的开发和应用等作为服务，这使得供应商和服务提供商的各个应用程序组件能够独立演化，而云计算用户能够获取灵活方便的演化路径。应用程序的体系结构把“一切”作为服务，通过相应的标准接口的，能够比单一架构更容易地实现演化。不仅是流行的技术组件提供作为一种服务，大规模使用能够将原有的缺陷暴露并尽快的进行修复，但这些组件都支持快速弹性。新的应用程序可以通过利用现有的 PaaS 技术组件，如负载均衡，消息队列，数据库管理服务器等加快产品上市时间。企业的挑战是利用足够的平台服务，以缩短产品上市时间，并使用经过验证的组件，而不是依靠到某个特定的云服务提供商平台或组件提高服务质量。

- 可扩展："应用程序增量部署并进行测试"[ODCA_CIaaS]。增量开发和持续交付导致比传统开发模式更为频繁的软件版本变化。发布管理的服务质量风险将在第9章"发布管理"中阐述。
- 粒度计量和计费：资源定价，包括计量和计费的粒度，会影响云用户对空闲在线应用程序的管理和在流量波动、故障事件时启用备用应用程序的能力。由于每个容量管理操作都存在故障的风险，较少的容量管理操作产生的风险较低，而频繁的容量管理操作则风险较高。同样，保持多一些空闲在线容量比仅保持最低在线容量风险更低，尤其是当云用户未能准确预测实际的流量增长，出现资源枯竭或弹性增长可靠性降低和性能延迟的情况。
- 多租户："多个云用户可使用的云服务提供商的相同资源和架构，具有可靠性、安全性和稳定的性能"[ODCA_CIaaS]。共享的云架构资源所带来的风险将在第4章"虚拟化架构缺陷"中阐述。
- 便携性："应用程序可以在几乎任何地方，任何设备，使用任何云服务提供商运行。"[ODCA_CIaaS]。软件的可移植性并不是一个新的概念，云计算没有实质改变与应用程序可移植性相关的用户服务质量的风险。
- 自助服务：云计算依赖于自助服务，自助服务既能够自动降低云消费者的OPEX，同时能够给客户更好服务体验，提高客户满意度。自助服务很可能会加大应用配置更改的速度，因为，它使得每个用户只需单击网站上的几个按钮，就能完成相应的功能，用户自行调整服务体验而不需要通过技术支持帮助或其他传统渠道。为了能够实现频繁的配置更改，自助服务界面必须非常强大，因为用户难免会在尝试自助服务的更改时出现错误。具有创造性和好奇的用户甚至可以尝试定制一些看似奇怪的服务，以便更好地满足其独特的工作风格和品位。因此，自助服务意味着应用程序的配置机制必须是超级健壮的，甚至可以对一些错误配置实现容错，因为用户可能无意或故意在自助服务机制设置时出现错误。

第 4 章　虚拟化架构缺陷

本章认为基于云的应用程序在虚拟化计算资源、内存、存储和网络等方面受到面向资源服务缺陷的影响。如图 4.1 所示，这些缺陷包括：

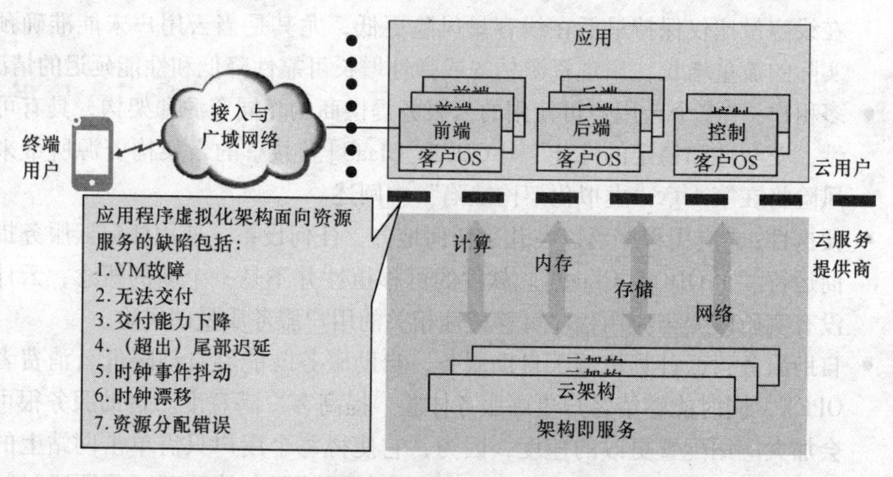

图 4.1　由于虚拟化架构带来的基于云应用程序缺陷

- 虚拟机故障（第 4.2 节）：除了云用户的明确要求或者应用实例本身原因外，一个虚拟机实例可能因为某些原因终止或停止运转。
- 无法交付的虚拟机配置容量（第 4.3 节）：云服务提供商的架构平台不能在某些时期给一个虚拟机实例任何的资源（诸如在动态迁移的时候），因而使得运行在虚拟机实例上的某些应用程序组件一直做无用工作。
- 交付退化的虚拟机容量（第 4.4 节）：云服务提供商的架构不能给一个虚拟实例配置足够的计算、内存、存储或者网络容量来充分服务于应用程序所承担的负载，例如由于运行在相同的虚拟机服务器上其他应用程序虚拟机实例对共享架构资源竞争和排队等待引起资源紧缺。
- 尾部延迟（第 4.5 节）：虚拟机监控程序以及为提高资源共享所采用的各种措施，经常会导致访问资源的延迟比访问本地硬件更差，这种情况对于统计上处于“尾部”的偶然和例外尤其明显。这一章首先讨论了服务延迟，虚拟化和云计算。
- 时钟事件抖动（第 4.6 节）：严格的实时应用程序，如事务处理，交互视频，往往依赖于一致的时钟事件来最小化在应用程序数据包传输给最终用户时的时间抖动。抖动引起的延迟，丢失或者合并时钟中断事件，可以直接影响传输到最终用户的服务质量。

- 时钟漂移（第 4.7 节）：对于支持应用程序组件的客户操作系统实例，其实时时钟可能会由于虚拟化而偏离标准时间。
- 失败或缓慢的虚拟机实例分配和启动（第 4.8 节）：偶尔，云服务提供商可能无法成功分配和配置一个虚拟机实例并迅速启动客户操作系统和应用软件。

4.1 服务延迟、虚拟化和云

虚拟化和云所带来的额外的服务延迟风险已在 2.5.2 节“服务延迟”进行了讨论；4.1.1 节介绍了“虚拟化和云导致的延迟变化”。4.1.2 节讨论“虚拟化开销，”4.1.3 节介绍如何“增加架构性能的可变性”。

4.1.1 虚拟化和云导致的延迟变化

虚拟化可以把应用软件和底层硬件资源解耦合，并且有助于资源共享。然而，更大的资源共享带来更大的资源竞争风险，可能会增加应用程序在访问共享资源的延迟，例如 CPU，网络或者存储，特别是当另一个应用程序也在激烈地竞争资源的情况下。一般而言，虚拟化延迟风险来自以下几个方面：

- 资源利用和竞争延迟：虚拟化和云计算的首要目标是增加物理资源的利用率。尽管传统系统对资源利用问题有一定考虑，但虚拟化系统加剧了这方面的问题。增加对有限资源的使用本质上意味着更多的请求会被排队，而不是能够同时尽情地访问可用资源，尤其是应用已经耗尽了物理资源的时候。任何资源共享增加了资源竞争风险，这就需要通过典型的队列序列化形式解决，并且队列需要一个等待时间，因此自然增加了延迟。仔细调整排队/调度策略是必要的，可以确保应用实例可以及时访问到资源，以便为用户提供可接受的服务延迟。更先进的“架构即服务（IaaS）”供应商对于资源共享（包括应用/负载的整合或“超额订购”）的认识是：资源争用的风险越大，资源访问延迟越大，甚至会导致一些常驻应用过载。
- 实时通知延迟：当访问物理资源时，如计算周期，磁盘存储，或者网络，可能在时间上是随机的，但实时时钟中断通知本质上是同步的。如果多个应用实例同时请求相同的实时时钟中断，执行会被序列化，因此也就存在不确定的时间飘移。如果应用程序需要周期性或同步的实时通知，如流媒体，那么任何应用实例的执行时间的变化可能导致时钟抖动。虽然虚拟化应用程序可能会或也可能不会在意任何通知抖动，但最终用户将直接体验这种抖动；如果这抖动足够严重，那么用户的体验质量会降低。时钟事件抖动将在 4.6 节中进一步讨论。

- 虚拟化和模拟开销延迟：由应用软件产生的系统调用可能需要通过虚拟机管理层才能访问硬件资源，由此会增加某些延迟。除了简单地通过 VM 实例代理访问物理资源，虚拟机管理器会模拟物理硬件设备，甚至处理器和指令集，模拟越复杂，运行时延就越大。例如，模拟一个处理器或者指令集要比在目标虚拟机服务器本地执行应用程序指令需要更多的执行时间。值得注意的是：如果使用的是支持虚拟化的处理器，并且虚拟机监视器能够完全支持硬件虚拟化，虚拟化开销延迟会大大缩短。
- 分离/分解资源可以影响一些优化：现代计算机和操作系统的架构已经进行了复杂的性能优化，如先进的缓存策略。当存储不能在本地访问到处理器和主存，额外的网络延迟会损害优化效果，因为优化都是针对本地大容量存储而设计的。类似的，在不同数据中心中的两个虚拟机实例之间进行通信会比托管于本地同一个机架上的两个计算刀片之间的通信有更高的延迟(可能还会有更低的吞吐率)。如果能够优化关联规则并且云服务提供商能够认真履行这些规则，则可以减少影响。
- CPU 中断响应时间变化和加载：由于 CPU 变得越来越繁忙，需要更长的时间去处理调度业务。
- 动态迁移：执行“动态”迁移会影响虚拟机实例的操作，因为“迁移”过程会导致虚拟机服务器上的虚拟机实例被暂停。

4.1.2　虚拟化开销

图 4.2 展示了一个简单应用程序（一个开源的 NoSQL［NoSQL］分布式数据库）分别部署在采用和没有采用虚拟化技术的相同配置的硬件上的延迟情况。从 CCDF 可以得出以下两点结论：

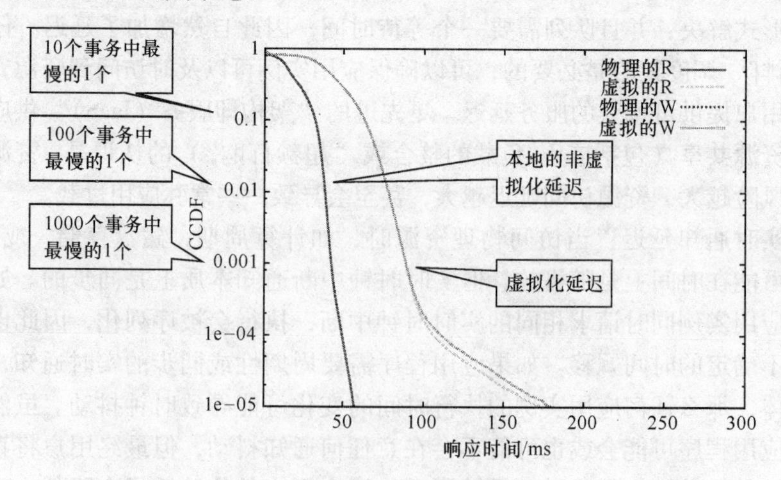

图 4.2　Riak 基准的事务延迟

- 虚拟化的延迟明显要比本地没有虚拟化的延迟大很多。
- 虚拟化的延迟尾部远比本地没有虚拟化的严重。

作者不建议将用于测试的虚拟化平台或者图 4.2 中涉及的应用程序认为是有典型情况。底层虚拟化技术的选择、物理资源架构以及云服务提供商的操作策略（例如，资源使用因素和调度优先级）都会影响实际应用的服务延迟。用户的目标应用不可避免地会有不同的延迟曲线。

4.1.3 增加架构性能的可变性

传统上部署的应用程序一般会公平地享有计算、内存、存储和当地的网络性能，因为一旦在架构建设上实例化应用软件，很少会有配置或操作的变化会严重影响应用程序访问底层硬件资源。相反的，资源共享和快速弹性的基本特征驱动云服务提供商更积极地管理他们的虚拟化架构来最大化利用底层物理架构资源。特别值得一提的是，云服务提供商控制虚拟机设置，资源调度策略，VM 实例的迁移，以及实时调整虚拟机实例所使用的虚拟化资源的数量和质量，常驻应用程序的 VM 实例一般被独立分配可能需要的共享资源。服务提供商的操作策略和体系结构将决定瞬时资源争用和调度问题如何解决，但资源共享不可避免地会耗费一段时间，而如果直接在非共享本地硬件上部署应用程序，则不存在这个问题。

为遵守“反关联规则”，一个应用程序的虚拟机实例可能被放置在几个虚拟机服务器上，根据每个虚拟机服务器可用性能力，单个 VM 实例可能被放置在不同的 CPU 核上。随着在每个虚拟机服务器上运行的每个应用虚拟机实例的瞬时负荷的变化，虚拟化架构资源提供给每一个应用虚拟机实例的瞬时质量以及容量会有所变化，所以相比较直接在本地硬件上运行，运行在云架构上的应用更有可能体验到吞吐量的变化。

4.2 虚拟机故障

应用程序通过虚拟机实例实现 IaaS 服务。IaaS 服务可以模拟传统应用组件执行的服务器或单板机环境。虚拟化是一个复杂的软件技术，偶尔出现的软件故障是不可避免的。物理服务器的故障会导致虚拟机实例的最终故障。虚拟机故障是指导致虚拟机实例终止正常运转的情况，但不包括以下正常终止的情况：

1）云用户明确要求终止（例如，通过自助服务 GUI 提出请求）；

2）应用实例本身提出的明确的“关机”请求；

3）由于预定义的策略原因而由 IaaS 提供商明确提出的终止请求，如账单拒付。

任何终止虚拟机的行为如果不是源于云计算用户、应用本身，或预定义的策略，则被认为是一个虚拟机故障，包括：

- 为方便 IaaS 提供商（而不是云消费者）而将虚拟机终止；
- 托管虚拟机实例的虚拟机服务器硬件故障；
- 托管虚拟机实例的虚拟机监视器或主机操作系统故障（例如出现内核崩溃）；
- 硬件维护错误导致驻留虚拟机故障；
- 电源故障。

图 4.3 展示了一个简单的虚拟机故障的示例。该示例涉及第二章所提到的简单应用，故障原因是其中一个虚拟机实例的应用组件故障。如果需要提供高级服务质量，那么必须明确哪些虚拟机故障是与服务质量相关的？等待的用户操作是被延迟了还是完成取消了？有没有任何状态信息丢失？

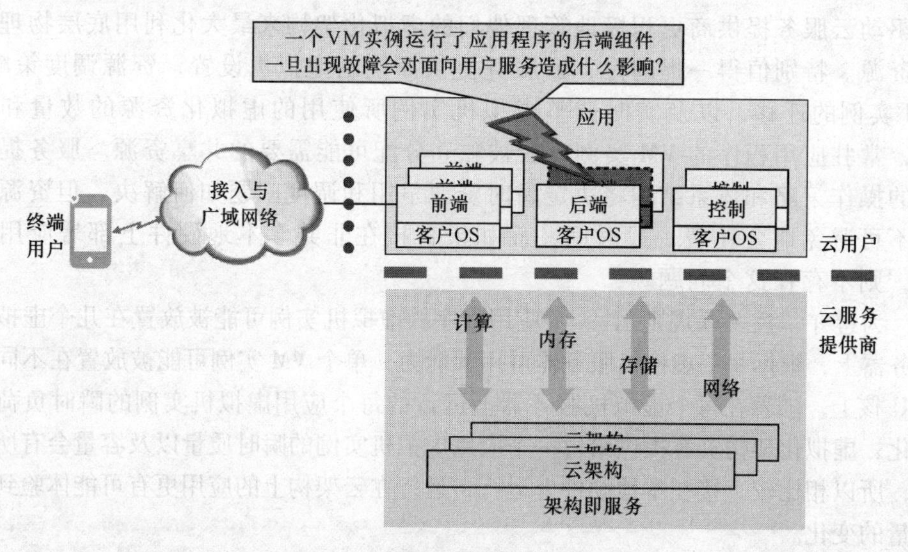

图 4.3　虚拟机故障缺陷示例

故障的测量将在 14.3.1 节“虚拟机故障度量”中进行讨论。

4.3　无法交付的虚拟机配置容量

虚拟机监视器负责在虚拟机之间提供时间上的隔离，也就是说，“多个虚拟机的行为在时间上相互隔离（或限制时间上的相互干扰），尽管它们在相同的物理主机上运行，共享同一物理资源，例如处理器、内存和磁盘”［Wikipedia-TI］。然而，还是可能出现在一段时间内，由于动态迁移、资源共享和竞争、在调度队列中等待时间片，或其他一些原因，一个特定的虚拟机实例可能被拒绝访问虚拟计算资源、内存、存储或是网络。这种问题被视为虚拟机“死机”或“停顿”或持续处理能力的丧失。图 4.4 给出了一个简单可视化的类似问题的场景：虚拟机监控器屏闭了一个特定虚拟机在指定时间 $T_{Nondelivery}$ 对一个或多个资源的访问。显然，当一个虚拟机实例暂时被拒绝访问所需的资源（例如，在动态迁移过程中），应用服务将受到影响，因为在 $T_{Nondelivery}$ 期间虚拟机实例中的应用程序组件无法正常执行相关工作。

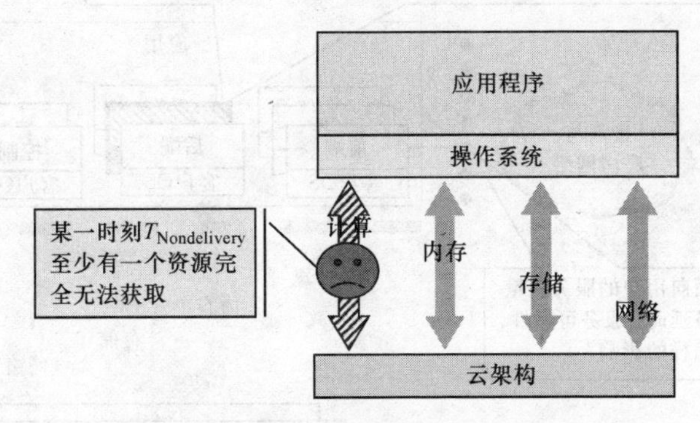

图 4.4　简化的无法交付 VM 容量模型

这种“无法交付的虚拟机配置容量”的问题在虚拟机动态迁移的背景下很容易理解。当一个运行中（也称“活动的”）的虚拟机实例迁移到另一个主机时，动态迁移期间会经历此类问题。从技术上讲，虚拟机实例在源主机 $HOST_{Source}$ 上运行直到达到暂停时间 T_{Pause}，此时动态状态信息和控制都被转移到目的主机 $Host_{Destination}$ 上，然后目的主机 $HOST_{Destination}$ 激活虚拟机实例，以使其能够在 T_{Resume} 时刻继续执行。$T_{Nondelivery}$ 也就是 T_{Pause} 和 T_{Resume} 之间消耗的时间，如图 4.5 所示。由于拥塞或其他原因，此类“宕机”或“停顿”事件也会发生。值得注意的是，此类事件（如虚拟机中的“宕机”）也会导致虚拟机实例的时间扭曲，虚拟机实例的实时时钟漂移问题将在 4.7 节“时钟漂移”中讨论。

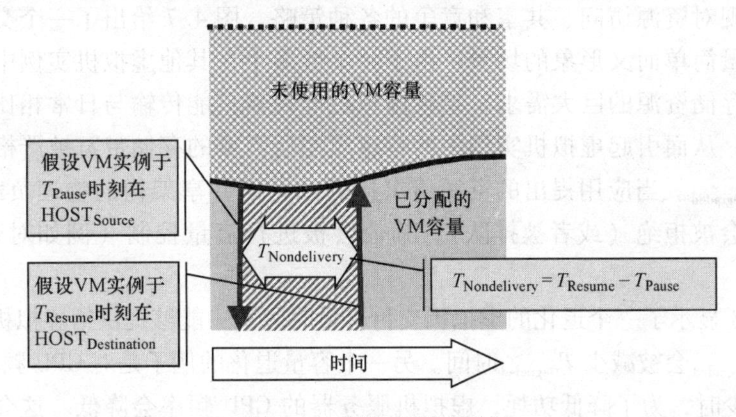

图 4.5　虚拟机无法交付

图4.6诠释了这种故障的表现，虚拟机实例中的一个应用程序的后端组件“宕机”了数百毫秒。终端用户体验的服务是否因此慢了许多？用户服务是否被挂起？或是在面向用户服务边界对用户产生可见的影响？

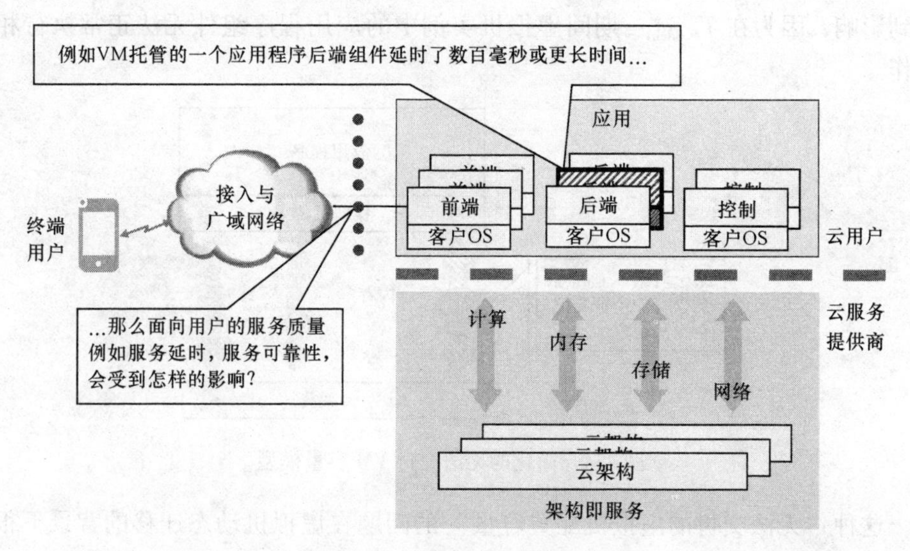

图4.6 无法交付缺陷示例

对这些问题的测量将在14.3.2节“无法交付的虚拟机配置容量度量”中进行阐述。

4.4 交付退化的虚拟机容量

资源共享是云计算的一个基本特征，IaaS服务提供商依赖于虚拟机管理器等机制来实现对资源访问、共享和竞争的各种策略。图4.7给出了一个交付退化的虚拟机容量简单而又形象的场景：由于一个或多个在其他虚拟机实例中运行的应用对共享存储资源的巨大需求，导致虚拟机监视器只能传输与日常相比少得多的存储带宽，从而引起虚拟机实例中的特定应用所需要的存储带宽被严格限制了一段时间 $T_{Degraded}$。当应用提出的资源请求接近或超出共享架构的物理负载能力时，一些请求会被拒绝（或者被排队），其他会被进行流量控制（例如对带宽/速率的限制）。

图4.8显示了一个退化的虚拟机交付容量时间表：能够提供给虚拟机实例的资源容量 $C_{Degraded}$ 会被减少 $T_{Degraded}$ 时间。另一个容量退化的例子是对CPU频率的调整。当应用较少时，为了降低功耗，虚拟机服务器的CPU频率会降低。这会增加处理请求的延迟，因为CPU低速运行，会花费较多的时间来处理各种请求。这会产生一个矛盾的结果，即在系统几乎处理空闲状态时，却有较高的延迟。由于低效的磁

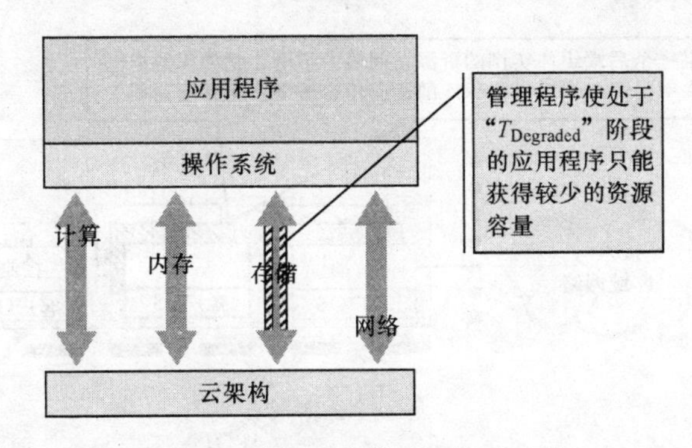

图 4.7　虚拟机交付退化模型示例

盘空间分配或分配资源不足，系统可能会经历一段时间的磁盘资源退化，从而导致出现系统性能问题或故障。如果拥塞会导致架构丢弃 IP 包，这会触发重传机制，系统也就会经历更长的网络延迟。其他一些引起资源退化问题的原因，包括效率低下的调度算法、中断的聚结，以及与时钟抖动相关的一些事件，这些问题都会阻止给虚拟机提供足够的资源来满足容量需求。

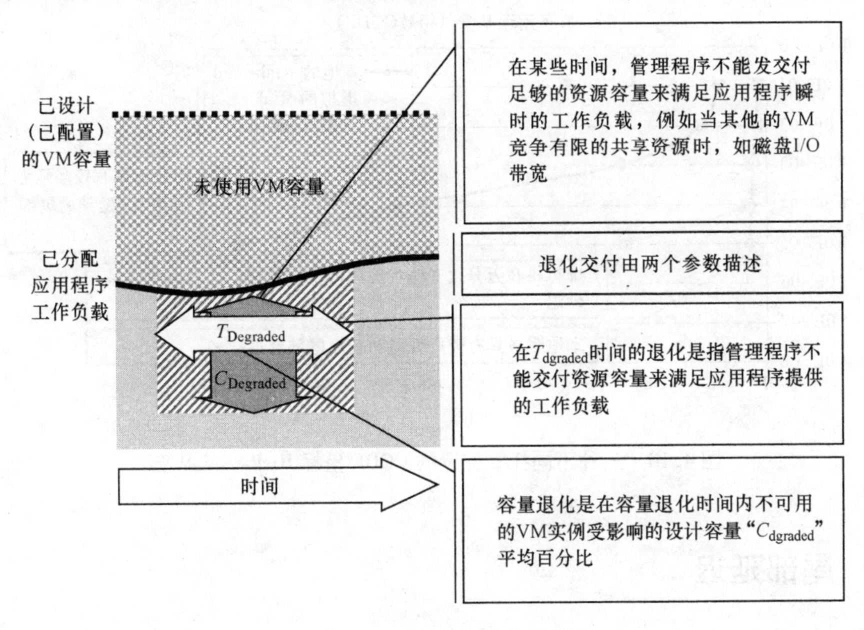

图 4.8　资源容量退化模型

图 4.9 展示了一个场景，在该场景中，虚拟机中的一个应用后台组件由于其他虚拟机实验的竞争导致其只能提供退化的网络服务容量（例如出现 IP 包被丢弃）。如果每百万 IP 数据包在到达后台组件之前有几十或几百个被丢弃，那么应用客户将会面临怎样的服务质量？

在 14.3.3 节“交付退化的虚拟机容量度量”将介绍这一缺陷的度量。

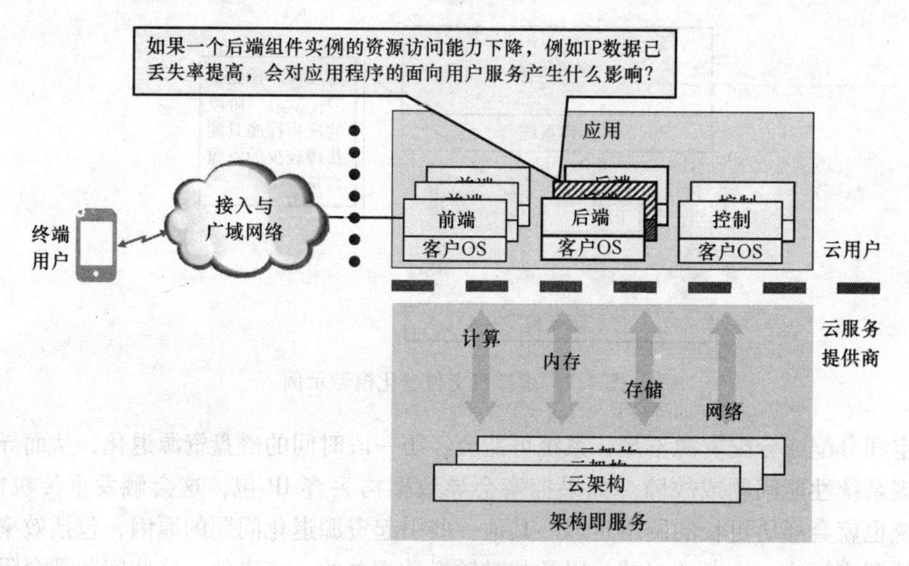

图 4.9 交付退化缺陷示例

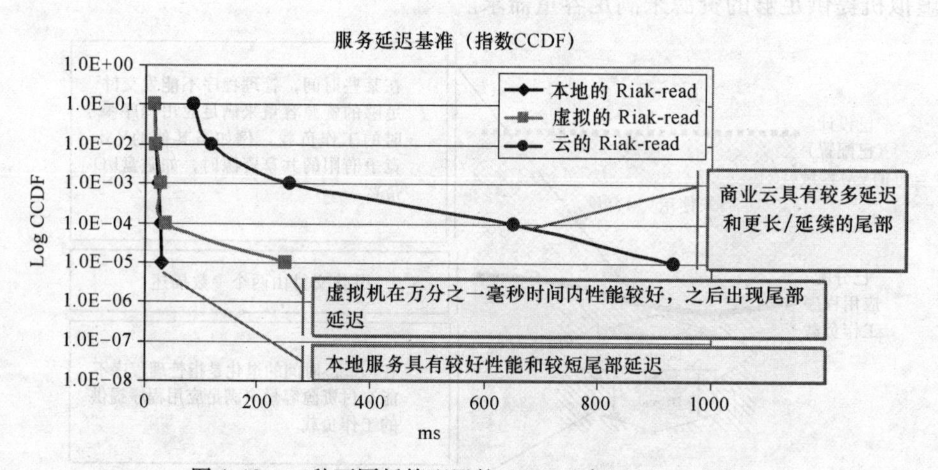

图 4.10 三种不同托管配置的 CCDF 坐标 Riak-read 基准

4.5 尾部延迟

正如在 4.1 节“服务延迟、虚拟化和云计算”中所讨论的，虚拟机管理器和增加的资源共享往往导致资源访问延迟要比访问本地硬件差很多，特别是在出现意外情况时更是如此。CCDF 表明，本地产生的尾部延迟非常接近典型的读延迟基准值，相同配置情况下虚拟化会明显增加延迟，大约每十万中会出现几个特别长的延迟，而且云模式会导致更明显的尾部延迟，至少每一千中会出现几个。

图 4.11 表明这会是几千个后台请求中最慢的一个，可能会比每十个操作中出

现的最慢的一个还要慢 20 倍。接下来的问题也就来了，由此产生的时延、可靠性，以及交付给用户的服务质量都会是怎么样？

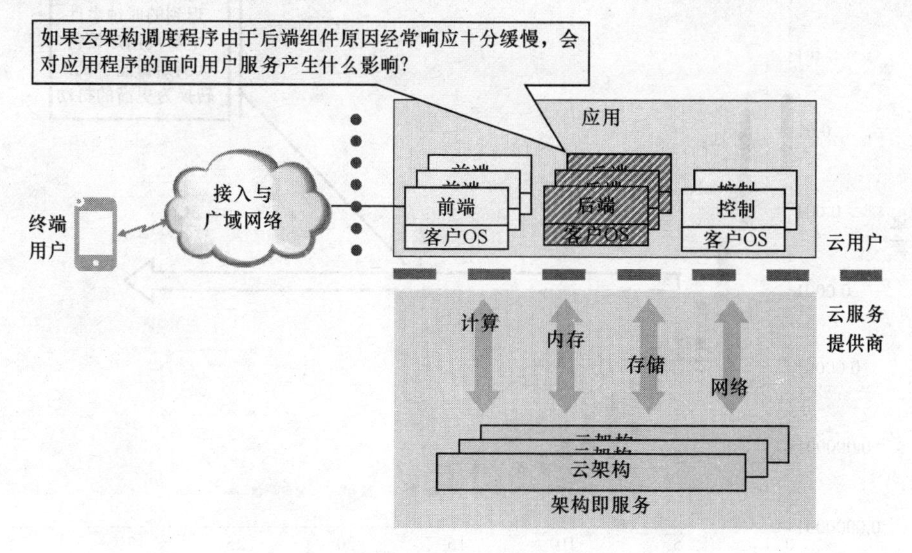

图 4.11　尾部延迟缺陷示例

对此类问题的回答将在 14.3.4 节“拖尾延迟度量”中进行阐述。

4.6　时钟事件抖动

严格的实时应用程序，如事务性处理、互动视频，往往依赖于连续的时钟事件以减少在应用数据包传递到终端用户过程中的抖动。由延迟或合并时钟中断事件引入的抖动会直接影响到交付给最终用户的服务质量。虚拟化和云相关的管理开销等因素导致的时钟抖动问题比本地时钟抖动问题要严重得多。图 4.12 给出了 CCDF 测试结果，结果显示出在数以亿计的 1ms 时钟事件中时钟抖动发生的情况。

这种缺陷在电视电话会议的桥接环境中很容易理解，通过桥接来保证来自多个终端用户的实时流媒体能够无缝地使用音频/视频会议。如图 4.13 所示，每个用户的设备发送流媒体（例如 RTP）到会议桥接器，在每一个计时器中断期间，会议桥接器会将每个参与者设备发送的多个流合并为单一流，然后发送回给所有的参与者。如果会议桥接器的一个时钟事件延迟了，那么会议桥接器无法传输一个连续的同步流媒体到终端用户设备，而且由于数据包到达太晚以至于不能顺利让用户设备启动包丢失补偿机制（例如，重放过时的数据包和冻结视频图像），这个补偿机制可以最小化对用户服务质量的影响。

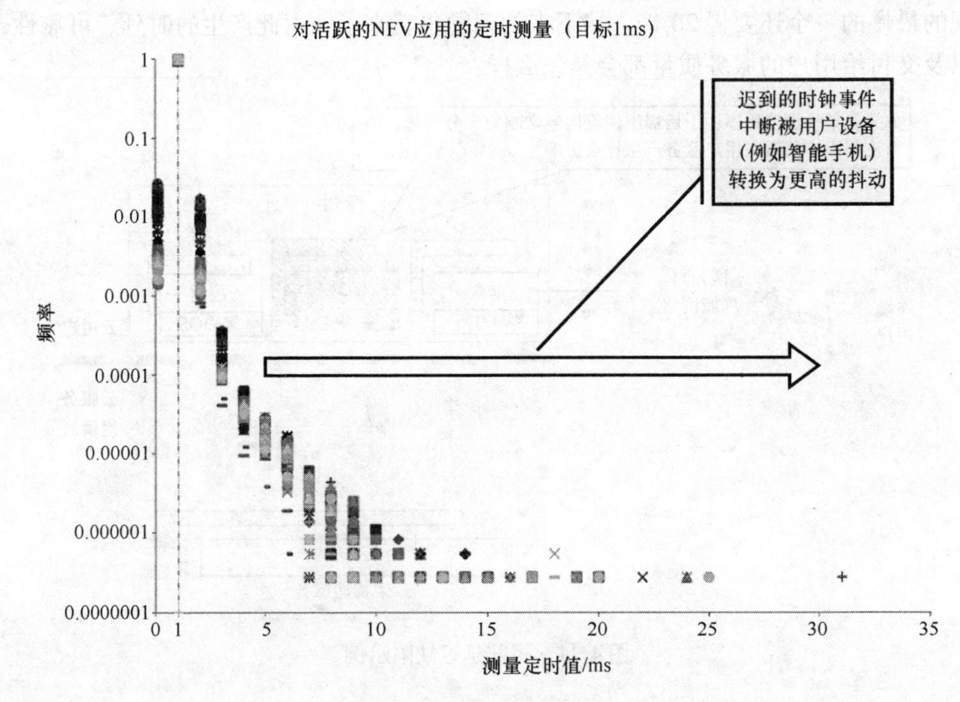

图 4.12 虚拟化时钟事件抖动

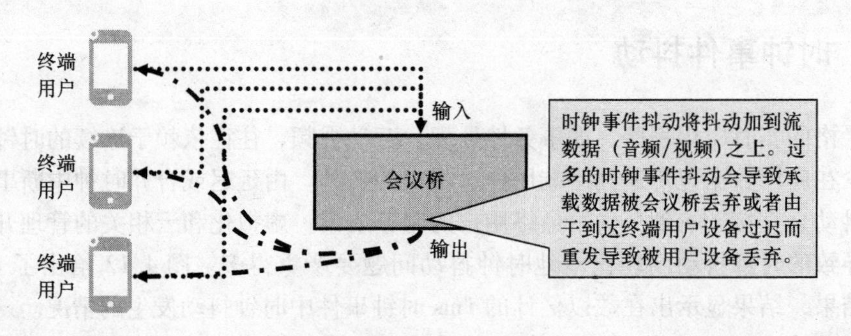

图 4.13 时钟事件抖动缺陷示例

4.7 时钟漂移

世界时间（UTC）是时钟精确度测量的标准参考时间。主机电脑定期将其本地时钟通过网络时间协议（NTP，RFC 5905）或精确时间协议（PTP，IEEE 1588）与一个已知的精确的参考时钟进行同步（通常同步到 NIST. gov，GPS 等）。应用程序组件通常依赖于底层客户操作系统来为用户的时间戳事件提供准确的时钟。通过虚拟化和动态迁移解耦底层硬件和用户操作系统，可以在硬件主机之间顺利地迁移应用程序和用户操作系统，但额外的时钟漂移（时钟错误）将给部署到云端的应用程序带来风险。虽然这种漂移不太可能很大（例如，几秒钟或几分钟），但有些应用程序对哪怕是很小的时钟漂移（例如，微秒或毫秒）都很敏感。

图 4.14 展示了一个案例，应用程序的后台组件实例的实时时钟偏离 UTC 几毫秒，其中一个后台实例比 UTC 快一点，另一个则慢一点。这个时钟漂移意味着一些后台组件实例的请求将打上错误的时间截，所以重建的序列也是乱序的。

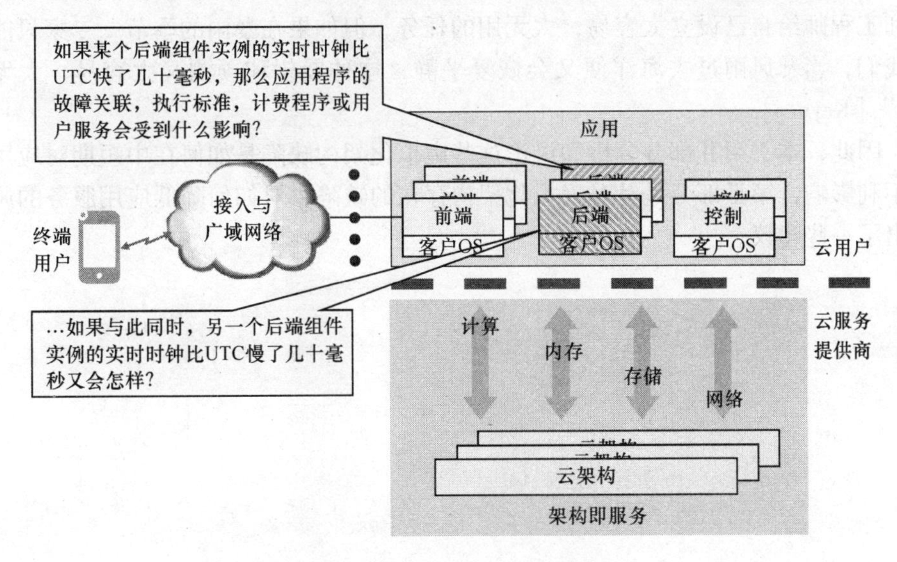

图 4.14　时钟漂移缺陷示例

对这一问题影响程度的测量将在 14.3.6 节“时钟漂移度量”中进行讨论。

4.8　失败或缓慢的虚拟机实例分配和启动

虚拟机的分配、配置，以及应用组件实例的启动是非常重要的事情，特别是对于越来越多的应用、越来越大的在线容量和软件版本发布管理尤其如此。在被虚拟机实例分配的在客户操作系统和应用软件启动之后，接下来是分配和配置一个虚拟机实例，这是一个复杂的，多步骤的过程，受到许多风险的影响，可能导致操作直接失败或速度太慢，以致无法在最大限度的可接受时间内完成。虚拟机实例的启动以及分配过程的失败或变慢，其带来的影响会在第 8 章“容量管理”中进行讨论。对不利影响的测试将在第 14.3.7 节“失败或缓慢的虚拟机实例分配和启动度量”中讨论。

4.9　虚拟化架构缺陷展望

随着虚拟化和云计算的普及和发展，架构硬件和软件供应商将专注于改善他们的虚拟化架构产品的性能。这些改进将伴随着摩尔定律，使提供给应用虚拟机实例的虚拟化的计算资源，内存资源，存储资源和网络资源的质量和一致性不断提高。从长远来看，至少这些架构中存在的一部分问题在发生的频率和严重程度方面应大幅降低，但正如约翰·梅纳德·凯恩斯在1927年写道：

“对未来的展望是对当前事务的误导，就像从长远来看，我们都会死。经济学家和工程师给自己设立太容易，太无用的任务，但如果在暴雨的季节，专家只能告诉我们，当暴风雨过去海洋便又会恢复平静，这种展望和预测又太容易、太无用了。”[Keynes]

因此，本书第Ⅱ部分分析和讨论这些虚拟化架构缺陷是如何在中短期对应用产生不利影响，第Ⅲ部分是针对虚拟化架构存在的缺陷，对如何降低应用服务的风险提出了一些建议。

Ⅱ 分析

本书的这一部分分析了基于云的应用程序提供的面向用户服务质量由云部署带来的的优势和风险的影响。

- 第 5 章“应用程序冗余和云计算”，回顾了基本的冗余架构（简单架构，顺序冗余，并发冗余和混合并发冗余），以及当面对虚拟化架构缺陷时，如何减轻对应用服务质量的影响。
- 第 6 章“负载分配与均衡”，系统地分析应用程序的工作负载分配和均衡。
- 第 7 章“故障容器”，主要阐述虚拟化和云计算如何影响应用程序的故障处理机制。
- 第 8 章“容量管理”，系统地分析应用服务与弹性在线容量增长和逆增长相关的风险。
- 第 9 章“发布管理”，考虑虚拟化和云计算如何影响发布管理操作，对应用软件实现补丁、更新、升级和改造。
- 第 10 章“端到端考虑因素”，说明了应用服务质量缺陷是如何通过服务交付路径积累的。本章涉及应用程序部署到较小的云数据中心的服务质量，较小的云数据中心相比更大的、区域的云数据中心更接近最终用户，区域的云数据中心离最终用户比较远。对灾难恢复和地理冗余也进行了讨论。

第5章　应用程序冗余和云计算

采用组件冗余部署的方法可以减轻不可避免的缺陷问题对服务造成的影响。本章主要讨论非冗余（简单）、传统（顺序）冗余和非传统（并发）冗余架构是如何减少虚拟化架构缺陷对应用服务的影响。5.2节解释了虚拟化技术是如何改进软件恢复时间，5.3节解释了虚拟化和云如何改进架构恢复时间。5.4节解释了冗余架构是如何快速将服务恢复到冗余组件而不是对故障组件进行修复后再继续使用，从而提高服务的可用性。5.5节对顺序冗余和并发冗余进行了对比。5.6节从技术上讲解了非冗余、顺序冗余、并发冗余以及混合并发冗余架构中，虚拟化架构缺陷对应用服务的影响。5.7节讨论了在冗余架构中数据的角色。5.8节从总体角度阐述了对冗余的考虑。

5.1　故障、可用性和简单架构

故障是不可避免的，因此应用必须对组件故障问题做好应对准备。分布式系统容易受到突发事件的影响，如丢弃IP数据包，也会遇到更多的持续性故障，如软件进程崩溃（参见16.4.3节“健壮性测试”中的常见故障情况列表）。考虑如图5.1所示的简单的分布式系统，由一个客户端应用“A”与服务器“B1”进行交互。这种传统的简单系统通常只允许一个且只有一个应用实例（例如“B1”）为任何特定用户实例（例如“A”）服务。因此，当一个应用组件“B1”（见图5.1）失效，服务器中所有的状态和易失性信息会丢失，同时丢失的还有所有网络上下文（例如与客户端设备的会话）。值得注意的是，持久性存储中保存的信息会保持不变，因为这是“持久性存储”的特点。

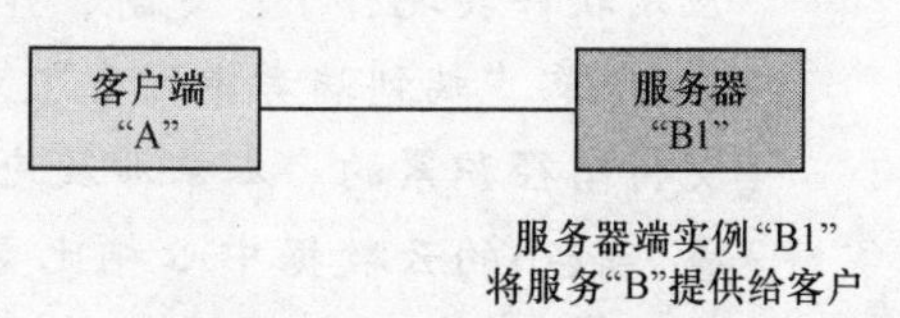

图5.1　简单分布式系统

图5.2所示是一个简单系统的服务可用性时间表，在该系统中服务器“B1”一直处于启动态（可为客户端“A”提供服务），直到服务器“B1”失效（所谓的平均故障间隔时间，即MTBF），然后服务器宕机，直到故障被修复，服务被恢复（所谓的平均恢复时间，即MTRS）。MTRS有时被称为可维护性。

正如在2.5.1节“服务可用性”中所阐述的，可用性是服务运行总时间的一部分。对于简单系统，可以通过式（5.1）计算服务可用性：

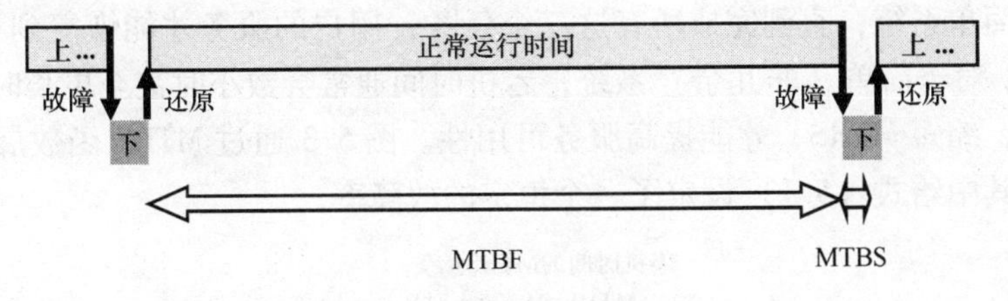

图 5.2　简单服务可用性

$$可用性 = \frac{MTBF}{MTBF + MTRS} \tag{5.1}$$

注意，对于简单系统，平均修复时间（MTTR）通常等于 MTRS，因而式(5.1）的简单可用性公式等同于大多数读者都熟悉的传统可用性计算式（5.2)。

$$可用性 = \frac{MTBF}{MTBF + MTTR} \tag{5.2}$$

可维护性是描述一个配置项能够达到多快速和有效的程度，或 IT 领域中指服务器从服务失效后到恢复到正常工作状态的时间，通常作为 MTRS。可维护性对于一个简单系统包括三个步骤：

1）故障检测。自动故障检测通常是指连续性检测（一般为分钟级或秒级)，但是如果系统依赖于手动故障检测（例如需要终端用户通过客户支持系统根据处理流程报告故障)，那么应用服务提供商的维护工程师就有可能花几十分钟或更长时间才能正确地定位哪一个组件实例的故障导致了用户服务的中断。在实际操作中，客户“A”的故障被分为两类：

a. 显式故障。显式故障是有明确信号发送到客户端“A”，通常通过错误响应机制来实现，例如给出提示“500 服务器内部错误”。在收到明确故障提示的情况下，客户明确知道服务器目前无法圆满地服务客户的请求，所以客户端“A”必须通告故障情况（例如，返回故障提示给最终用户)，同时维修工程师必须解决服务器“B1”出现的故障。

b. 隐式故障。隐式故障是指请求因为没有在一个合理的时间内收到响应，客户端“A”由此推断该请求失败。

2）故障排除。排除故障必须要识别定位故障组件，然后确定为恢复服务必须采取修复措施。对故障原因的诊断、定位通常会部分依靠人工，因此可能需要时间。

3）修复故障单元和恢复服务。修复操作（例如重新启动应用程序，重新启动系统，更换故障硬件，重新安装软件，备份和恢复数据）可能需要几分钟至几小时，而如果所需要备件或备份的介质不在故障发生地，那将需要更长时间。因为传统的简单系统的恢复服务需要人工参与，时间可能会进一步延长，因为需要时间通知和调配有经验的员工，员工从异地赶过来需要时间，硬件的替换也需要时间。

对于简单系统，直到完成所有这三个任务，用户的服务才能恢复到可用状态。总的来说，对于简单（非冗余）系统，宕机时间通常会数小时甚至更长时间。提高可维护性，缩短 MTRS，才能提高服务可用性。图 5.3 通过 MTRS 函数展示了服务可用性，其中给式（5.1）设定了一个恒定的故障率。

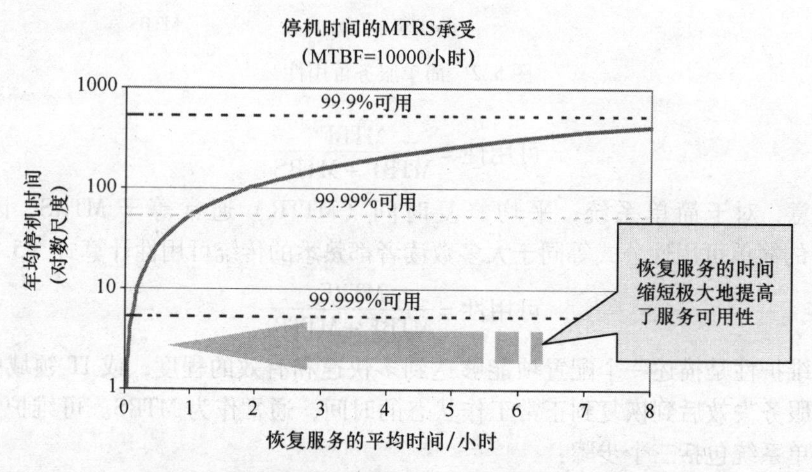

图 5.3 服务可用性对 MTRS（对数尺度）的敏感性

5.2 通过虚拟化改进软件修复时间

传统部署简单应用组件出现的软件故障通常可以通过以下两种方式进行修复：

1）应用软件重新启动。

2）操作系统重新启动。

通常的软件修复是指重新将软件恢复到可执行状态，而不是纠正真正导致故障发生的根源。解决软件故障的根本方法一般需要安装软件补丁，只有补丁才能够解决软件内在缺陷。

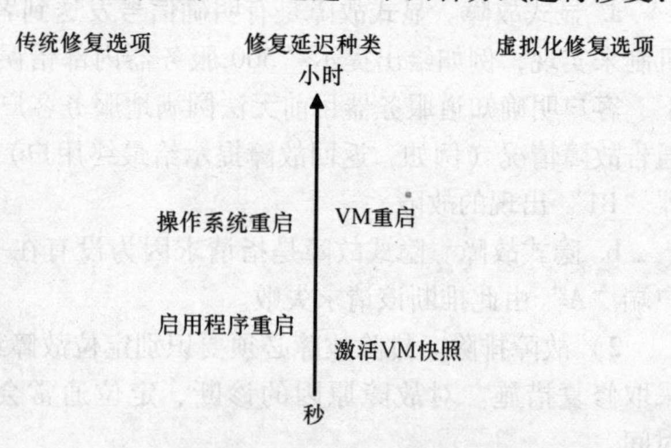

图 5.4 传统的与虚拟化的软件修复时间对比

如图 5.4 所示，虚拟化提供了几种新的软件故障修复选择。按从最慢到最快，虚拟化修复方法如下：

- 虚拟机（VM）重置：通过虚拟机硬启动方式将虚拟机由关闭态转到运行态，这一过程通常不需要对虚拟资源回收和再分配。这是破坏性的，就像对计算机进行关机和开机操作，其中的状态信息会丢失。虚拟机重置要比虚拟机重启消耗更多的时间。

- VM 重启：客户操作系统和应用软件被重启而不需要重置整个虚拟机实例。
- 激活虚拟机快照：虚拟机快照是一种保留 VM 某个瞬间镜像的机制，镜像包括虚拟机的内存数据、配置和虚拟磁盘状态。一旦快照成功创建，它可以在日后任何时间激活或存储。虚拟机快照是一种非常有效的修复机制，它能够提供一种从发生故障的虚拟机版本恢复到一个更稳定版本的手段。发生故障之后，之前被保存在磁盘上的虚拟机快照可以被恢复和激活，这要比传统的冷重启更快，因为激活快照可以跳过比较耗时的应用启动过程，这些应用在快照被创建之前已经被执行过，因此不需要重复。快照的执行如下：
- 一个刚启动的应用实例。激活一个刚启动的快照可以显著减少恢复时间，因为可以跳过操作系统和应用程序的启动过程。
- 周期性快照。值得注意的是，如果周期性的连续快照里包含了一个不断演化的故障，例如在堆溢出之前出现的内存泄漏，周期性的快照不能可靠地清除故障。因此，如果周期性的快照无法成功恢复，那么应该恢复到一个刚启动的快照或是操作系统重启之后的快照。

因为它代表了一个旧版本的 VM，快照激活可能在发生故障时不能为用户提供无缝的服务恢复，因为它不可能有最近的状态和会话信息。

为缩短服务受影响的时间，管理人员或是自动机制通常都会触发最快的恢复机制来清除故障，而不是完成一份详尽的故障诊断分析，指出故障的真正根源。如果最快的恢复动作未能解决问题，通常可能会尝试执行一个更高风险，更慢或有更多不利影响的操作。例如，如果一个应用程序组件挂起，第一个恢复行为可能是激活一个刚启动的应用组件快照，如果未能恢复服务，VM 实例将会执行重置操作。

5.3　通过虚拟化改进架构修复时间

如图 5.5 所示，虚拟化和云计算使传统的手工硬件维修过程替换为离线虚拟机迁移，这可以大大缩短架构修复时间。5.3.1 节介绍了传统硬件修复过程，5.3.2 节介绍自动虚拟机修复即服务（Repair-as-a-Service，RaaS），5.3.3 节讨论这些机制的影响。

5.3.1　理解硬件修复

MTTR 是一个成熟且广泛使用的概念。本章将使用 ITIL v3 对 MTTR 的定义：“配置项或 IT 服务失效后的平均修复时间，MTTR 时间的计算是从配置项或 IT 服务失效开始，直到修复为止。MTTR 不包括恢复或还原所需的时间”。对于计算机

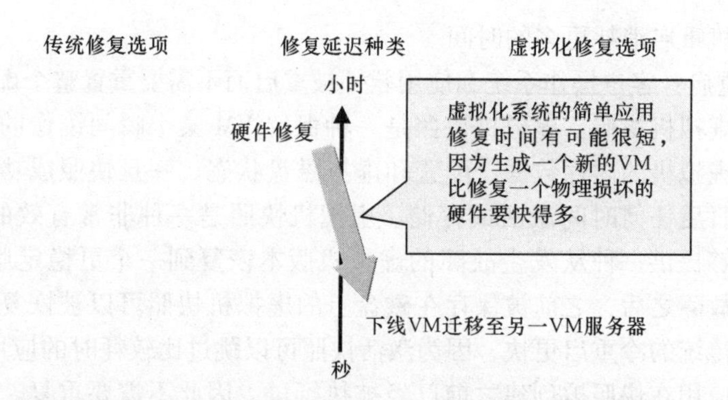

图 5.5 传统硬件修复与虚拟化架构复原时间对比

和信息系统硬件，MTTR 通常设为 4 个小时，包括维修人员和备用硬件到达现场的时间。严格的培训的详细的操作策略可以缩短硬件 MTTR。需要注意的是，MTRS 是一个常用的测量参数，经常与 MTTR 混淆。ITILv3 中对 MTRS 的定义是："故障后恢复配置项或 IT 服务所需要的平均时间。MTRS 的计算是从配置项或服务失效开始，到完全恢复并且各项功能能够正常工作为止。"

5.3.2 虚拟机修复即服务

虚拟化和云技术终结了需要进行物理维护操作才能修复受架构故障影响的应用组件的情况。部署一个自动化的"虚拟机修复即服务"机制而不是依靠应用维护工程师在架构发生故障之后通过手工操作来恢复应用已经变得很实际。在定位到需要修复的虚拟机实例之后，自动虚拟机修复逻辑被分解为两个并行的处理过程，如图 5.6 所示。

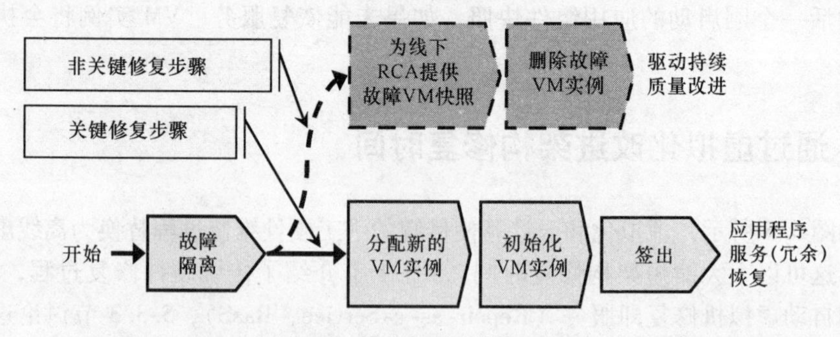

图 5.6 简化的 VM 修复逻辑

- 修复关键步骤。这会代替失效的 VM 实例并恢复应用程序到全功能状态（例如冗余操作）。这个过程包括：
  - ○ 对替换虚拟机实例的自动分配和配置。
  - ○ 自动初始化、启动替换虚拟机实例或激活虚拟机快照。

○ 替换虚拟机实例的自动检查。

当替换虚拟机实例正确地与正在运行的应用程序组件实例结合，这个过程即结束。请注意，这些操作不应妨碍由应用提供的服务恢复操作。

- 非关键过程。包括不在替换虚拟机实例的关键修复路径的事务，所以这些非关键事务可以并行执行来修复关键过程。主要的非关键事务包括：
  ○ 捕捉虚拟机故障、配置和快照数据进行离线分析。
  ○ 释放和清理（例如删除）失效资源或不再需要的资源。

云用户和/或云服务提供商可以决定利用哪些虚拟机故障事件来分析故障的真正原因，从而可以采用适当的纠正措施，不断改进服务质量。

这些自动化的操作很有可能在几分钟内完成，而不是通常传统硬件维修意义上的几个小时，而且重要的是要认识到，故障检测过程，激活自动化虚拟机修复过程，也可以自动化，从而进一步缩短 MTTR。例如，如果应用程序的管理和控制单元可以自动发信号启动自动化虚拟机修复机制，虚拟机维修过程就可以在虚拟机故障事件发生后几秒内开始。完全的自动化故障检测和维修服务过程很显然远远快过传统处理流程，传统上一个硬件故障会向维修工程师报警，然后创建一个故障单，通过故障单启动传统硬件修复过程。

图 5.6 的虚拟机修复逻辑可以被集成到一个完全自动化的 VM RaaS 中，图 5.7 展示了它可以实现的服务逻辑。VM RaaS 在图 5.6 中添加以下具有关键特性的基本逻辑：

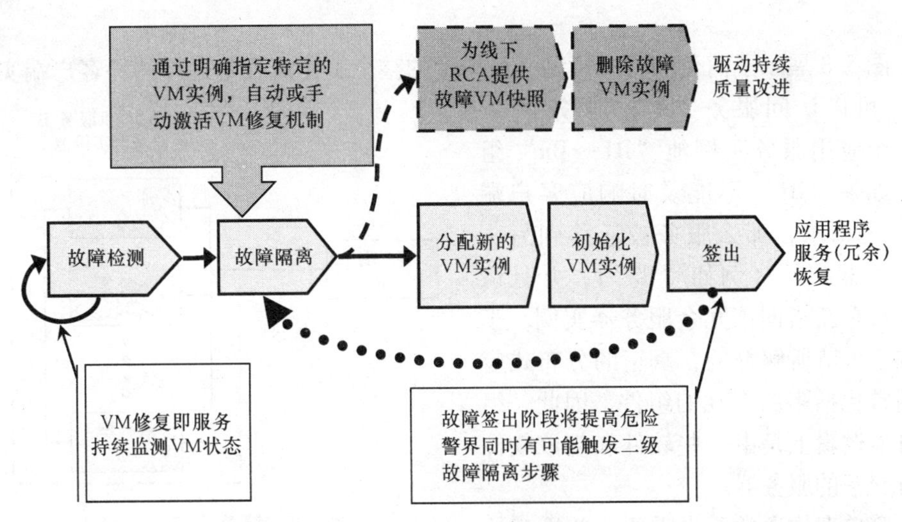

图 5.7　自动虚拟机修复即服务逻辑示例

- RaaS 可以实现故障监测机制，主动发现虚拟机实例故障。当自动化虚拟机实例故障检测机制盯上一个虚拟机实例，该实例会被故障隔离并开始修复过程。

- 故障虚拟机实例可以显式向 RaaS 报告。例如，应用程序的管理和控制架构可以明确地识别故障虚拟机实例，可以在应用层的高可用机制成功恢复用户服务之后立即修复虚拟机实例。需要修复的虚拟机实例也可以通过 GUI 或命令行机制来手动识别。
- 在检查阶段，如果自动修复操作无法恢复服务，会产生一个关键报警，维修工程师可以介入进行处理。如果通常的修复措施仍无法解决问题，一些 RaaS 可以会更智能，可以支持故障的二次隔离和逻辑修复。

5.3.3 讨论

虚拟化和云计算使得云用户可以将虚拟机作为“一次性产品”对待，而不用总得考虑修复问题。传统的拆卸/交换/重新组装过程不适于自动化，虚拟机实例的替换（即所谓的“修复”）基本上可以很大程度上实现自动化，自动化可以使流转时间减少，降低在修复过程中的错误风险，降低故障事件的成本代价。缩短的修复时间可以显著改善简单（非冗余）应用和组件的可用性，修复时间很可能随自动化 RaaS 的效率和作用而变化，因此更复杂的可用性模型可以应用到被 RaaS 保护的简单应用中。自动化 RaaS 缩短了修复时间，减轻了虚拟机出现冗余故障和高可用应用故障时单一窗口和曝露容量问题。

5.4 冗余和可恢复性

图 5.8 展示了简化的冗余模型，该模型的整个工作流程是这样的：客户端实例“A”可以访问服务“B”，服务“B”由一个应用服务实例池“B1…B*n*”组成。如果“B1”不能及时响应客户端“A”的请求，那么服务被迁移到另一个服务器实例（例如“B2”），并且请求也被重新指向该冗余服务器实例。正如在 5.1 节所解释的，真正的分布式应用通常包括多层交互的组件，因此，组件可能逻辑上是由一些软件和与该软件进行交互的服务器。

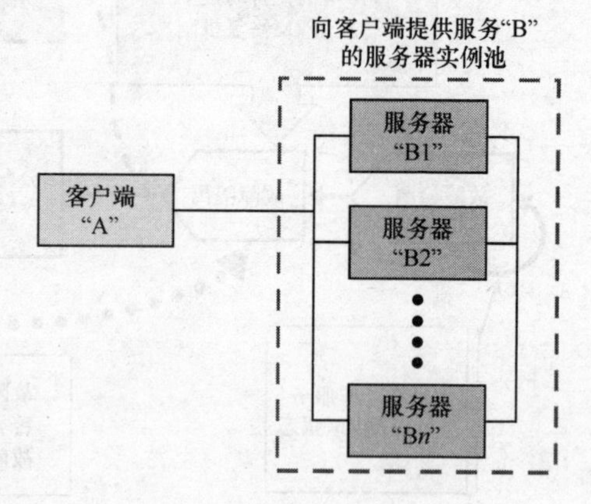

图 5.8 简单的冗余模型

简单架构通常至少需要一些手工故障诊断和服务修复操作，与简单结构相比，冗余架构使整个恢复过程实现了自动化，如图 5.9 所示。其中，

1）硬件或软件故障发生；

2）系统迅速地自动检测故障；

3）将故障隔离到一个可恢复单元；

4）快速自动恢复服务到一个冗余组件；

5）为用户恢复服务。

设计高可用性机制的目标是自动检测故障、隔离/识别故障，能够尽可能快地恢复用户服务，最小化对用户的影响。在不可能同时完成以上这些操作的情况下，目标可以设定为只要比最大可接受的死机时间更短即可。这样的话，故障事件只会影响服务的可靠性指标（例如每百万次尝试中的故障事务次数）而不是累积服务死机时间，因此会影响服务可用性指标（例如服务死机时间）。修复一个故障需要仔细分析故障的根源（例如确定是哪个硬件组件或软件模块出现了故障），在冗余架构中，必须隔离故障到一个正确的冗余单元，这样适当的自动恢复机制才能够被激活。传统的冗余高可用系统通常会对用户崩溃的服务进行迁移，这种迁移是秒级或毫秒级。值得注意的是，引起主要故障的真正根源还是要修复的，只有修复之后才能重新使系统处于冗余机制的完整保护之下，但修复操作可以在一个非紧急的时候慢慢完成。

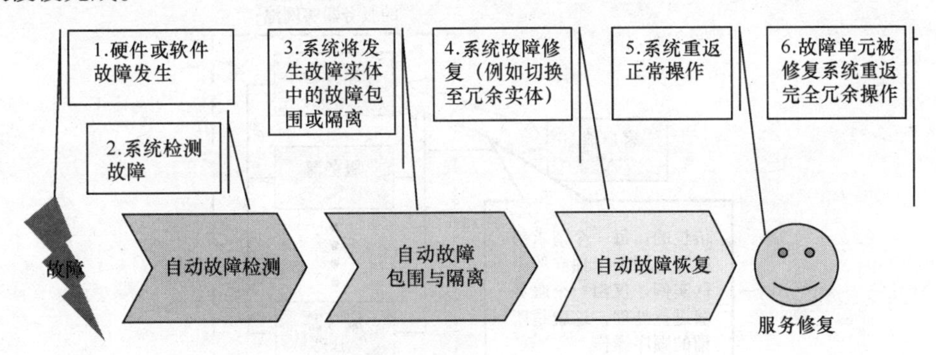

图 5.9　简化的高可用性策略

如图 5.10 所示，主服务单元（B1）与一个简单架构出现宕机的时间是相同的，但是用户服务通过重定向用户流量到一个冗余的“B2”单元可以被迅速恢复。这样，用户服务持续受影响的时间会大大缩短（理论上可以是秒级）。

如图 5.11 所示，传统的高可用性是通过冗余硬件和软件来实现的（例如冗余服务器实例“B2”对“B1”进行保护），请求被单播发送给冗余服务器中的一个且只是一个实例上（例如“B1”或者“B2）。该架构在很大程度上依赖于快速检测和从故障中恢复的机制。请注意，代理负载平衡技术（在第 6 章“负载分配和均衡”中讨论）可以在复杂的服务器冗余中为客户端提供保护。

图 5.12 显示了在没有故障发生时，一个顺序冗余系统中普通用户服务的时间表：客户端“A”发送一个请求到服务器实例“B1”；“B1”连续处理请求并发送一个反馈给客户端“A”。服务器实例“B2”在这一处理过程中没有介入，因为“B1”有能力为客户端“A”提供连续服务。

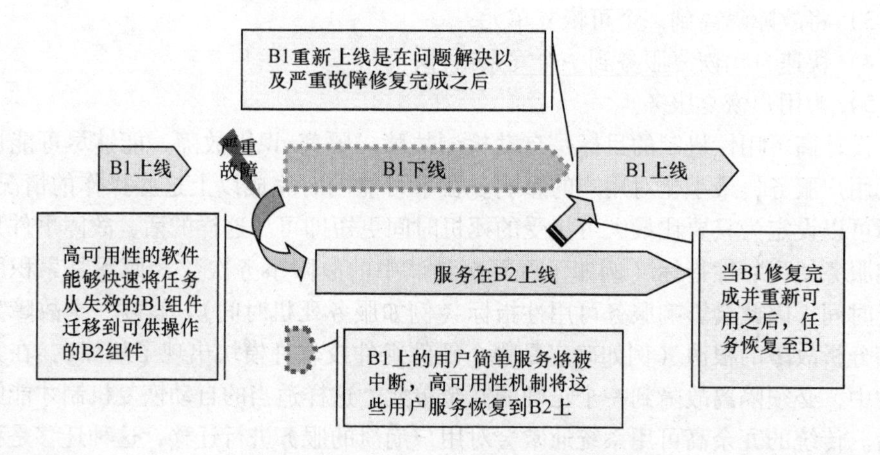

图 5.10 传统的（顺序）冗余架构中的故障

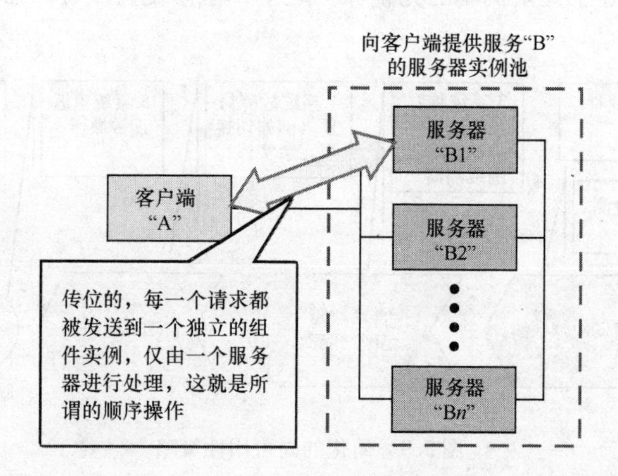

图 5.11 顺序冗余模型

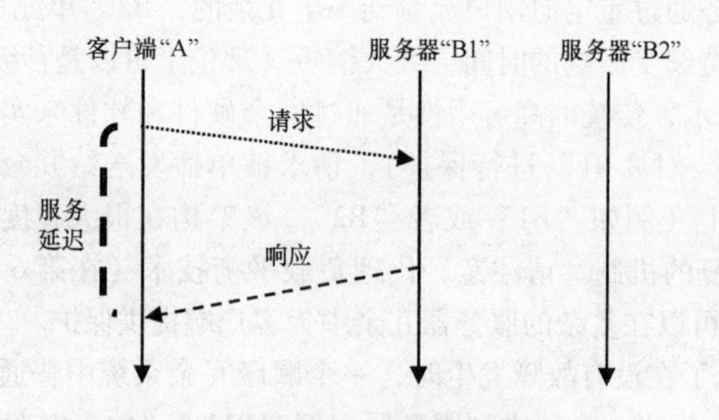

图 5.12 顺序冗余架构中无故障时间表

图5.13显示了在一个顺序冗余系统中，一个主要组件出现故障之后修复用户服务的时间表。

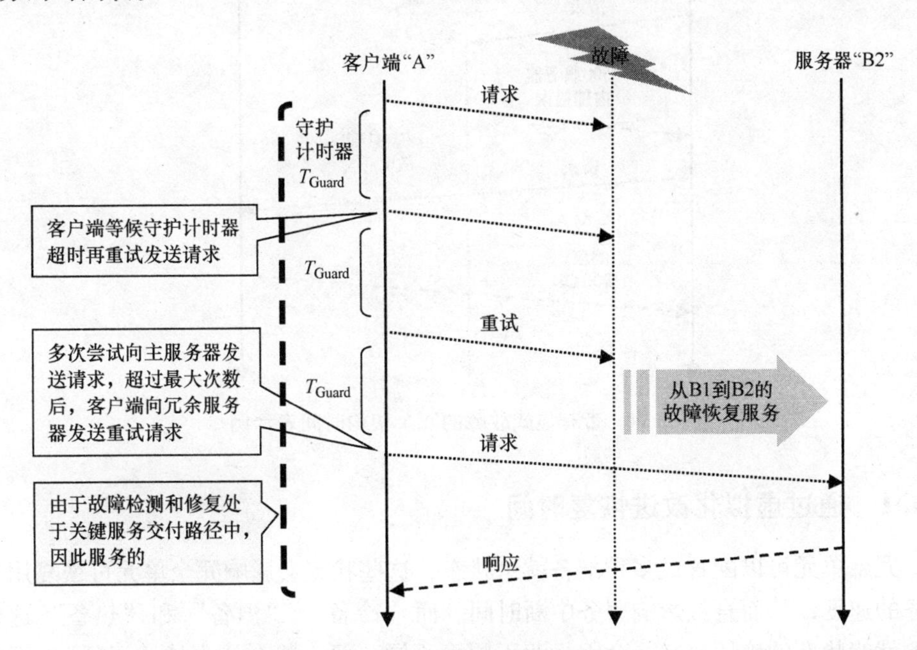

图5.13 带有隐含故障的冗余架构时间表示例

- 客户“A”发送一个请求到服务器实例“B1”。
- 由于服务器实例“B1”出现了一个重大故障，它无法返回任何明确的故障指示给客户端“A”。
- 由于客户端“A”维护的守护定时器超时，即没有在指定时间内收到服务器实例“B1”的反馈，那么客户端“A”再次重新向“B1”发出请求。
- 额外的定时器多次超时，直到达到了设定的最大尝试次数，表示服务器“B1”发生故障。
- 客户端“A”将服务请求发送给服务器实例“B2”。
- 服务器实例“B2”立即返回一个成功反馈给客户端“A”。

值得注意的是，监测软件可以控制故障转移，只要该监测软件是在高可用架构下实现的而不是通过客户端软件实现的。

在一些情况下，主服务单元“B1”处于全功能状态，可以将一个明确的故障反馈给客户端“A”，因此“A”也能故障转移到“B2”，只要能获得明确的故障反馈，而不需要等待多个重复到“B1”的请求超时后才能判断“B1”故障。

正如在图5.14中所示，如果主单元能够迅速而明确地给客户端发出故障信号“例如：服务器故障500”，用户服务恢复的速度是非常快的。

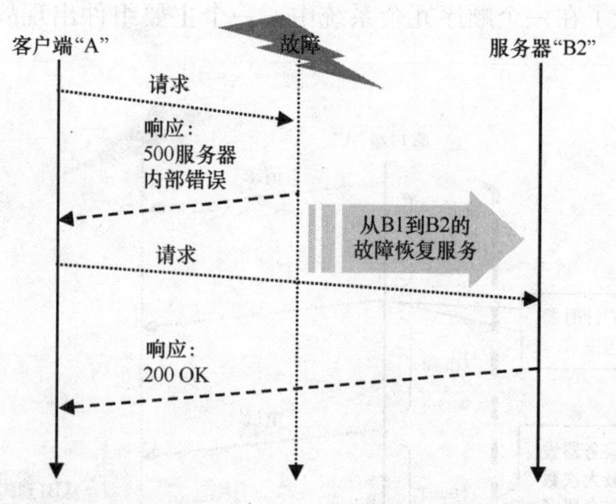

图 5.14 带有显式故障的冗余架构时间表示例

5.4.1 通过虚拟化改进恢复时间

冗余单元可以配置成多种准备就绪状态，这些状态会影响冗余单元可恢复用户服务的速度，从而直接影响服务中断时间。而“冷备”、“温备”和“热备”这些准备就绪状态的确切意义，会因行业不同而不同，但一般会认为越“温暖”，则服务恢复的速度越快。例如，恢复一个已完全启动的应用实例要比恢复一个已经启动操作系统但没有启动应用的实例要快，并且这两种恢复方式都要比恢复一个还没有加电的服务器要快。

虚拟化引入了几个新的恢复选择，这些选择可以比传统的冗余配置消耗更少的物理资源。图 5.15 给出了冗余架构传统的恢复策略和虚拟化恢复策略的对比时间表和理论上的恢复延迟。从最慢到最快，新的虚拟化恢复选择如下：

- 激活挂起的虚拟机。在“挂起状态”虚拟机不能执行任何工作。虚拟机及其资源的状态保存到非易失性存储器，虚拟资源可以再收回。应用组件实例可以在虚拟中启动，并且那些虚拟机实例可以被挂起；在故障发生之后，挂起的虚拟机实例可以被激活，重新同步并开始为用户提供服务。挂起的虚拟机实例处于“深睡眠”状态，所以与激活一个“暂停”的虚拟机实例相比有更多的增量恢复延迟，相比热待机会有更多的延时，激活挂起的虚拟机会有较少的虚拟化平台资源消耗。
- 激活暂停的虚拟机。在“暂停”状态，一个虚拟机和它的虚拟资源是被实例化的，但它们并不是执行任何任务。因为这些暂停的虚拟机已经被实例化并且资源也被分配，它们可以被激活并可以快速恢复服务。暂停的虚拟机实例处于“轻睡眠”状态，因此相比切换到另一个活动的冗余虚拟机或是热待机的虚拟机，激活暂停的虚拟机有额外的服务恢复延迟，但是它的

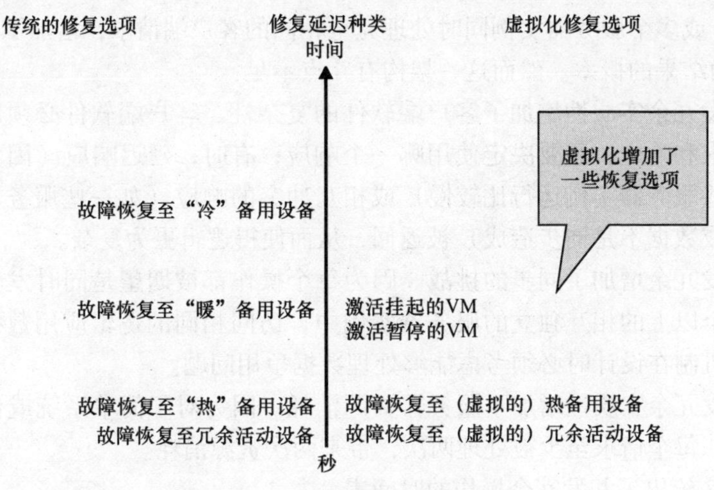

图5.15　传统的冗余架构恢复时间

优势是需要非常少的平台资源（如CPU资源）。

- 故障转移到活动的虚拟冗余单元。传统的冗余单元不再是专用硬件而是可以进行配置、保持同步或是进行维护的虚拟机。在虚拟机实例中将故障转移到冗余单元与转移到本地冗余单元有相同的延迟。值得注意的是，当活动单元能够正常工作时，待机的冗余单元很少被使用，而虚拟化使得这些在传统部署方式下绝大部分时间处于闲置状态的冗余单元的计算、存储、网络资源可以被其他应用使用，由此降低了用户的OPEX。

5.5　顺序冗余和并发冗余

如图5.16所示，并发冗余架构逻辑上赋予客户端实例“A”多播服务请求能力，可以向两个或多个服务器实例“B1、B2”等发出请求。

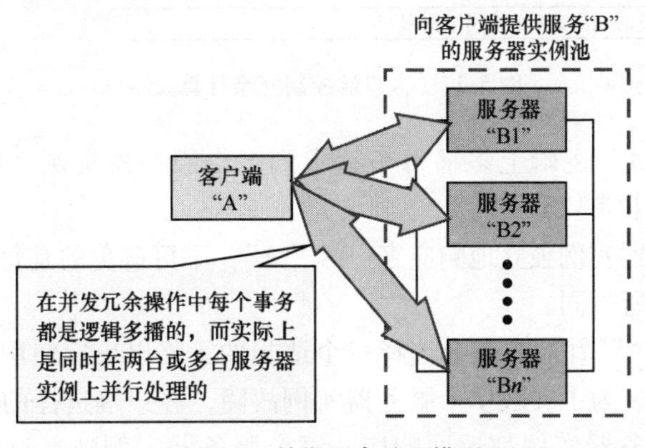

图5.16　并发冗余处理模型

有两个或多个服务器实例同时处理完全相同的客户端请求，增加了迅速反馈给客户端正确结果的概率。然而这一架构有几点不足：

- 并发冗余实质性增加了客户端软件的复杂性。客户端软件必须即管理多播请求和响应，还要决定使用哪一个响应；有时，延迟响应（因为可能会有一些服务器实例运行比较慢）或相互冲突的响应（如一些服务器实例有故障或数据不是同步造成）被返回，从而使得逻辑更为复杂。
- 并发冗余增加了同步的挑战。因为每个操作都被期望是同时发生在两个或两个以上的相互独立的服务器实例中，访问相同的逻辑应用数据，从而同步机制在设计时必须考虑能够处理数据争用问题。
- 并发冗余实质性增加了服务器资源消耗。因为对于简单系统或传统冗余方式，每个请求至少被处理两次，带来两次资源消耗。

图 5.17 给出了并发冗余操作的时间表：

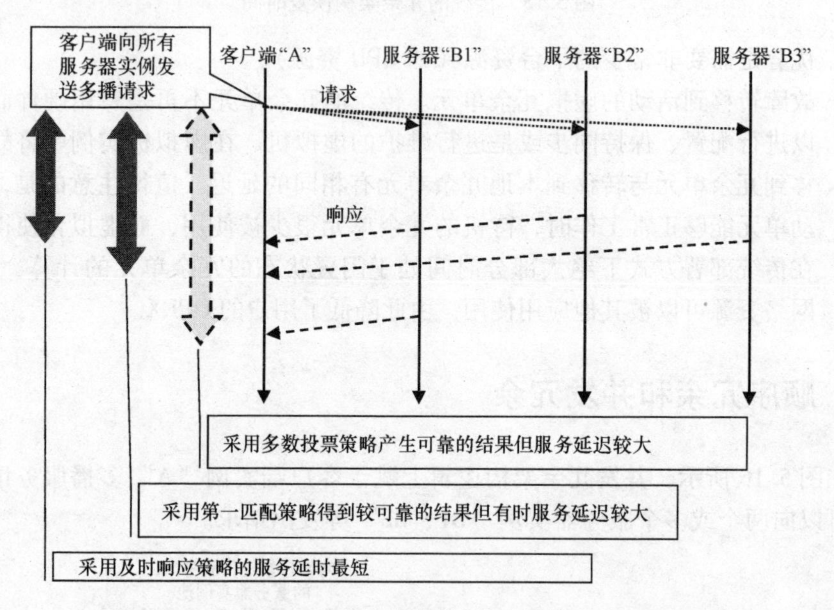

图 5.17 客户端控制冗余计算策略

- 客户端“A”逻辑上多播每个请求到多个服务器实例（如在本示例中的“B1、B2 和 B3”）。
- 每个服务器实例独立地响应客户端“A”，不可避免的是每个服务器的响应延时会有所不同。
- 客户端“A”针对响应会选择一个适当的策略以决定使用哪个结果，什么时间使用。为了屏蔽单个服务器实例故障，客户端选择的策略可能不是等待所有服务器实例都返回响应。每个服务器实例独立返回响应，客户端“A”依据算法选择一个响应，这些算法例如：

○ 最先（或是最快）成功（或是无误）响应；

○ 最先匹配响应；

○ 固定时间内收到的多数成功响应。

图 5.18 显示了当服务器实例“B2”失效时，并发冗余操作过程。因为“B1”和“B3”及时向客户端“A”成功发出了应答，由于“B2”故障而导致的服务延迟影响可以忽略不计，“B2”是否发出了显式故障提示（例如返回“500 服务器内部错误”）或是隐式的故障提示（例如通过计时器超时）也可以忽略不计。

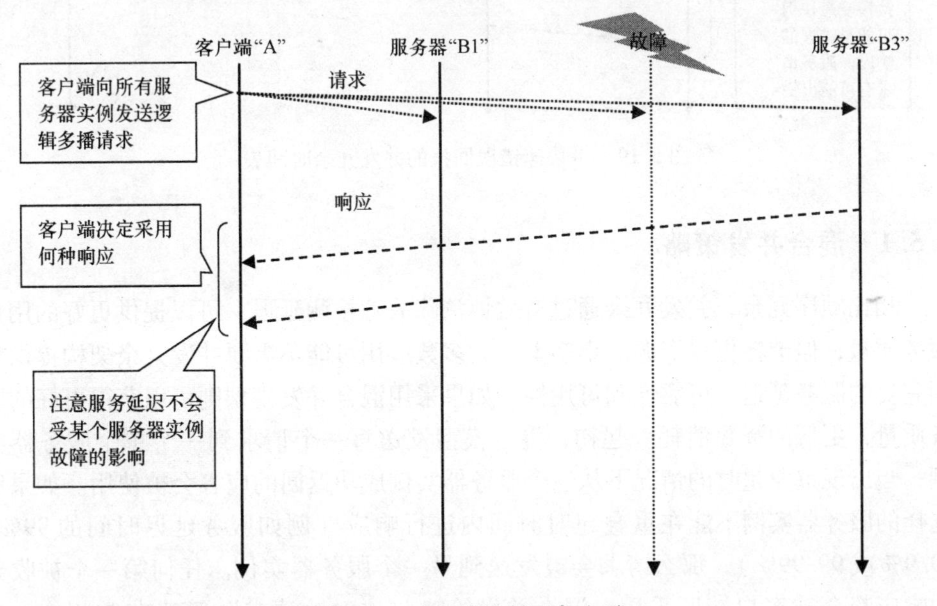

图 5.18　客户端控制冗余选项

值得注意的是，使用最先响应策略会产生比简单或冗余架构更短的服务延迟，但会带来软件故障风险，即单个软件的故障可能导致对所有用户的服务质量下降。例如，图 5.19 展示了一个软件故障案例，该软件故障导致服务器实例总是返回提示“404 无法找到”㊀，且在其他服务器实例返回正确结果之前返回，在这种情况下，错误的结果将自动被使用。因此，并发冗余架构的客户端经常使用选择算法来应对该问题，例如采用首先匹配响应算法，既可以最小化使用快速响应算法所带来的错误风险，又可以屏蔽由于单个服务器实例故障而排除其他服务器实例响应的情况。[Dean]“绑定请求”即请求被发送给多个有身份标记的服务器。第一个响应请求的服务器会发送“取消指令”到其他服务器，这样其他服务器就不会再返回任何响应。

㊀ *“404 没有找到”被定义为“服务器并没有发现任何匹配的 URI 请求”[RFC2616]。

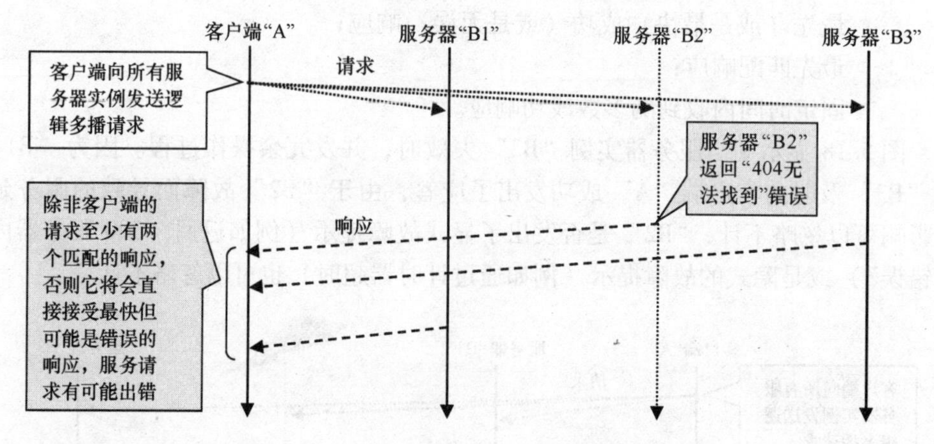

图 5.19　带快速错误回报的并发冗余时间表

5.5.1　混合并发策略

相比顺序冗余，并发冗余通过有效地消除故障检测延迟，可以提供更好的用户服务质量，但消耗更多资源。事实上，大多数应用可能不需要并发冗余架构提供特别完美的服务延迟，可靠性和可用性。如果采用混合并发模型则可以获得更好的服务质量，更低的资源消耗。起初，混合模型发送每一个请求到一个单个服务器实例，当出现重叠超时的情况下从这个服务器实例成功返回的应答会被使用。如果所选择的服务器实例不能在重叠超时时间内进行响应（例如服务延迟时间的99%，99.9%或99.99%），那么请求会被发送到另一个服务器实例。任何第一个被收到的响应都会被客户端所采用。混合并发策略与“对冲请求”策略非常相似。在图5.20中显示了混合并发操作的时间表：客户端“A”向“B1”发送请求，如果在T_{Guard}时间内没有收到响应，客户端“A”会发送相同的请求到服务器“B2”，并

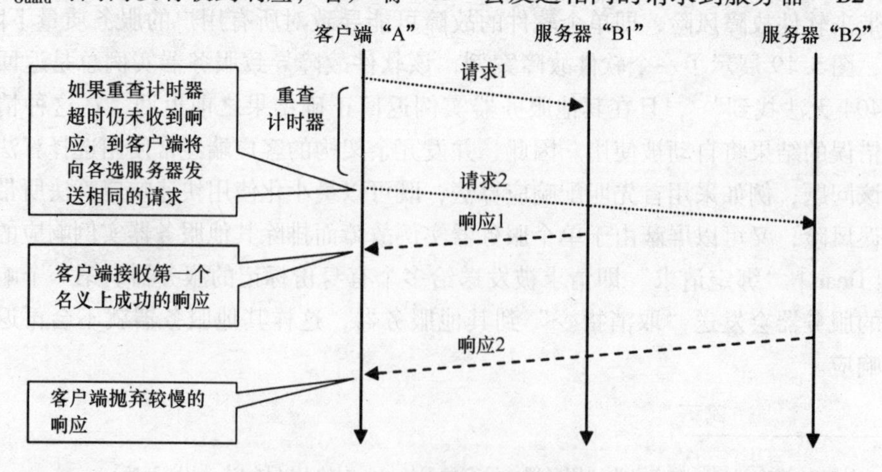

图 5.20　带慢响应的混合并发

且“B1”或者“B2”会使用首先成功响应策略。可以肯定的是，“B1”对原始请求的反馈会略晚或者再有一个到“B1”的请求会获得成功（如图 5.20 所示），至少“B2”会很可能迅速做出响应。但是如果“B1”发生故障，那么通过快速叠加对“B2”的请求，客户端会收到一个及时的响应。

5.6 虚拟化缺陷对应用服务的影响

本节重点讨论架构的缺陷（第 4 章“虚拟化架构缺陷”）对应用服务的影响（第 2.5 节，“应用程序服务质量”）是怎样通过本章所述的四种冗余架构得到缓解的。

- 简单（非冗余）架构（第 5.1 节）；
- 传统的顺序冗余架构（第 5.4 节）；
- 并发冗余架构（第 5.5 节）；
- 混合并发架构（第 5.5.1 节）。

5.6.1 简单架构的服务影响

由于简单架构特征，只有单个服务组件和服务可以被修复，这会显著影响用户服务，单个部署的应用服务往往能够忍受虚拟化架构的一般性缺陷，直到服务受到重大影响，必要采取服务影响的恢复措施。与其他措施进行比较，通常将简单架构的服务影响作为性能比较的基准。

5.6.2 顺序冗余架构的服务影响

当面对虚拟化架构的缺陷时，传统的顺序冗余架构对用户服务的影响包括如下几项：

- 虚拟机故障的影响（第 5.6.2.1 节）；
- 无法交付事件的影响（第 5.6.2.2 节）；
- 退化交付事件的影响（第 5.6.2.3 节）；
- 尾部延迟的影响（第 5.6.2.4 节）；
- 时钟抖动事件的影响（第 5.6.2.5 节）；
- 时钟漂移的影响（第 5.6.2.6 节）；
- 虚拟机分配和启动缺陷的影响（第 5.6.2.7 节）。

5.6.2.1 虚拟机故障的影响

虚拟机故障类似传统冗余机制中的硬件故障。假设 IaaS 中的备用虚拟机容量可用，那么离线迁移可以修复故障组件，且比本地要快许多，更减少了应用的单一暴露时间。由于由二次故障造成的双工故障是很少见的，最大限度地减少单一暴露是最好的做法。

5.6.2.2　无法交付事件的影响

如图5.21所示的服务交付时间表中有一个非常简短的$T_{NonDelivery}$事件，所以$T_{NonDelivery}$和T_{Normal}的总和小于T_{Guard}。在这种情况下，传统冗余架构的服务影响与简单架构是相同的。

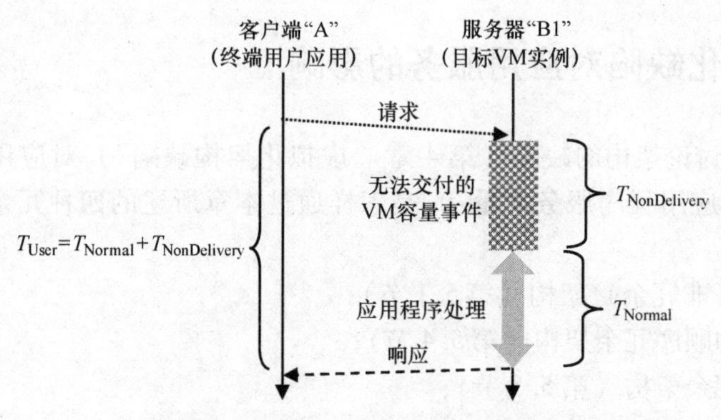

图5.21　非常简明的无法交付事件对应用程序服务的影响

图5.22展示了服务交付时间表，其中$T_{NonDelivery}$加上T_{Normal}略大于T_{Guard}，因为客户端进行了重试，但在计时器超时前没有收到应答。当接近$T_{NonDelivery}$时间并且超出了最大可接受的服务延迟，用户会认为事务处理已经失败，从而影响服务可靠性和可访问性，并可能还会影响服务的持久性。对传统/顺序架构，无法交付的虚拟机容量将直接影响应用程序服务延迟。传统冗余架构的用户服务影响在短暂无法交付事件上，是和简单架构一样的。这是因为冗余机制不能被激活。较长的时间延迟可能导致应用的故障转移。

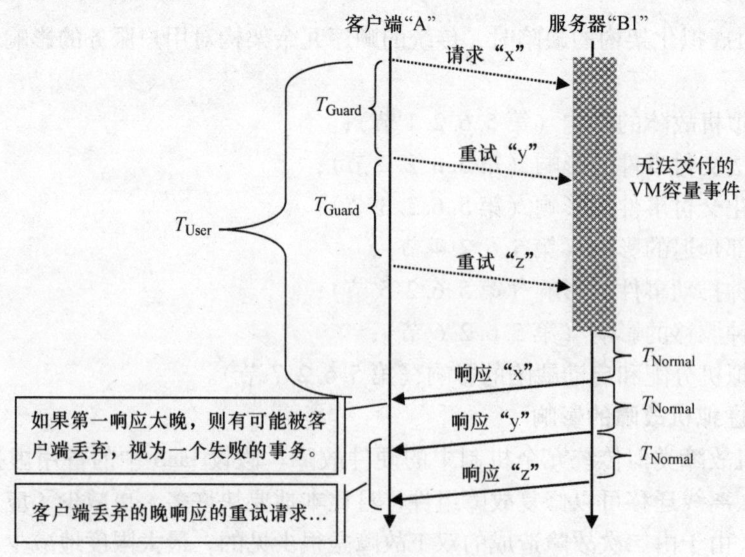

图5.22　简明的无法交付时间对应用程序服务的影响

5.6.2.3 退化交付事件的影响

由于资源访问需要排队，可以通过一些操作来增加服务延迟，这种退化的资源容量会直接影响服务时延，但传统的冗余机制不会因此被激活，因为用户服务与简单架构是相同的。

5.6.2.4 尾部延迟的影响

多余的尾部延迟事件不太可能影响初始请求和所有后续重试操作，传统的冗余机制不会被激活，所以用户服务的影响将是与简单架构相同的。

5.6.2.5 时钟抖动事件的影响

在传统冗余架构中，只有一个单独的组件实例为每个用户请求提供服务，时钟抖动事件对用户服务的影响与传统的冗余架构是相同的。

5.6.2.6 时钟漂移的影响

冗余组件之间的系统时钟漂移，会导致两个或两个以上的冗余实例（例如“B1”和“B2”）有不同的当前时间。其结果就是，在服务发生故障时，服务从一个服务器实例（例如“B1”）迁移到另一个服务器实例（例如“B2”），客户端可能会明显体验到轻微的时间变化。

5.6.2.7 虚拟机分配和启动缺陷的影响

对于简单架构，虚拟机的分配和启动是处于用户服务恢复的关键路径上，然而对于传统的冗余架构则不在关键恢复路径上。在传统架构中，为了修复完整的冗余故障，虚拟机分配和启动是必须要经历的，所以虚拟机分配和启动故障或缓慢都会延长传统冗余架构在故障后的单一曝露时间，但这种不利因素对用户服务几乎没有影响。

5.6.3 并发冗余架构的服务影响

在减轻虚拟化架构缺陷对用户服务影响方面，与顺序冗余或简单架构相比，并发冗余架构是更好的，这将在接下来的一节中讨论。

5.6.3.1 虚拟机故障的影响

参见图5.18，并发冗余架构可以完全掩盖虚拟机故障对用户服务的影响。

5.6.3.2 无法交付事件的影响

如图5.23所示，并发冗余架构可以有效减轻无法交付事件的不利影响。

5.6.3.3 退化交付事件的影响

并发冗余架构可以有效缓解退化的资源交付事件的影响，同样也可以减轻无法交付事件的影响。

5.6.3.4 尾部延迟的影响

并发冗余架构能够完全缓解尾部延迟事件对用户服务影响，因为及时的成功响应会屏蔽掉延迟响应。

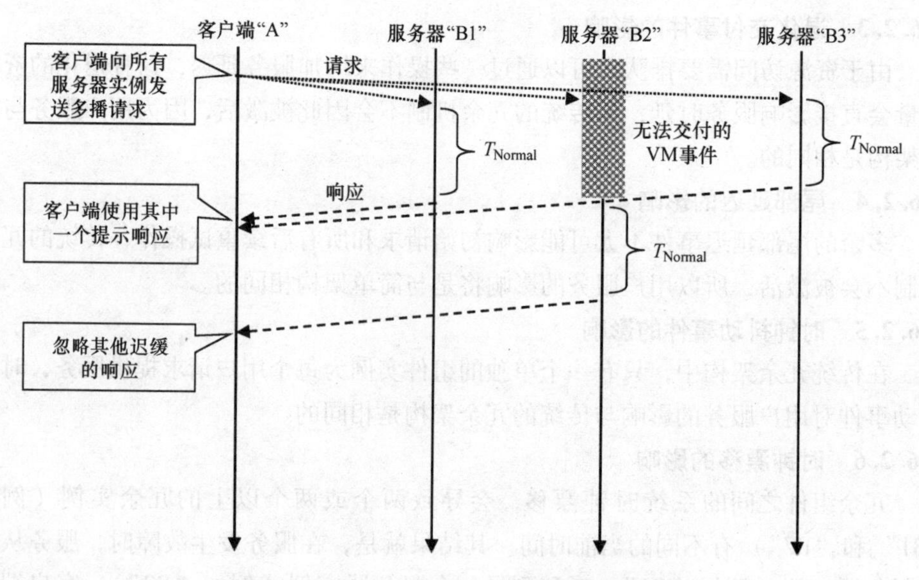

图5.23　无法交付错误对冗余计算架构的影响

5.6.3.5　时钟抖动事件的影响

通过使用成功的低抖动响应和丢弃高抖动响应，并发冗余架构可以降低时钟抖动对用户服务的影响。

5.6.3.6　时钟漂移的影响

如果并发冗余池中的服务器实时时钟漂移导致不同步，那么客户端和云用户可能会被由不同服务器实例上提供的事务处理服务的时序弄得混乱。然而这个风险基本上与顺序冗余是相同的，并发冗余意味着发送到客户端的实际响应能够在服务器组件之间被替代，这样客户端可能会在任何两个事务之间有略为不同的时间戳，而与顺序冗余相比，客户端只能感觉到故障迁移之后的时钟漂移或是转换事件。

5.6.3.7　虚拟机分配和启动缺陷的影响

虚拟机配置和启动产生的缺陷不在用户服务交付或恢复路径上，所以这些故障不会影响并发冗余架构的用户服务。

5.6.4　混合并发架构的服务影响

在降低虚拟化架构不利影响方面，混合并发冗余架构比传统的顺序冗余要好，但是不及并发冗余。

5.6.4.1　虚拟机故障的影响

在用户服务延迟方面，混合冗余架构要比并发冗余略微增加，因为这些操作最初被发送到一个故障的虚拟机实例上，但整体服务延迟的影响可能要比传统的冗余架构小得多。

5.6.4.2　无法交付事件的影响

如图 5.24 所示，混合冗余架构应该限制由于无法交付事件导致的服务延迟，限制在大约 $T_{Overlap}$ 加上 T_{Normal}。

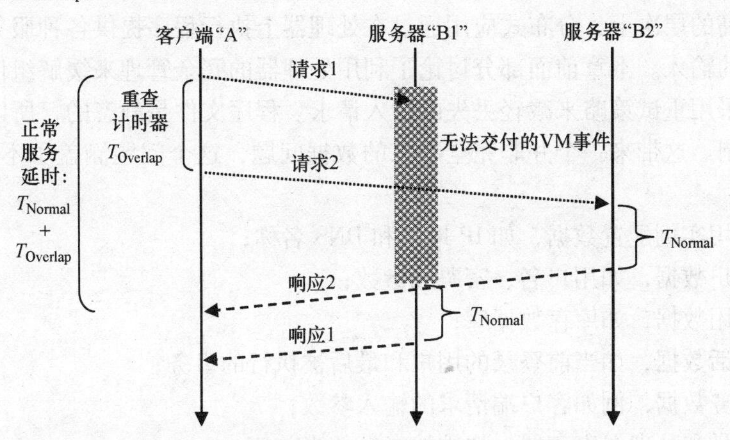

图 5.24　无法交付错误对混合并发架构的影响

5.6.4.3　退化交付事件的影响

混合冗余架构将像减轻无法交付事件的影响一样，可以有效地缓解用户服务的退化交付事件影响。如图 5.24 所示，混合冗余架构应该限制由于不相关的退化交付事件引起的服务延迟，大约限制在 $T_{Overlap}$ 加上 T_{Normal}。

5.6.4.4　尾部延迟的影响

混合冗余架构应该减轻极端尾部延迟事件的影响，因为过期的 $T_{Overlap}$ 将导致向另一服务器组件实例发送重试请求，所以客户应该在 $T_{Overlap}$ 加上 T_{Normal} 时间内接收到响应。更激进的作法是将 $T_{Overlap}$ 设置更短，从而服务延迟的尾部应该更小。

5.6.4.5　时钟抖动事件的影响

混合并发体系结构在降低时钟抖动事件方面通常是无效的，时钟抖动事件时间要明显短于 $T_{Overlap}$，因为冗余请求不会被迅速发送，响应也不会足够快以屏蔽大多数时钟抖动。

5.6.4.6　时钟漂移的影响

客户相比顺序冗余架构，混合冗余架构可能会让客户端更多体验到服务器时钟漂移，因为对于单个事务处理而言，可能偶尔会由混合冗余架构中的备用服务器提供服务，而在顺序冗余架构中，只有在故障迁移时备用服务器才会被使用。

5.6.4.7　虚拟机分配和启动缺陷的影响

虚拟机分配和启动产生的缺陷不在用户服务交付或恢复路径上，所以这些问题对于混合冗余架构不会影响用户服务。

5.7 数据冗余

在最高的层次上，分布式应用通过在处理器上执行程序提供各种服务，以满足基于数据的输入。本章前面部分讨论了利用处理器的冗余管理来缓解组件实例的故障问题，采用重试策略来减轻丢失的输入请求。程序文件是静态的，所以它很容易被提前复制。这带来一个并非完全静态的数据问题，这个问题涵盖了不同的内容，例如：

- 应用实例配置数据，如 IP 地址和 DNS 名称；
- 用户数据，如用户名、密码和参数；
- 应用数据，如库存数据库；
- 会话数据，如当前登录的用户和最后被执行的事务；
- 事务数据，例如客户端请求的输入参数；
- 变量和处理器寄存器，如堆栈指针的当前值。

数据丢失后恢复服务的影响在这个范围内变化很大：没有 DNS 名，应用组件可能不能成功地启动，但是当一个进程崩溃时丢失的自动变量可能不会被注意到。因此，架构师必须仔细考虑，在执行故障时什么数据丢失是可以接受的损失（如在主存中自动变量的内容）哪些数据必须在失效事件过程中予以保留。很少变化的数据（如 DNS 名称）通过写入持久存储（如磁盘）和定期复制，是相对容易保留的。但若要保留高度变化的数据是相当困难的，因为在复制时数据的变化会需要使用更高的带宽，当需要保持与复制值的一致性时，会有更大的并发风险。但是，如果变化的数据可以存储在一个共享的冗余存储器中，复制会变得简单，因为通过从共享存储器访问变化数据，更多的组件可以为故障组件提供恢复功能，尽管可能在获得数据时会产生延迟成本。

5.7.1 数据存储策略

对于存储应用数据，应用程序架构师有三大选择：

- 存储在 RAM 内存中。这提供了一种最快访问速度和最高成本的选择。RAM 在本质上是一个易失性存储介质，当断电时，数据会丢失。实际上，RAM 与特定应用程序实例通常是紧密耦合在一个（虚拟）机器上的。通过一个特定的应用实例访问和操纵内存中的内容，如果应用程序实例失效，那么该内存的内容通常是会丢失的。因此，可以将基于 RAM 存储称为“易失性存储”，因为使用该内存的应用出现故障或是虚拟机故障都会导致“易失性存储”RAM 存储的内容丢失。由于内存提供了极低的访问延迟，这对存储不稳定数据（如处理器栈），以及存储经常被访问的数据（如可执行指令）是比较理想的。

- 存储在持久性介质上。硬盘、闪存和光碟被称为持久性介质，因为不管是典型的断电还是应用程序故障，在这些设备上存储的数据是持久的。持久存储设备通常提供非常大的容量，虽然每个设备的成本可能是中度到高度，但存储的单位成本是很便宜的。因为持久性存储本身访问延迟较大，致使在持久性介质存储动态数据是非常不合适的；在极端情况下，动态数据的变化速度可能比持久性介质可以记录变化的速度更快，从而持久性介质的延迟成为限制应用性能的主要原因。
- 存储在客户端应用/设备上。把数据存储在客户端上，数据的成本和维护是客户端用户的责任而不再是应用组件架构设计的责任。但是从应用本身向客户端设备推送数据不能消除故障对用户服务的影响，它只是将责任推给了最终用户，这超出了本文讨论的范围。

值得注意的是，RAM 存储器中的内容经常通过从持久性介质（或高速缓存）复制的数据来初始化，就像从持久性的硬盘上复制一个可执行程序到主存储器来执行一样。还需要注意的是，高速缓冲存储器（例如，在微处理器芯片的 L2 高速缓存）不被考虑用于数据存储，那是因为高速缓冲存储器的内容在使用之前就已被明确地同步到基本存储中了。

亚马逊 Web 服务所倡导的数据存储的原则之一是：“保持动态数据更接近计算机，而静态数据更接近最终用户”[Varia]。对于 RAM 存储，动态数据是一个很好的使用者，而静态数据应存储起来，提供给应用实例以给最终用户提供最好的服务。需要注意的是，对于大型系统，搬移计算机要比搬移数据更容易。

正如“没有单点故障”的要求，需要禁止单个应用处理或虚拟机实例，单个 RAM 或单一的持久性存储设备可能是关键应用的一个单点故障点。通常，这意味着所有的数据都必须被保存在两个在物理上独立的实例中，因此，如果一个存储设备发生故障，服务可以迅速地恢复到另一个存储设备上。独立的数据实例、同步能力以及为访问应用提供较低延迟的可靠存储，在配置应用数据需求时是需要重点考虑的因素。

5.7.2 数据一致性策略

在云环境下数据管理是复杂的，因为事务可以跨越多个应用程序实例，也可以存储在多个位置。一般，有两种类型的机制用于保持数据的同步：ACID 和 BASE。

具有 ACID（原子性，一致性，隔离性和持久性）属性的保护机制可以保证交易的可靠性［Wikipedia-DB］。许多关系型数据库系统（如基于 SQL）提供 ACID 能力。当事务的可靠性和即时一致性是满足客户需求所必须时，这些机制应该被用上，然而这些机制可能非常耗费资源，并可能导致交易延时。

BASE（基本可用，软态，最终一致性）机制用于保证最终一致性，也就是说，交易并不要求所有副本立即一致。这样可以更简单，需要较少的资源密度，有更多的容错解决方案可以使用，也非常适用扩展。许多需要具有可扩展性的网站和电子邮件服务可以利用不太复杂的BASE属性，因为其不必即刻更新为最新。

5.7.3 数据架构注意事项

应用应该被设计成能够备份或复制持久应用、用户和企业的数据，以便在永久性存储设备发生故障时，可以通过恢复一个含有数据副本的组件实例或从备份中恢复数据而得到减轻。易失性状态信息应该被存储在RAM中，并且在冗余组件中备份。易失性数据应该被从应用服务组件实例推送回客户端（如果可能的话）或是推送到一个共享的高可用寄存器服务器来最小化组件故障时用户服务崩溃的不利影响。对于高度分布式数据库，较弱的最终一致性（BASE）要求应当可以代替ACID，以提高可扩展性。ACID要求确保整个数据的所有副本的数据一致性作为成功完成交易的一部分，BASE不要求数据即时更新，允许所有数据副本在被更新之前先完成事务处理。例如，由于网络问题，如果一个特定的数据存储不可用，该系统的其余部分可继续工作，一旦网络恢复可用时，再将数据更新到数据存储。

5.8 讨论

本节在多个方面总结四个冗余体系结构的优点和缺点：

- 服务质量的影响（第5.8.1节）；
- 并发控制（第5.8.2节）；
- 资源使用（第5.8.3节）；
- 简易性（第5.8.4节）。

应用架构师必须挑选最适合他们设计目标并能约束他们项目的选项。

5.8.1 服务质量的影响

按服务质量降序排列（即从最好到最差），这四个架构是这样：

1）并发冗余架构可以有效地缓解虚拟机故障对用户服务的影响，包括：虚拟化资源无法交付，虚拟化资源的退化交付，尾部延迟，时钟事件抖动和虚拟机分配和启动等缺陷。需要注意的是，并发的冗余和混合并发架构对于时钟漂移是较为脆弱的，因为如果不同的服务器有不同的时钟，那么事件的时间顺序可能会变得混乱。

2）混合并发体系结构减轻了并发冗余带来的所有的不利因素，但对于一些事务，增加了服务延迟。

3）顺序冗余架构可以有效缓解虚拟机故障，因为这看起来像是传统的旨在减轻硬件故障的机制。如果无法交付虚拟资源事件相对于计时器超时所需时间更长，那么连续的冗余机制可能会启动，以限制用户业务的影响；否则，该用户服务的影响与简单架构将是相同的。退化的资源交付，尾部延迟和时钟漂移的影响与简单架构可能是相同的。需要注意的是，冗余架构的服务恢复不受虚拟机分配和启动缺陷的影响，尽管对于简单架构来说，这些问题会直接延长用户的服务恢复时间。

4）虚拟化架构缺陷对服务的影响通常会与简单架构相比，简单架构往往是作为对比的基线。通过虚拟机 RaaS（又名自愈）机制保护的单一配置可以提高服务的可用性，相比本地部署可以显著地缩短服务恢复时间。

5.8.2 并发控制

并行和并发编程是很难的，因为并发进程或线程共享资源之间的同步必须被精细控制，以防止一个实例破坏（例如被重写）另一个实例的更改。不充分的并发控制，存在数据被错误重写的风险，从而导致不准确的操作和对数据完整性的破坏。伴随着过多的并发控制，过度序列化和死锁会使系统会出现性能瓶颈。按并发性风险性（即低风险到高风险）递增排序，四个架构分别为：

1）简单架构具有最少的并发风险，因此采用最简单的（因此最有可能是无缺陷的）的并发控制可以实现。毕竟，不是直接由其他软件组件共享的数据，不要求同步机制去保持整个组件的一致性。

2）顺序冗余具有适度的并发性风险，因此按照设计，并行操作是受限的。

3）因为根据设计，混合并发冗余大幅提升了并发风险，缓慢的操作会被其他组件实例上的并行执行操作所覆盖。重叠计时器（$T_{Overlap}$）越短，更多的并发操作越可能被分配给多个服务器实例。当 $T_{Overlap}$ 很大时，则并发风险会比顺序冗余风险稍大一点；由于 $T_{Overlap}$ 缩小了并发频率，因此曝露并发控制的风险会提升。

4）由于设计原因，并发冗余具有最大并发风险，所有的操作将同时至少在两个组件实例之间并行地执行。实际上，并发冗余架构旨在并行执行相同的操作，传统的同步方案，如粗粒度的互斥（互斥）锁，有可能损害服务质量。毕竟，如果这些组件服务通过一个单一的互斥锁进行序列化，则同时向两个或三个组件实例发送请求的价值将不大。互斥锁保证了第一个成功获取互斥锁的组件实例会首先被使用，其他组件实例则必须等待互斥锁，其响应会慢一些，从而被丢弃。

5.8.3 资源使用

云计算的一个基本特征是资源的使用是被计价的，较低的资源使用率可为云用户产生更低的运营成本。按资源使用增序排列，四个架构排列如下：

1）简单架构；

2）顺序冗余架构；

3）混合并发冗余架构，值得注意的是，混合并发的实际上只比顺序冗余多消耗一点点资源；

4）并发冗余会比顺序冗余或是混合冗余消耗的资源明显多得多。

5.8.4 简易性

越简单的系统越容易在第一时间建立，也往往更可靠。按简易性排列（从最简单的到最复杂的），四个架构是：

1）简单架构；

2）顺序冗余架构；

3）并发冗余架构，因为复杂的并发控制；

4）混合并发架构。实际的并发性风险随 $T_{Overlap}$ 的配置值而变化。

5.8.5 其他注意事项

对于提高并发冗余服务质量的热情会受到一些实际问题的制约。事实上，不同的组件可能会根据成本/效益分析结果以不同的速度发展。

1）全面提高并发冗余的效益，需要细粒度的并发控制，从而多个组件实例需要能够有效地并行服务相同的请求。与简单架构或顺序冗余相比，不良的结构化和粗粒度的并发控制会产生非常差的服务性能。

2）现有的应用协议可能无法支持全部的并发操作。例如，现有的应用协议可能不支持同时发出多个相同的请求到不同的组件实例，以及取消或中止延迟的响应。

3）客户端软件必须改变以支持并发操作。

4）调试并行编程的问题比调试简单或传统（顺序）体系结构更难。

试想一下，你的银行已决定为自动取款机实施并发冗余，使每个 ATM 将同时发送每一笔交易信息到银行的两个数据中心。考虑取款请求的情况：ATM 将发送相同取款交易信息到两个数据中心，然后，当第一个成功响应被接受时，发送一个取消请求到较慢的数据中心。如果这项服务的管理出错，你银行账户的余额会发生怎么的变化？

第 6 章　负载分配与均衡

维基百科对负载均衡的定义为"一种分布式计算机网络作业的方法，把工作负载分布在多个计算机或计算机集群，网络链路，中央处理器单元，磁盘驱动器或其他资源上，以达到最佳的资源利用率，最大限度地提高吞吐量，减少响应时间，并避免过载"[Wikipedia-LB]。本章回顾了代理和非代理负载均衡技术的架构，运营和服务质量问题。

6.1　负载分配机制

负载均衡的实现是通过在服务交付的路径上放入一个中间系统作为代理或通过机制来实现的，但在服务的交付过程中不依赖于这一中间系统。

- 代理负载均衡器（见图 6.1）。在负载均衡代理中，客户"A"能看到代理负载均衡器的 IP 地址。代理负载均衡器负责将客户端的请求在服务器资源池"B1，B2，…，B*n*"上进行分配，作为代理负载均衡器中的关键服务路径，它们停机的时候服务也将停止；然而，由于代理服务器的负载均衡器在服务交付的路径上，它可以收集工作负荷的相关指标和资源池中所有服务器实例的运行情况。需要注意的是，尽管消息队列服务器也提供负载均衡功能，但在这一章消息队列服务器予以讨论。代理负载均衡功能可以通过软件模块、具有特殊用途的硬件，以及集成负载均衡功能的固件来实现。

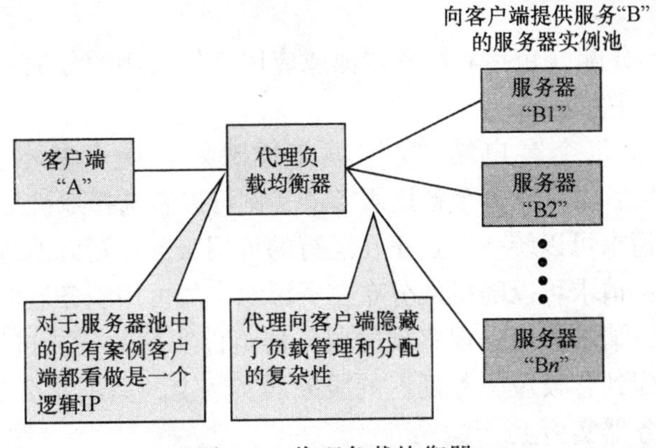

图 6.1　代理负载均衡器

- 非代理负载分配器机制是在服务路径上不插入额外的组件。一般非代理机制不添加服务的宕机时间，因为它们没有在关键的服务路径上，不能够像代理机制一样提供丰富的服务，主要原因是它们没有提供服务的路径。非代理负载分配或均衡机制包括：

◦ 静态客户端配置：每一个客户端“A”可配置一个主服务器实例的IP地址（例如，“B1”）。假如主实例不可用的时候，一个或多个备用实例（例如，“B2”）也可以被配置好后给客户端“A”使用。
◦ DNS：客户端通过DNS获得一个或是多个服务器实例IP地址。DNS服务器可以充当负载均衡器，提供给客户端一个或多个基于指定域名的IP地址。轮转分布是一种DNS服务器响应DNS域名请求的技术。当客户端向DNS发送到DNS域名请求时，DNS服务器提供一个有序的IP地址列表来响应请求。列表的顺序将会随着每一个用户的请求而改变，并分配给支持按域名提供服务的组件来均衡网络流量。需要注意的是，客户端可以决定选择列表中的任意一个IP地址，所以不能完全确定客户端的工作负载实际是如何分配的。
◦ 多播IP地址：客户端可以使用多播IP地址同时向多个服务器发送请求，然后等待第一个服务器响应。这种机制在某些情况下表现出色（例如，DHCP），但这一机制对跨广域网的多播却有局限性。
◦ 任播：客户端可以使用任播技术在由同一目标地址的指向的一组服务器之内路由到一个单独节点。
◦ 表征状态传输（REST）：客户端要维护任何状态信息都需要与服务器通过一个标准接口进行信息交换，交换的对象只是资源状态的表征而不是资源本身。

6.2 负载分配策略

客户端负载的分配（包括对服务器池或应用组件实例的分配），可以通过一些基本策略来驱动，主要包括：

- 静态配置：每个客户端“A”静态地映射到一个基本实例上（例如，“B1”）。然后一个或多个备用服务器实例可以有选择地被配置。
- 轮转法：请求可以统一通过正在运行的可用服务器资源池进行平均分配。
- 随机选择：请求可以随机地分布在资源池中的可用服务器的上。
- 基于性能：请求会根据观察到的服务器组件实例的性能进行分配，例如有偏向地分配到有较短服务延迟的服务器实例上，而不是分布到有更大服务延迟的服务器实例上。
- 基于状态：不活动或是没能被唤醒的服务器实例不会被包括在可用服务器池中，除非它们再次被激活。
- 启用流程编排：负载的分配可以整合到云用户和云服务提供商的业务流程

中，如计划维护，发布管理和将影响服务器实例的维护操作开始之前把负载从这些服务器实例上移走，以及实例维护操作完成后再重新开始分配负载给这些实例。启动业务流程的负载分配可以使弹性减退、发布管理、弹性增长等导致用户服务中断的影响最小化。

6.3 代理负载均衡器

如图6.2所示，代理负载均衡具有以下基本步骤：

1）客户端发送请求到代理负载均衡器；

2）负载均衡器选择一个服务器实例响应客户端的请求；

3）负载均衡器转发客户端的请求到选定的服务器实例；

4）被选定的服务器实例返回响应给接受客户端请求的负载均衡器；

5）负载均衡器响应客户端；

6）负载均衡器负责记录性能信息，如选定的服务器实例的服务响应延迟；

7）负载均衡器产生并存储的性能信息将被用来作为服务器选择的依据，以及操作支持系统的输入的依据。

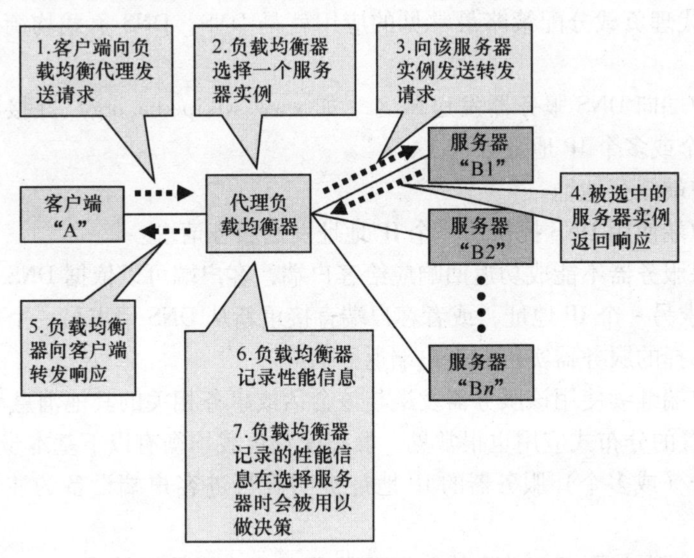

图6.2　代理负载均衡工作过程

负载分配算法可以通过代理负载均衡器实现，包括在6.2节“负载分配策略”中讨论的简单方法，如负载分配策略，如轮转或是随机选择。更为复杂的算法可以考虑以下一到多个因素：

- 粘滞会话：一些请求必须被发送给相同的组件或实例，该组件或实例会在同一会话中处理其他请求。在图6.2中，如果服务器“B1”服务于客户端

"A"，只要"B1"和它的某些关键性组件可用，所有与该会话相关的信息都将继续被发送到服务器"B1"。

- 组件可用性：必须从可用的组件库中移除不能提供服务或不可用的组件。
- 组件资源利用：应该合理分配流量以实现可用资源利用率的最大化。
- 资源可用性：根据应用的需要（例如在服务等级协议（SLA）中指定的）选择具有最多可用资源（例如CPU，内存）的服务器组件。
- 组件的当前负载：虽然负载分配将以资源的最大化利用为标准，但不应导致组件超负荷运转、触发过载条件。
- 延时：对于最终用户，对请求的分配应保证最小响应延时。这可能包括对组件的优先选择，应选择到最终用户位置最近且能够最小化传输延迟的组件。

代理负载均衡器中的关键服务路径往往被设计成高度可用的，因此通常以某种形式的顺列冗余进行部署。

6.4 非代理负载分配

使用非代理负载分配策略最常见的应用就是DNS。DNS负载均衡通过以下基本步骤实现：

1）客户端向DNS服务器发送域名（如www.wikipedia.org）并接收到指定给该域名的一个或多个IP地址。

2）客户端缓存地址。

3）客户端使用DNS提供的一个IP地址发送服务请求。

4）如果服务器不能成功返回响应给客户端，客户端可以依据DNS最初的反馈信息重试请求另一个IP地址，或者客户端直接重新从DNS请求另一个IP地址。

5）被选择的服务器实例向客户端返回响应。

6）客户端继续使用该服务器发送与该会话或事务相关的其他消息。

静态配置的分布式应用也很常见。静态配置负载均衡有以下基本步骤：

1）一个（或多个）服务器的IP地址被明确写进客户端设备的注册表或配置文件中。

2）客户端向与服务相关联的静态配置IP地址发送服务请求。

3）被选择的服务器实例向客户端返回响应，客户端继续使用该地址发送其他与该会话或事务相关的信息。

4）如果主服务器响应超时，且对该主服务器的连续重试失败，或者最终用户已经接到一个错误反馈，那么客户端可以使用一个从（备用）服务器，直到主服务器恢复服务。

其他非代理负载均衡机制，比如多播和任播，其使用频率低于DNS或静态配置。不像代理负载均衡器，非代理负载分配一般不在关键服务路径上，尤其在静态配置的情况下，负载均衡器也不会收集服务器的性能指标来帮助决策。

6.5 负载分配的层次结构

复杂的应用通常是由多层服务和功能组成，负载分配机制和策略通常会在每一层都有实现。可以把负载分配架构想象成一个 web 应用：

- 数据中心层：假设应用被部署到多个数据中心（可能为应对灾难恢复），那么必须选择哪个数据中心直接响应每个客户端的请求。这一层的负载分配通常是通过 DNS（非代理负载）来进行的。
- 应用实例层：如果多个应用实例存在于单个数据中心或是单个数据中心的不同功能区，那么客户端必须指向一个特定的应用实例。这一层的负载分配通常是通过 DNS（非代理负载分配）进行的。
- 应用前端：单个应用实例可能有一个前端服务器池，该资源池实际上控制 HTTP 流量，所以每个客户端请求必须分配给一个特定的前端服务器实例。这一层的负载分配通常是通过代理机制实现，如传统的负载均衡器或应用程序分配控制器。
- 应用后端：后端组件实例实现业务逻辑以及数据库功能等。可能存在多个后端组件实例用于实现容量、性能和弹性管理。一些负载分配机制要求必须部署前端组件（如“客户”）才能从后端组件实例（如“服务器”）那里获得服务。消息队列服务器是一个常见的管理前端和后端服务器组件的示例（不属于本章讨论的范围），非代理负载均衡机制会在许多应用中采用。

需要注意的是，单一应用也可能需要在地理上分离的数据中心上进行负载分配，还可能在同一的数据中心的不同类型的组件实例上进行负载分配。每个负载分配步骤可能有某些不同的选择标准和限制，因此需要不同的数据和不同的实现架构。

6.6 基于云的负载均衡所面临的挑战

当应用被部署到云，负载分配比传统部署变得更为复杂，因为：

- 随着负载增加和减少，需要快速、弹性地产生动态应用配置，因此负载均衡器必须在这个动态服务器池上分配工作负载。
- 基于使用计费和快速弹性方式鼓励大量的小型服务器实例密切跟踪所提供的负载资源的使用情况。
- 相比传统上部署的应用组件，虚拟化架构难提供一致的服务器实例吞吐量和更少的延时，所以负载均衡器必须能够应对服务器性能动态变化的情况。

- 虚拟化和支持垂直增长，意味着具有不同吞吐量的应用组件实例可以在应用程序服务器组件池里共存，所以负载均衡器必须具有能够识别不对称服务器组件容量。

后面的部分将更详细地讨论这些主题和在云环境中面临的挑战。

6.7 负载均衡在支持冗余方面的作用

第5章“应用程序冗余和云计算”主要讨论了四种基本的冗余架构策略：简单，顺序冗余，并发冗余和混合并发冗余。

- 简单架构：根据定义，负载分配对于单个组件是没有效果的，因为只有一个服务单元；非代理方法，如 DNS，通常用于启用客户寻找单个服务器实例。
- 顺序冗余：智能代理负载均衡器通过自动检测故障的实例或不可用服务器实例，以及只给可用的服务器实例发送流量，实现了基本的顺序冗余。而复杂性则出现在下列情况中：

1）服务器实例故障而此时有一个或多个客户端请求正在等待。

2）对失效服务器实例的毫无反应意味着负载均衡器没有查觉到组件故障。

为了减轻负载均衡器的复杂性可以设置一个计时器。如果在计时器规定的时间间隔内没有收到响应，可以多次重试请求，或返回一个错误消息给发出请求的客户端。负载均衡器会收集未响应服务器的实例性能指标和发送服务器实例故障的警报指示，并从可用实例的资源池中删除此服务器实例。

- 并发冗余：对于并发冗余，代理负载均衡器可以预先行使客户端的角色，发送请求到多个服务器实例并选择“最好”的响应返回到发出原始请求的客户端。正如5.5节所解释的，选择“最好”的响应有时会被延迟响应或冲突响应。
- 混合并发冗余：混合并发冗余代理负载均衡器能承担将每个客户端的开始请求发送给服务器实例的角色。如果在重叠时间（T_{Overlap}）内接收到一个成功的服务器实例的响应，那么它将被发送回请求客户端。否则，负载均衡器将请求发送给另一个服务器实例。无论哪一个服务器实例返回响应，首先由负载均衡器收到，然后由它发送给客户端。

6.8 负载均衡与可用区域

如图6.3所示，DNS 通常用于在一系列数据中心和可用区域上分配负载。如果整个数据中心不可用（如发生灾难事件），那么负载就可以通过重新配置 DNS 而定向分配到另一个数据中心上。关于灾难恢复更多细节，请参见第10.5节，“灾难恢复和地理冗余”。

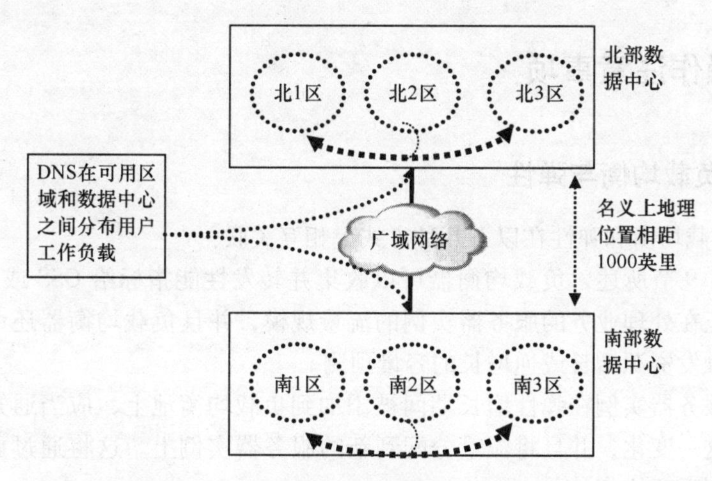

图6.3 在空间与可用区域间进行负载均衡

6.9 工作负载服务度量

代理负载均衡器能够监控和收集提供给客户端的负载的数据，以及服务器实例库里实例的性能数据。这些数据可用于帮助做出更好的负载分配决策：

- 弥补单个服务器组件的性能不足（第6.10.3节）；
- 负载增加时触发弹性增长（第8.5节）；
- 负载减少时触发弹性逆增长（第8.5节）。

为了测量负载均衡的有效性，负载均衡器会在一个给定的时间间隔内（如5、15、30分钟）收集资源池中每个服务器实例的性能测量数据：

- 负载均衡器向服务器实例发送的请求数量；
- 服务器实例返回负载均衡器的故障响应数量；
- 负载均衡器检测到的超时隐性故障数量；
- 客户机和服务器实例之间的响应延迟，通常这都是比较典型的（如平均值）和一些尾部方差延迟（第2.5.2.2节）；
- 部分满足延迟需求的请求（例如依据策略制定的）。

负载均衡器应能提供操作支持系统（OSS）或虚拟机服务器控制器（VMSC）的相关指标，因为：

1）指标是供代理负载均衡器用来决定如何分发客户机请求的依据。

2）指标将用于触发阈值警报来触发弹性增长等。

3）指标作为OSS做好网络/容量的规划和操作的绩效管理数据。

需要注意的是，增长和逆增长活动可以通过策略和工作流程手动或自动触发。指标可以通过 OSS 在具有所需接口的组件之间推拉。

6.10 操作注意事项

6.10.1 负载均衡与弹性

代理负载均衡和弹性在以下几种方式上相互关联：

- 如 6.9 节所述，负载均衡器可以收集并转发性能指标给 OSS 或 VMSC，指导正在处理业务的服务器实例的流量规模，并且负载均衡器还可以提供能够触发资源增长或逆增长的容量预测。
- 当服务器实例在弹性增长期间被添加到负载均衡池上，应当通知负载均衡器这一变化，并且将流量分配到新的服务器实例上。这将通过更新资源池达到重新均衡。
- 负载均衡器可以通过减少服务器实例上的流量以实现逆增长，并且可以引导新的流量加载到资源池中剩余的服务器实例上。一旦服务器实例的流量被成功阻断，它就会被作为逆增长过程的一部分从服务器实例池中移除，并且负载均衡器将不再分配新的流量到该服务器实例上。请注意，这种方法类似于 6.10.3 节中介绍的用于支持发布管理的方法。
- 为了向外扩展，负载均衡器可以转发流量到另一个不同的数据中心的负载均衡器上。

第 8 章“容量管理”将详细介绍弹性。

6.10.2 负载均衡与过载

每个虚拟机实例的服务容量都是有限的，代理负载均衡器的主要功能是确保负载被分配到可用的服务器实例池上，并且这些实例受负载均衡器本身所控制。如果负载均衡的资源池达到或超出其预设容量，那么负载均衡器实例对后续客户端请求有以下几种处置选择：

- 继续分配请求到资源池中活动的服务器实例上，让它们执行过载机制。
- 删除请求，直到已经不再过载。
- 回送客户端一个错误信息，表示已经过载（如“TOO BUSY”）。

除了能够管理过载的服务器实例池外，代理负载均衡器还可以通过以下两点缓解过载情况：

- 引导流量远离过载的服务器实例并启用备用服务实例。
- 对云 OSS 发出过载报警，从而启动另一个已就绪的应用实例来实现弹性容量增长或重新均衡负载。

值得注意的是，负载均衡器本身也可能进入过载状态。众所周知，如果巨大的吞吐量通过单个 TCP 套接字运行，TCP 套接字会表现不佳，即使使用指数级的退避算法也无济于事。为了保持正常运作，过载控制机制必须引入负载均衡器本身。

6.10.3　负载均衡与发布管理

正如 9.5 节中所讨论的，代理负载均衡器在支持发布管理上可能是非常有用的，可以支持如下操作：

- 积极均衡每个应用服务的工作负载。
- 当从老的版本排出工作流量时，负载均衡器必须跟踪现有会话，引导新的工作流量到运行新版本的服务器实例上，并发送与现有会话相关的工作流量到当前活动服务器实例上进行会话处理，即使这些会话仍是旧版本的。注意，逆增长阶段也可以使用相同的流量排出过程。
- 为配合“街区聚会”类型的软件升级（见 9.3.1 节），当多个版本的应用实例是活动的并且有可用的流量时，负载均衡将基于策略和版本信息分配负载。
- 为配合“每车一司机”类型软件升级（见 9.3.2 节），负载均衡将把负载分配给活动的应用实例。虽然一次只有一个版本是活动的，但某一时段流量可能会被转移到同时活跃的多个版本上，并且流量需要被分配到正确的版本上。

6.11　负载均衡与应用程序服务质量

代理负载均衡在应用程序服务质量方面的潜在影响有以下几点：

- 服务可用性（第 6.11.1 节）；
- 服务延迟（第 6.11.2 节）；
- 服务可靠性（第 6.11.3 节）；
- 服务可访问性（第 6.11.4 节）；
- 服务可维持性（第 6.11.5 节）；
- 服务吞吐量（第 6.11.6 节）；
- 服务时间戳精度（第 6.11.7 节）。

注意，在这种情况下，非代理负载均衡可以提供支持，下面章节会进一步说明。

6.11.1　服务可用性

代理负载均衡在服务可用性上具有积极的影响，主要表现在：

- 监测资源池中服务器实例的可用性，并引导流量到活动的服务器实例。

- 基于采集的资源可用性指标监控服务器实例的健康程度，并引导流量到有充足资源的服务器实例上。
- 重新将失败的请求路由到另一个服务器实例。请求可能会显式地得到一个表示失败的错误信息，也可能隐式地通过由负载均衡器管理的计时器超时获得反馈。

代理负载均衡器可能在服务可用性方面产生负面影响，因为：

- 负载均衡器成为服务路径上另一个关键因素，必须被包括在应用服务的可用性计算里。
- 负载均衡器成为一个单点故障，所以必须被冗余以提高可用性。
- 负载均衡器进入过载。

如果弹性增长机制无法激活或无法被及时、正确地执行，那么用户流量可能出现过载控制的现象（如“TOO BUSY”）错误而无法正常提供服务。对这一问题的问责是复杂的，将在11.4节“问责案例研究”中讨论。

6.11.2 服务延迟

代理负载均衡对服务延迟可以产生积极影响：

- 收集测量池中每个服务器实例的响应延迟指标，使用这些数据来直接引导负载到能够满足响应需求的服务器上。
- 支持并发冗余（如果可能），以确保及时响应客户端。

非代理负载均衡可以通过配置离发出请求的客户端位置最近的服务器实例（如基于传输时间），来对服务延迟进行积极干预。同时非代理负载均衡还可以增加获取数据的延迟。

6.11.3 服务可靠性

代理负载均衡可以在服务可靠性上产生积极影响，方法是监控服务器的资源使用情况、引导流量到有充分资源来处理请求的服务器上（如基于SLA规范）和不让达到预设满负荷状态的服务器过载。

同样，代理负载均衡可能引入故障，因此在服务可靠性方面会产生负面影响。

6.11.4 服务可访问性

当服务可用时，代理负载均衡对服务的可访问性方面也有类似的积极影响：

- 监控资源池上服务器实例的可用性和引导工作流量到活动的服务器实例上。
- 通过收集可用资源指标监控服务器实例的健康情况，引导流量分配到有足够的资源来应对负载的服务器实例上。
- 重新将失败的请求路由到另一个服务器实例。请求失败可能会伴有一个显式的错误信息，也可能只是隐式地表现为由负载均衡器维护的定时器超时。

当代理负载均衡自身无法被访问时，代理负载均衡对服务可访问性可能造成负面影响。

6.11.5　服务可维持性

代理负载均衡可以对服务可维持性产生积极影响，方法是提供会话“粘滞”功能，即发送所有与同一会话或事务相关联的请求到同一个服务器上。如果该服务器不可用，负载均衡器会继续跟踪该服务器，并且引导请求到可以访问会话数据、可以维持服务的备用服务器上。

代理负载均衡自身的故障，会对服务可维持性产生负面影响，从而影响用户服务交付。需要注意的是，一些负载均衡器可能无法长期维持持久会话信息（例如会话信息持续数天）。

6.11.6　服务吞吐量

代理负载均衡可以通过调整过载条件的方式管理负载，从而对服务吞吐量产生积极影响，例如：

- 路由负载服务器必须有足够的容量，也就是说，不会过载。
- 向 OSS 或服务工作流提供指标，以表明需求：
    - 增加额外的实例来提供额外的服务容量。
    - 把实例移动到有更多可用资源的服务器上。

由于可以成为一个瓶颈或是无法处理已分配到的流量，代理负载均衡可能对服务吞吐量造成负面影响。

6.11.7　服务时间戳精度

不管代理还是非代理负载均衡机制对服务时间戳精度都没有影响。

第7章 故障容器

高可用性系统在设计上通过自动检测，故障容器以及从不可避免的故障中恢复等机制，保证单个故障不会导致不可接受的用户服务中断。虚拟化技术和云计算创造的故障容器架构，比传统架构更为强大，但也引入了新的风险。第7.1节“故障容器”中对故障容器给出了一个解决方法，7.2节“故障点”中对传统部署风险和云迁移技术给出了一个解决方法。本章在7.3节“极端共存解决方案”和7.4节“多租户与解决方案容器”有结论方面的内容。

7.1 故障容器

故障容器就像船上的水密舱：它限制故障的影响（例如船体上出现的一个洞）给管理和控制功能（例如对于船来说相当于船长和船员，对于应用来说相当于高可用性的中间件）一个稳定的平台以指导服务恢复措施。故障容器可以解释为以下几个概念：

- 故障级联（第7.1.1节）：容器能够阻止故障级联。
- 故障容器和恢复（第7.1.2节）：一个故障容器通常定义为一个用于故障恢复的单元。
- 故障容器和虚拟化（第7.1.3节）：虚拟化技术使故障容器比传统硬件部署的方式有更大的灵活性。

7.1.1 故障级联

故障被定义为“(1) 硬件设备或组件中的缺陷，例如一个短路或断线。(2) 不正确的步骤、过程，或在计算机程序中错误的数据定义”。错误通常被定义为计算，观察，测量值或条件与真正的、指定的或理论上正确的值或状态的差异。例如，计算结果和正确结果相差30m。失效的定义是“一个系统或组件无法执行其所在特定的性能要求下的功能”。故障被认为是被激活的，会导致错误，错误会导致失效。例如，一个软件缺陷（故障）在一个do/while循环中被激活，导致一个无限循环的错误，这会阻止系统在规定时间内产生一个用户服务请求应答，这将导致产生服务失效。

如果一个系统不能包容初始故障，那么可以会触发一个级联的二次故障。这些概念很容易通过例子来说明，例如在船上的水密舱。船体上的洞是一个被激活的故障，当洞在水线以下（如果船在船坞，故障不是问题）；水流进船里就是“错误”。

设计良好的船舶将包含一个水密隔舱，以防止水进入导致船沉没，即使只有一个的水密舱，船舶也能保持足够的浮力仍能行驶。如果水进入了水密舱，将最终导致浮力完成丧失，船会沉没（灾难性故障）。因此，一个没被包含的故障可以级联潜在的小事件，随着时间的推移，可能会导致灾难性故障。应用故障容器应严格限制对服务的影响程度。例如，一个小孔，不应使船下沉，单个的缺陷，如内存泄漏，不应该让所有用户产生总的服务中断。

7.1.2 故障容器与恢复

对于故障容器以下几点非常重要：

- 通过提供一个屏障来隔离故障的影响，防止故障的级联。
- 启动有限的服务补救措施。启动有限的服务补救措施可以使部分能力或功能出现的问题被修正，而不需要影响所有的用户或功能。例如，虽然大多数软件故障可以通过重新启动整个应用程序来清除（从而影响100%的活动用户），但特定的模块或进程中包含的故障，可以通过恢复特定模块来清除，从而名义上仅影响部分用户和功能。由于服务的停机时间一般与容量的损失或受到的影响成正比，如果一个架构从故障事件中恢复需要影响10%的活动用户，那就远比一个需要影响100%的活动用户的架构要好。
- 提供一种回退机制：Netflix公司引入了一个“断路机制”的概念，即如果一个关键的故障被检测到，对故障部件的所有连接将被断开，回退机制被启动。如果一个到外部数据存储器的连接已断开或者返回错误信息到客户端，回退机制就可以像使用本地数据一样。回退可以定制，可以向客户提供某种类型的可接受的服务或给客户端发送通知。在许多情况下，失效后快速恢复到另一个实例或实例化一个新的实例可能是最简易的选择。
- 维护可用性需求：确保在线保留充足的容量以满足服务可用性承诺，哪怕单个组件出现了故障也不要紧。例如，应用服务水平协议规定按死机累计时间计算服务质量，当超过10%的服务由于故障被丢弃，那么将故障对用户的影响容器在10%以内，可以防止故障升级为收费的服务停机。

分布式应用在建立时，传统上会按故障容器的层次建立，按从最小到最大顺序依次是：

- 事务：传统上，事务会提供严格的数据库操作控制。中止一个等待的事务可以清除所有被中止的操作的痕迹从而包含故障事件。
- 客户端请求：客户端和服务器的分布式应用通常是这样设计的：个人的请求可以失败，不需要在意客户端会话。例如，一个应用程序编程接口（Application Programming Interface，API）调用失败可能有各种各样的原因（例如用户没有授权，没有找到资源或系统忙），应用程序将继续正常工作，尽管通过API返回一个错误。请求失败一般返回给客户端或者用户，客户端或者用户修改后可以重新提交到服务器。Web 浏览器的取消和重新加载功能是在客户端请求层面实现了故障容器功能。

- 客户端会话：如果一个用户会话已损坏，那么用户往往会放弃它，开始一个新的会话。例如，如果电影或电话流变成不可接受的服务，那么用户往往会终止会话并重新播放电影或重拨电话。
- 软件进程：严重的软件问题一般都包含在一个单一的软件进程中。读者无疑是熟悉 PC 应用程序挂起机制的，它必须通过操作系统的任务管理器终止，然后应用程序可以重新启动，恢复正常的运行。
- 应用组件：应用一般由很多组件（例如前端、应用程序和数据库）组成，一个组件级故障通常被包含在该组件内，它可以使用自身的冗余机制进行恢复而不会影响应用服务。
- 操作系统实例：更严重的软件问题可能需要整个操作系统重新启动。毫无疑问，许多读者都熟悉通过通断电来重新启动有线调制解调器操作系统，从而恢复住宅宽带服务。
- 分布式应用程序实例：分布式系统最严重的故障可能在修复措施执行之后（例如重新加载或修复受损的配置数据），需要所有操作系统和应用程序中的所有组件实例重新启动。
- 可用区域或数据中心：可用区域或数据中心能够最好地支持故障容器，它们被设计成能够限制灾难事件（如地震）对服务的影响，因为地震等灾难事件可以使数据中心不可用或无法访问。灾难恢复机制在设计要严格地将故障控制在一个可用区域或云数据中心来，以此保证应用服务可以及时恢复，尽管受故障现场或受故障影响的区域的所有的应用软件和数据可能无限期的不可用或无法访问。地理冗余，依赖于数据中心的物理分离，确保个人不可抗力事件，如地震，不会影响多个数据中心。

另一方面严格将故障控制在一个事务中，尽管出现故障，所有其他组件的会话或进程必须能继续运行并能够提供可以接受的服务质量。Netflix 公司给这个强大的功能一个有趣的名字“兰博架构”并称之为“每个系统都应能够成功，无论如何，即使…每个分布式系统必须容忍它所依赖的其他系统的故障”。毕竟，一部分功能的中断最多只会让用户感到服务下降，但仍是可接受的；而全部功能的中断会使用户感到自己置于完全被抛弃的境地。

7.1.3 故障容器与虚拟化

虚拟化可以启动比本地部署更为强大的故障容器机制，因为虚拟机（VM）的资源配置不再是由底层硬件严格定义。虚拟化使架构师可以灵活地根据应用的要求选择虚拟机实例的大小，这要比使用本地硬件灵活得多。例如，某个应用，可以配置为 100 个用户提供服务，那么可以选择使用一个的“大”的虚拟机实例，或都使用10个“小”虚拟机实例。假设相同的应用程序和操作系统软件同时运行于大的、小的虚拟机实例，无论虚拟机大小，软件失效率是相同的。进一步假设，应用软件故障之间的平均时间（MTBF）为1年，故障事件有一个平均服务恢复时间（MTRS）为20min。那么，典型大虚拟机实例的配置经验是，所有100个用户每年一次20min的中断时间。典型的小型虚拟机实例的配置经验是，每年10次中断事件（每次会影响全部10个小虚拟机实例），并且这些事件累计发生20min，每次会影响小的虚拟机实例服务的10个用户。然而，由于10个被影响的用户只有100个用户的10%，小的虚拟机实例的中断会损失10%的容量，而10%的容量累计损失20min相当于所有服务2min的中断时间。10个小的虚拟机实例每年中断时间（每次累加，相当于2min所有服务死机时间）与大的虚拟机每年一次20min的总服务中断时间是相同的。因此，改变故障容器的容量（大小）一般不影响服务可用性，虽然复杂度增加了，可能只会使MTBF略有下降。

然而容器容量的大小不大可能对故障率、恢复时间或按比例分配的服务可用性产生重大影响，但确实会影响每次中断事件的用户数量，有时也被称为“故障足迹”。故障足迹实际上是具有实际意义的非常重要的属性。如果一部分用户（也许只有一个）的服务受到故障影响，服务恢复是以普通优先级进行的。如果非常多的用户量被故障事件所影响，那么服务恢复工作会设为紧急。在一些地方，某些服务可能需要向政府监管机构正式地报告故障事件的的细节（例如在美国电信中断事件会向美国联邦通信委员会报告），既增加了成本又增加了管理服务提供商的风险。就像建议孩子们不要把所有的鸡蛋放在一个篮子里一样，应用服务提供商不要把他们所有的用户放到一个组里。

如果极端地把每个用户放到一个单独的组里（例如由单独的专用虚拟机实例提供服务）需要大量的资源开销，从层次上看对大量不同类别的应用来说是不可行的。因此，架构师在确定容器容量时，必须同时最大限度地减少故障足迹和资源消耗。

值得注意的是，组件的尺寸（例如每个组件实例能够支持的最大用户数量，最大会话数量和交易数量）也会影响恢复时间。例如，如果用户/会话/交易的审核和恢复操作必须要完成故障转移等服务补救措施，那么一个支持“10倍*X*”用户/会话/交易的组件，相比一个只支持最多“1倍*X*”用户/会话/交易的组件，可能需要更长的时间完成故障转移。如果故障转移的时间差异与最大可接受的服务延迟相比较，架构师在工程化设计虚拟机实例组件容量时，应更多考虑故障转移延迟的预算。

7.2 故障点

7.2.1 单点故障

正如在5.4节“冗余和可恢复性”中所介绍的，冗余和高可用性架构设计使单个的故障事件能够快速被检测且服务恢复到冗余部件也不会产生对用户不可接受的影响。在操作上，这意味着任何单一故障被严格控制在单个的组件实例中，所以服务可以迅速恢复到冗余组件实例。在关键服务交付路径上一个非冗余的故障（例如简单架构）组件会对服务产生影响，直到故障部件被修复或被替换，服务被恢复。在关键的服务路径上的单一组件故障导致服务死机，也被称为“单点故障”。通过在系统构建时进行冗余设计，服务可以通过对故障的快速自动转移实现在故障后的迅速恢复，而不需较慢的手动硬件更换或维修操作。请注意，平台或应用软件可能也需要启动故障转移，以将流量从故障的方向转到正常运行的方向。

通过构建和分析应用程序的可靠性框图（RBD），可以找到系统的“单点故障”环节。例如，假设一个应用程序具有一个前端组件“A”和一个后端组件“B”，且“A”和“B”组件实例必须能给用户提供服务，那么“A”和“B”组件实例是在服务的关键路径上。图 7.1 显示了一个 RBD 示例，其中一个单一的前端组件实例“A_1”和三个后端组件实例“B_1”“B_2”和“B_3”对于完成工作任务和提供可接受的服务质量都是必须的，在这种非冗余配置中，组成件“A_1”产生了 100% 的容量损失中断，而一个后端组件实例（例如“B_1”）产生了 33% 的容量损失中断。这样，组件“A_1”就是一个单点故障（SPOF），因为它不可用会导致服务的全部中断。如图 7.1 所示非冗余设计的 SPOF 可以提高到为没有单点故障（见图 7.2），具体方法如下：

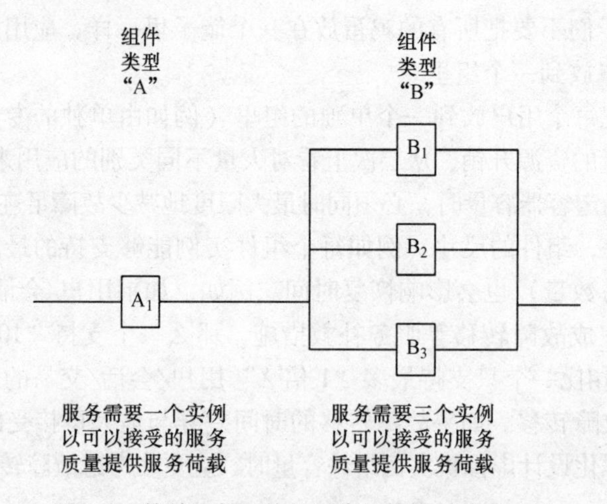

图 7.1 简单示例系统的可靠性框图（含 SPOF）

1）使单个组件 A 冗余。这样，实例（例如 A_1）出现故障不会再导致服务中断，且故障组件可以被迅速修理或更换。

2）增加一个额外的 B 组件实例。这样。实例（例如 B_1）出现故障不再产生部分容量损失中断，且故障组件可以修理或更换。

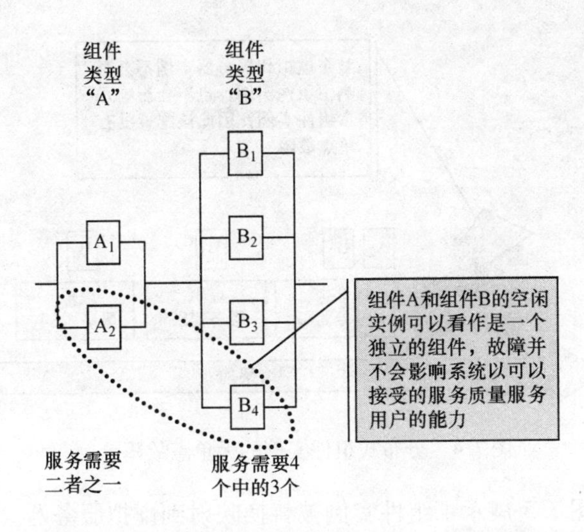

图 7.2 冗余示例系统的可靠性框图（不含 SPOF）

7.2.2 单点故障与虚拟化

虚拟化增加了 SPOF 风险，最好的理解是通过一个示例，让我们考虑一下图 7.2 所示没有 SPOF 的应用架构。如图 7.3 所示，通过对虚拟化服务器实例组件的优化分配，实现了无单一故障点：两个虚拟机服务器都有单个 A 型实例和单个 B 型实例（即虚拟服务器“S1”中运行了 A_1 和 B_1 两个实例，虚拟服务器“S2”中运行了 A_2 和 B_2 两个实例），两个其他虚拟服务器都有一个 B 型的实例（即虚拟服务器“S3”中运行了 B_3 实例，虚拟服务器“S4”中运行“B_4”实例）。

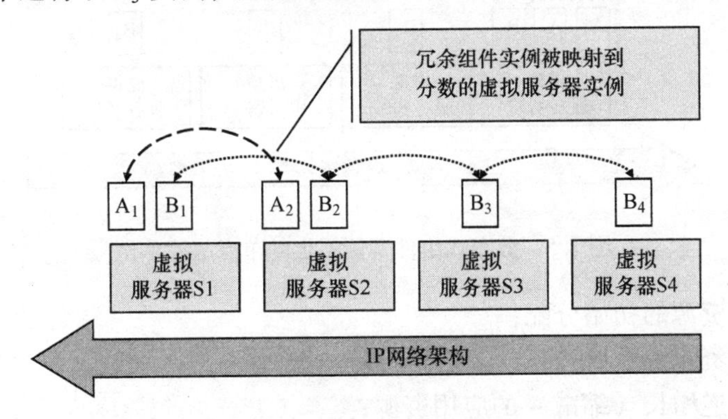

图 7.3 虚拟服务器间的非 SPOF 组件实例分布

图 7.4 说明了这一优化配置是如何成功运行的。尽管虚拟服务器 S1 故障会影响 A_1 和 B_1，但至少一个 A 类型的服务实例和三个 B 类型的服务实例的服务要求仍可以满足。

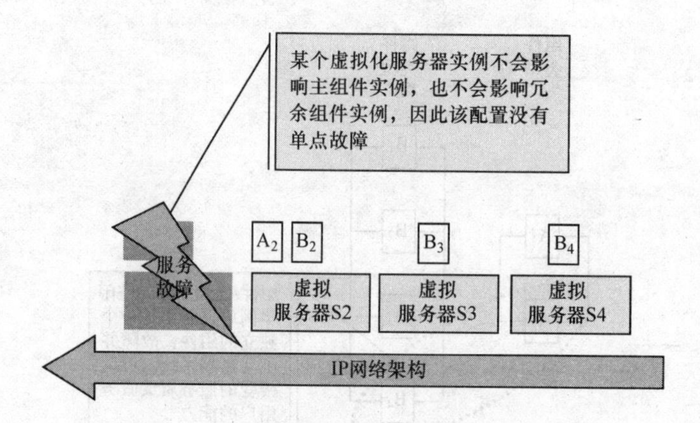

图 7.4 分布式组件实例的无单点故障示例

作为对比，图 7.5 展示了组件实例被替换映射到虚拟服务器。当 A_1 和 A_2 实例都运行于虚拟服务器 S1 时，该虚拟服务器创建了一个单一故障点。虚拟服务器 S1 出现故障会使其达不到继续提供服务并提供可接受的服务质量的最小组件配置需求，从而产生一个中断。“反关联性规则”使应用对只能对 IaaS 的实现提供有限的约束，这样，没有单一故障点的要求，并没有违反下列基本事件：

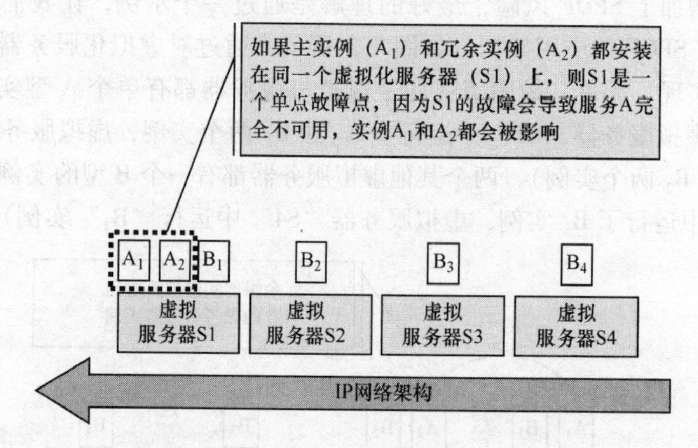

图 7.5 分布式组件实例不足的单点故障示例

1）应用资源的初始分配；

2）应用资源弹性增长；

3）弹性逆增长（缩减）的应用资源；

4）在 IaaS 操作期间，迁移或重新配置云资源。例如增加或均衡虚拟机负载或存储分配；

5）启动或恢复虚拟机快照；

6）故障之后，重新启动/恢复/重新分配虚拟资源（例如虚拟机、存储等）；

7）在云和应用层执行不一致的管理操作。

7.2.3 关联性和反关联性考虑

当配置本地系统时，应用架构师通常会有明确意见，决定每个应用程序组件实例在哪些服务器或刀片上运行。系统架构师则仔细平衡邻近组件（例如在一个机箱中不同的计算刀片上或在一个刀片或机架式服务器中不同的CPU内核）的性能优势以消除SPOF风险，因为单个的硬件故障就会同时摧毁任何系统组件的主用和备用实例。例如，如果一个高可用系统依赖于两台注册服务器来处理易失性的应用数据，那么传统的高可用性配置会在不同的硬件服务器中都安装注册实例，那么，单个硬件服务器、以太网交换机和其他故障不可能同时影响两个注册实例。请注意，这两个注册实例会镜像彼此之间动态变化的所有数据。这样，在一个注册服务器故障之后，可以最小化上下文损失。这可能会导致这两个注册服务器之间有大量的网络流量，也就是在每一个硬件服务器支持的注册实例之间有大量的流量。如果注册服务器实例在同一服务器实例中，对动态数据的镜像和收集会非常快，但会创建一个SPOF。为此，高可用系统架构的设计，从部署应用开始，需要明确权衡为消除SPOF所要付出的稍低的性能和增加的网络流量。

7.2.4 在云计算中确保无SPOF

“资源池”是云计算技术能够激励云提供商最大限度地使用资源的主要原因。云计算限制应用架构师和云用户明确地控制软件组件实例镜像到物理硬件资源上，因为云服务提供商在资源分配决策中具有控制权。此外，虚拟机管理器支持在线（实时）的虚拟机实例的迁移，这使云服务提供商可以物理上将虚拟机实例从一个虚拟机服务器移到另一个。而且，有关这些物理放置位置的决策（例如，哪个虚拟服务器在特定应用和特定时间运行在哪个虚拟机实例）会最终由云服务提供商的虚拟机服务器控制器和它们的操作系统来动态决定。此外，这些放置位置的决定可能会随时间而改变，例如受到云服务提供商的维护计划，其他应用程序的资源需求，甚至电源管理策略都可以导致改变。这里需要强调的是，在资源分配和虚拟机实例迁移过程中，都没有强制执行SPOF规则的要求。

图7.6展示了一个简化的虚拟机服务器控制架构。对应用实例的请求或是对应用弹性增长的请求，被提交给编排控制软件，该软件可以对位于一个或多个数据中心的虚拟服务器实例池进行管理控制。

虚拟机服务器控制器根据请求完成对应用配置的改变，同时，强制执行应用程序的反关联性规则和云服务提供商的业务政策。其结果是命令一个或多个虚拟机服务器对虚拟机实例进行分配或配置。除了要考虑反关联性规则，虚拟机服务器控制器还要考虑其他因素，如数据中心利用率、时间、实际的物理位置和预期的最终用户，以及自动化工具中的其他因素。

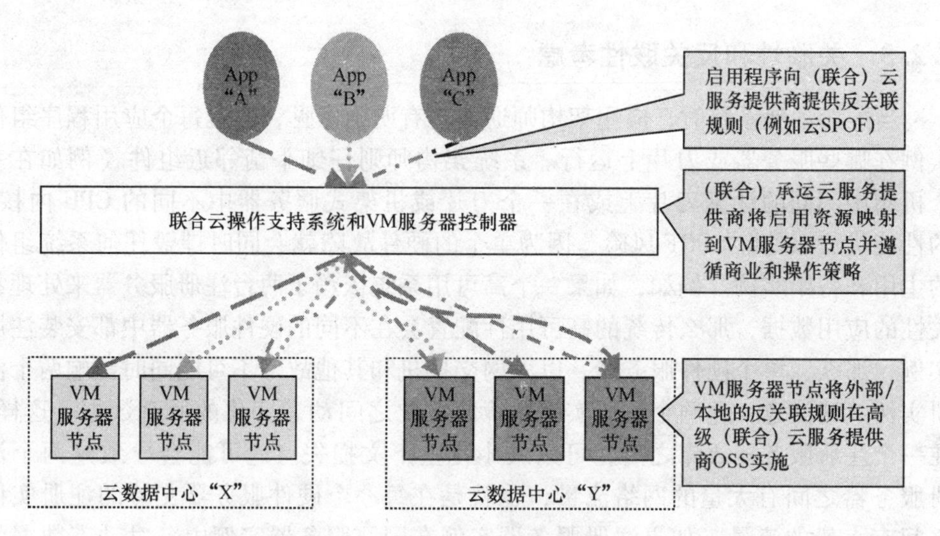

图 7.6　简化的 VM 服务器控制

虚拟机服务器控制器通过在独立的虚拟机服务器上分配实例，可以在一个较高层次上实现无单点故障，并且虚拟机服务器本身也要实现没有单点故障。建立明确的单点故障问责规定是非常必要的，因为若没能很好地执行无单点故障原则，会将应用置于服务中断的风险之中。

7.2.5　无 SPOF 和应用程序数据

应用程序会时刻跟踪活动会话、待处理的事务、资源状况、最近的性能统计、缓存的数据、程序的堆栈等动态信息。在故障发生、服务受到影响之后，应用架构师面临经典的技术挑战：

1）保持冗余的应用或数据的运营支出（OPEX）；

2）实现和测试复杂的数据复制，故障检测，故障恢复机制的开发费用。

由于应用程序自已管理自已的易失性存储器的内容，对于易失性存储器，若想消除单点故障通常意味着下面几种方法中的一种：

- 在另一个应用程序实例中维护一份应用程序的动态内存/存储副本；
- 具有从持久性存储快速重建应用程序的非永久性存储的能力（例如，重新加载可执行程序的二进制文件和用户配置文件数据）以及快速重建不受影响的软件实例的能力（例如从客户端应用中获取用户状态或上下文数据）；
- 将易失性数据存储在一个共享的数据注册服务器中，该服务器是冗余的，且与应用软件分开。

虽然持久存储中的内容可以由常规应用软件自动保护，但电力故障，物理故障（例如磁盘头崩溃很容易破坏数据内容），以及软件、人为因素和其他故障，虽然不至损坏物理设备，但仍可能损坏数据。软件、人和其他非物理故障对数据的破坏，通常是需要通过定期的备份，应用数据审计，恢复之前备份的数据快照等来补救。物理存储设备故障的脆弱性是需要通过物理冗余来解决的，具体以下：

- 逻辑存储设备中的冗余。采用廉价/独立磁盘（如RAID）是消除单独硬盘设备SPOF的通用方法，其通过将数据同时写进多个物理硬盘来实现。RAID存储设备自动将数据写入到多个独立的磁盘，所以没有单一的硬盘（或其他单一组件）失效会影响对数据的访问的问题。RAID存储设备保证在逻辑存储设备内的冗余副本的一致性。在操作上，应用程序可能通过网络协议，如网络文件系统（NFS），访问持久性存储，而应用看到的是一个单一的逻辑存储设备（例如文件系统和文件）。检测物理存储故障和补救过程完全由RAID存储阵列管理。
- 多个逻辑存储设备间的冗余。数据冗余可以通过独立的应用实例在多个逻辑存储设备间共同维护来实现。例如让每一个应用实例维护一个在本地硬盘设备上的主用持久性存储，数据的变化会自动复制并通过网络保存到另一个独立的存储设备上。当多个逻辑存储设备被使用时，一致性必须由应用程序本身或通过文件/数据复制服务来管理。数据的变化会将被收集到一个批处理并被异步复制，如每15min一次。异步复制对服务有最小的延迟影响，但它确实引入了一个从复制点恢复数据导致的数据丢失窗口。同步复制在多个逻辑存储设备间是可行的，但一般影响服务延迟，因为在响应用户请求之前，多个设备必须成功更新持久性存储。当一个逻辑存储设备失效，应用实例可以切换到只使用备用逻辑存储设备，直到失效的单元完成修复或更换。值得注意的是，如果备用磁盘也出现故障而又未能及时更换和恢复已有故障，应用程序将有数据丢失的风险。

7.3 极端共存解决方案

虚拟化允许包括多个应用解决方案，解决方案可能会是非常极端的，因为所有的应用会在这个解决方案中被整合，并且要被部署到一对虚拟机服务器上。多个高可用（即冗余的）应用实例通过一个无单点故障的最小的物理主机配置完成部署，这种部署本书称为“极端共存解决方案”。尽管所有的应用程序的组件都是冗余的，因此没有SPOF问题存在，但在极端共存配置下，每个虚拟机服务器代表了一个故障足迹，不仅与服务密切相关，而且能够影响所有应用实例中一半以上的高可用组件。一些故障事件有可能会影响很大一部分应用的功能和容量，高可用性机制必须能够应对，不仅如此，对其他应用的同步和关联性影响也必须能够应对。例如，如果一个电子商务解决方案中的所有的应用实例被整合到两个虚拟机服务器，然后一个服务器彻底宕机了，那么所有故障服务器中运行的组件，必须在另一个服务器上进行恢复，并且需要与相关解决方案中的其他应用重建连接，如后台数据库服务器，信用卡支付系统和物流服务。这两个组件同时进行故障恢复增加了恢复的复杂性，同时与目标应用依靠的外部应用重建连接也使得服务的恢复更是极端复杂，这一过程可能会很慢，也可能会降低可靠性。

理想情况下，在出现故障后，在极端共存解决方案配置下，所有的应用组件可以快速地恢复用户服务。另外，云计算的用户或应用可以将故障视为灾难，然后就可以依靠灾难恢复机制来恢复用户服务了。

7.3.1 极端共存解决方案的风险

假设每个单独的应用能够满足高可用性和无单点故障要求，当配置两个物理主机时，极端共存问题就变成了：故障发生之后，用户服务通过极端共存解决方案进行恢复，要比在单机上通过最慢高可用应用配置进行恢复慢多少？毕竟，如果极端共存解决方案的恢复时间只是单独应用恢复的最大次数，那么你就会发现最慢的应用并优化那个应用的恢复时间。极端共存方案的一些需要引起注意的问题如下：

1）如果一个组件故障转移取决于另一个服务器，那么采用极端共存机制，故障转移可能需要更长时间。即，如果在应用“A”的运行期间，它需要应用“B”处理一个请求，然后应用“A”将无法继续服务直到应用“B”恢复服务。

2）死锁的情况可能发生，这会阻止一些应用程序的恢复。也就是说，如果应用程序“A”的运行取决于应用程序“B”是否运行，同样，应用程序“B”取决于应用程序“C”，应用程序“C”又依赖于应用程序“A”，那么应用不可能再恢复。

3）多个应用程序在同一时间发生故障可能导致关键资源饱和或过载，如对CPU或磁盘的访问，这会明显延长服务恢复时间。

4）即使在每个物理主机上，活动/备用实例的任何组合都是允许的，那么测试每一个可能的配置也是不切实际的。在实验室中，开发团队可能不是在真正的最坏情况下测试极端共存配置，因为在实验室他们无法预测它，而必须要在实际应用中进行摸索。

5）为了能够处理最坏极端共存故障，使用退避定时器来减缓单一应用实例的恢复。对于典型的故障场景，减缓恢复则是不必要的。

6）如果一个共存应用对硬件资源要求很高，那么关键的应用可能会经历服务降级。

当一个虚拟机服务器故障影响极端共存解决方案时，没受影响的虚拟机服务器将有可能经历一个负载高峰，因为所有没受影响的应用组件的实例需要同时启动恢复操作，以减轻极端共存失效事件的影响。这些重叠的、相互依存的恢复行动，再加上短期的虚拟化架构性能退化（由于所有的组件实例同时执行恢复操作），增加了所有服务无法在最大可接受时间内完成恢复的风险。为降低这一风险，必须深入分析和测试解决方案的配置，确定极端共存架构是否需要修改，从而可以更有效地管理任何检测到的风险（见15.5节，“反相关性分析”）。

下列是推荐的架构策略，能够确保当极端共存配置下的主机失效时，应用程序可以快速恢复：

1）冗余组件最好主动运行、加载共享，而不是主动/待机，这样，恢复应用程序不必等待备用组件实例被激活。客户端应用应为至少两个非共存实例建立并保持会话，这样，如果一半的服务器由于虚拟服务器故障而同时失效，那么应用仍能保持服务不中断。（注意，为相同的服务维护多个会话必须小心避免状态不一致的情况。）

2）必须避免循环依赖，如A依赖于B，B依赖于C，C依赖于A。

3）冗余实例应该尽可能地做好充分准备从它的伙伴实例那里接管服务。也就是说，程序应该运行，并把从活动实例接收的状态数据妥善存放在存储器中。这是为了减少需要激活冗余单元和避免关键资源短缺的处理。

4）应用程序应该可以通过所有可能的接口，独立地完成故障恢复。不应该假定任何两个接口，会或不会同时失效。

7.4 多租户与解决方案容器

应用服务供应商通常会将应用实例和技术组件逻辑上捆绑在一起放到一个“容器”中，以此方便隔离所有配置，同时也方便一个应用用户组从另一个用户组读取数据。例如，一个应用服务提供商提供在线协作服务，每个企业客户的配置和应用程序数据会严格与其他企业客户（也被称为封闭用户组）分开，每个企业的容器是根据企业客户的安全要求和其他业务政策而定。传统上，这些封闭的用户组可以通过复杂应用逻辑来实现，需要通过编程方式分离不同的用户群体，而虚拟化使独立的应用程序和解决方案的实例可以在单独的虚拟资源中创建和独立操作，从而减少应用程序相互之间的复杂性，减少了一个用户组交互会干扰其他用户组的风险。这可以使应用服务提供商完成快速部署，并可以为每个独立客户便捷地操作服务容器。除了严格的包含客户的专有信息，应该还提供另一种级别的故障容器。例如，如果一个客户不小心设置了错误的安全策略，导致错误地拒绝了授权用户对数据的访问，那么应用服务提供商的容器应阻止该错误影响该提供商其他“租户”的服务，即使他们来自同一个云数据中心，运行同一应用程序。

第8章 容量管理

本章讨论基于云应用的在线弹性容量增长和逆增长的服务质量风险问题。在弹性操作的实践方面，讨论过载控制。本章对快速弹性引入的风险进行了评估。值得注意的是，弹性问题在这本书的其他几个章节都有提及：

- 在3.5节“弹性度量”中介绍了弹性策略和度量。
- 在13.8节“弹性需求”中介绍了应用程序的弹性需求。
- 在15.6节“弹性分析”中从架构上对弹性风险进行了分析。
- 在16.4.5节“应用程序弹性测试”介绍了应用程序的弹性测试。

8.1 工作负载变化

应用程序工作负载变化的基本原因如下：

- 长期流行/增长或下降趋势。流行程度往往会随时间不断增长，现有客户经常会被有条不紊地迁移到一个新的应用。每周有成千上万的用户执行迁移，从旧系统迁移到新的系统，而这些迁移到新系统的用户又会大量使用新的应用，从而使新应用的使用率每周都快速增长。最终，较老的应用成为过时的而不受欢迎，并且使用率大幅下降。当用户被视为趋势增长或下降的“动力”而被迁移、监视和跟踪时，这些流行趋势可以显式地被管理起来。
- 每日、每周和季节性变化。图8.1以对数方式显示了一个典型通信应用程序的每日工作负载。注意，峰值负载（当地时间上午10点）超过100倍的非高峰负荷（上午5点）。不同的应用程序可能会有非常不同的工作负载模式。许多应用程序有每周的流量变化，例如企业应用在工作日有较重的负载，而在周末则较轻。季节性模式也很常见，如消费者电子商务应用在圣诞节前几周会有较高的工作负载。
- 极端流行高峰。一些企业的应用表现出极端的季节性高峰，如消费电子商务流量在“黑色星期五”和“网络星期一”发布新产品或服务的时候，或者是有重要娱乐或体育赛事的时候。
- 特殊事件。促销，病毒（如Slashdot）和其他具有区域或国家意义上的事件（如地震和恐怖袭击）能产生不可预测的负载峰值。
- 市场试验。工作负载会自然地跟随市场变化。增加有限的服务容量来运行一个用户测试或者尝试一个新的服务实现方式，并与现有的实现方式进行对比。实验结束后再减少容量。

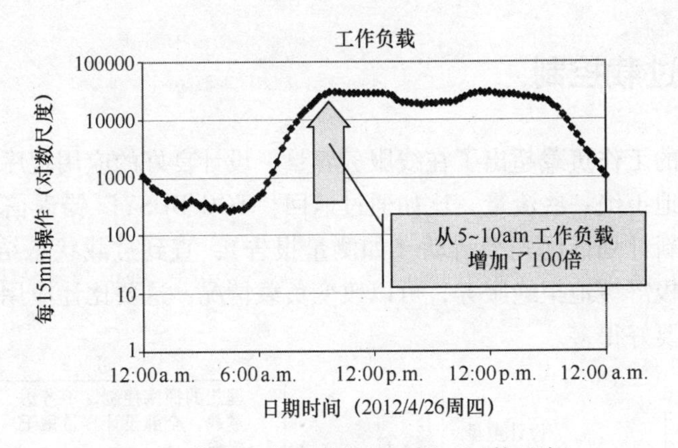

图 8.1　每日工作负载变化示例（对数尺度）

8.2　传统容量管理

传统上，应用程序直接与资本费用相关联，因为支持越多的在线服务容量意味着要购买更多的 CPU 处理器，内存，存储和网络资源来运行应用软件。通常，所有的应用容量应保持 24 ×7 在线，因为相比主动地在线管理应用程序服务容量，这种方式简单且网络服务质量风险较低。容量管理事件通常是精心计划和提前安排的，可以在较低的使用维护窗口期间执行（见图 8.2）。目前行业惯例已经发展到可以专门处理这些预先计划的事件，并且在许多情况下，应用程序允许安全地经历一个短暂的计划内停机，以便安全地完成容量管理操作。对于传统的具有可接受服务风险的应用，那些使用高质量过程管理（MOP）方法的客户，周密的计划，适当的训练和准备，认真的执行会促进服务的增长或逆增长。

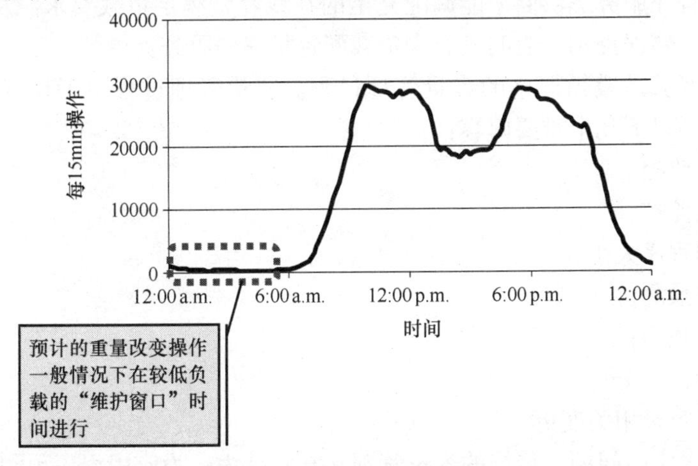

图 8.2　传统的维护窗口

8.3 传统过载控制

当所提供的工作负载超出了在线服务容量，设计良好的应用程序应检测到过载情况，并和缓地拒绝一些流量，比如通过返回“TOO BUSY”错误信息给一些用户请求，同时重新计划低优先级活动（如测量报告），直到过载状态结束。如图8.3所示，通过积极舒缓地拒绝服务，可以改变负载情况，这要比让应用程序饱和地通过灾难故障点要好得多。

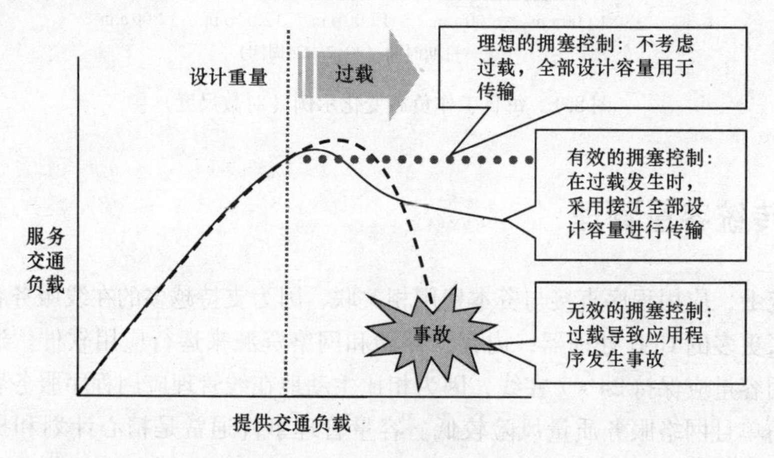

图8.3 传统的拥塞控制

虽然最终用户可能解释服务不可用的问题是因为受到了过载控制（如“所有的线路正忙，请稍后再拨”），而这种从技术上拒绝流量的机制是应用程序必须要设计的，它一般不会被视为是产品自身导致的服务中断。相反，对用户服务的影响是由于应用程序服务提供商未能调配充足的在线容量满足负载要求。从技术上讲，用户会收到一错误提示，表明没有为负载配置足够的服务资源。

最佳的经验是遵循严格的容量管理过程。容量管理过程由ITIL（IT架构库）所推荐，包括以下几个重要内容：

- 性能监控；
- 负载监控；
- 应用程序大小；
- 资源预测；
- 需求预测；
- 建模；
- 执行容量相关变更。

作为一个实际问题，传统的容量管理常常归结为：为应用程序预测用户工作负载峰值和安装足够的容量以便能够服务更大的工作负载。这种相对静态的容量管理策略导致两方面风险：一是浪费资金（资本支出），如果预测需求没有实现，这显然是种浪费；二是用户请求被拒绝（或只能提供较差的服务），如果负载超过在线容量，用户请求就会被拒绝，直到分配、购买、安装、上线更多的容量。典型的最好情况下，传统的应用会部署超出预期峰值15%的过剩容量，因此大多数时候，有大量的可用容量闲置（有可能浪费），远超出提供服务所需的容量需求。原因是传统的容量管理强迫企业将大量资本支出放到可能出现的用户需求高峰上，而这种高峰可能永远不会到来，而且随着消费者兴趣和业务需求的转变最终还可能会下降。

请注意，在现实中，很少会执行缩减操作，大概因为硬件资源的价值贬值快，当客户相信容量可以缩减时，未使用或未充分利用的硬件的剩余价值又变得太低了，又无法保证在成本支出上重新部署和发布资源，潜在的故障风险，以及缩减操作失败对服务的影响是可以接受的。

8.4 容量管理与虚拟化

虚拟化可以更简单和更快捷地实例化新的虚拟机实例以提供在线应用程序容量，这要要比传统的使用硬件资源好很多。不同于向供应商订购增加的硬件资源（如订购计算刀片、内存和硬盘），花数天或数周时间等待硬件交货，按操作手册执行硬件安装，虚拟化可以使一个人在几分钟内完成虚拟资源的分配，包括增加或减少。此外，虚拟化使得重新使用回收的资源更为简单。值得注意的是，这个美好的预期需要两方面支持，一是架构提供商确保有足够的可用资源，能够支撑应用的增长，二是云消费者确保他们的容量增长路线图（计划）已经提交给云提供商。

除了获取新资源（如计算机刀片或虚拟机实例）的容量增长实现模型和在这些资源上安装应用软件之外，虚拟化技术有两个新的亮点：

- 激活虚拟机快照。虚拟机监视器可以创建并启用虚拟机快照，保存某一个时间点上虚拟机实例的配置和存储器中的内容。之后保存的快照可以被激活，创建一个与原始虚拟机实例创建快照时一模一样的副本。当需要增加容量时，这种机制可以被用来绕过诸如加载和配置（客户）操作系统和应用程序软件等一些耗费时间的过程。
- 激活暂停的虚拟机实例。虚拟机监视器允许虚拟机实例被暂停，它可以高效地将虚拟机实例进入休睡状态，不再消耗CPU资源。由于作为一个暂停虚拟机实例不会回应心跳信息，使用这种机制必须仔细与应用程序的高可用机制协调，以防止把由于容量管理原因而暂停的虚拟机实例曲解为一个虚拟机实例故障事件。

激活一个快照或暂停虚拟机实例后，虚拟机实例本身以及对应用程序的管理和架构的控制，必须重新同步整合应用实例新激活的虚拟机容量。

图8.1的例子展示了一个示例应用程序日常工作量的增长从当地时间上午5点到10点的变化。幸运的是，虚拟化技术已经证明自己在企业数据中心部署中是一个非常有效的工作负载整合工具，虚拟机监视器可以有效地共享架构资源，通过优化总的资源使用，名义上能够支持当地时间上午5点的应用。虚拟化可以对应用程序池进行容量管理，因为虚拟机监视器就像老的分时多用户计算机系统一样，通过预先定义的策略可以高效地为应用池提供共享的宝贵资源。特定应用在特定时间未使用的资源（例如应用程序在上午5点）可以被另一个应用程序使用而不是简单的被浪费。对于架构供应商，找到在非高峰时段使用资源的应用和用户可能有点挑战性，但对于大量的企业用户来说，这是一个普通问题，例如航空公司和酒店，已经开发出了复杂的定价和促销模型来填补他们的非高峰容量。

如在第3.5.4节"向内和向外扩展"以及第3.5.5节"向上和向下扩展"中所述，虚拟化在资源的大小和配置方面提供了巨大的灵活性，使得这些资源能够跟上工作负载所需。第7.1.3节"故障容器与虚拟化"讨论了在决定虚拟机实例大小时故障容器上的考虑。因此，应用程序架构师必须恰当地选择虚拟机实例的规模，适当地放大或缩小资源配置。即使是灵活的资源，多个应用程序实例往往会被客户部署到多个可用的区域和数据中心，而不是依靠一个单一且庞大的应用程序实例。除了故障容器而外，架构师还要考虑应用程序的转换速率（见第3.5.7节"转换速率和线性度"）确定应用程序的水平和垂直规模。最大化应用程序转换速率这一简单概念需要考虑以下几点：

- 并发性。弹性增长操作是否按应用程序被严格序列化了（也许当一个弹性增长操作正处于等待状态时，新的增长请求被拒绝了）或是多个增长操作能被叠加吗？
- 容量增长的粒度（敏感度）。支持多个大小的C_{Grow}么？（例如增加一个2核的CPU虚拟机实例或是4核的虚拟机实例），或者只是支持单个单元的容量增长？
- 线性增长。是否对应用的整个容量范围（从规模最小到最大规模），都配置了时间间隔，容量增长的单位，以及并发常量？

这些因素决定了最大可持续的应用程序转换速率，当决定需要对多少备用在线应用程序进行维护时，云操作支持系统（OSS）必须要考虑这个最大速率。由云消费者决定的容量管理策略必须平衡这两方面风险：一是备用在线容量的资金消耗；二是遇到流量高峰或故障时，没有的充足的在线可用容量来服务用户。

8.5 云容量管理

云计算的两个特点是通过引入按需增长，供应规划、发布管理等概念从根本上转变云消费者容量管理的期望。

- 按需自助服务。使用者可以单方面规定计算功能，如服务器时间和网络存储，在需要时自动与每个服务提供者交互，不需要人工参与。
- 快速弹性。能力可以弹性地供给和释放。某些情况下可以自动扩大或缩小规模以与需求相匹配。对于消费者，可用的功能配置似乎是无限的，可以在任何时候、使用任何数量。[sp800-145]

云计算的快速、弹性这一基本特征构成了温曼的云端经济法则2号：

按需胜过预测。能够迅速供给容量的能力意味着任何意想不到的需求都可以被满足，并且可以获得相关收益。能够迅速减少容量供给的能力意味着公司不需要支付更多的钱在非生产性资产上。预测往往是错误的，所以瞬间反应能力意味着更高的收益和更低的成本。[Weinman]

因此，云服务提供商的责任来是能够预测和保证有足够的云资源可用来满足消费者的需求。

云容量管理可以部署在两个基本方面：

- 手动触发容量管理事件。手动触发容量管理事件是指显式地人工启动（或执行）弹性增长或逆增长过程。例如，企业可以先于可能触发异常高负载的事件发生之前，显式地触发大幅的容量增长，例如对于电子商务应用的“网络星期一”。
- 自动容量管理事件。复杂的弹性管理操作支持系统被配置成自动实现弹性政策。自动机制必须预测最近一段时间所需负载，这样额外的容量可以在负载增长前被提前在线购买。自动增长策略的执行必须略有迟滞，以防止出现弹性振荡。

图8.4简化了云模型图3.3，给出了一个简单的弹性容量管理视图。弹性的快速增长通常始于一些自动监测机制，这些自动监测机制会监测应用程序的工作负载情况，监测数据来源于负载均衡器，应用程序自身的性能指标（例如吞吐量和活动的会话数量），或者是云架构资源的利用率水平（如CPU周期和空闲磁盘空间）。当对使用情况的测量结果超过阈值（如CPU占用率太高太久），云操作系统可以自动启动适当的水平、垂直或者是向外增长操作。这些操作一开始都会请求云服务提供商提供更多的资源；然后云OSS整合新分配的云资源与在线应用程序实例；新的应用程序组件实例会被一组测试会话所检验，以确保各项功能正常；最后新扩展的应用程序容量被在线加载并为用户提供服务。需要注意的是，云消费者的解决方案往往依赖于一套交互工作的应用程序和技术组件，那么组件（如应用程序的后端组件）容量的增长可能意味着支持目标组件的其他组件（如数据库组件）也应该增长，以最小化在容量增长事件之后产能容量瓶颈的风险。

图8.4是一个简化的弹性增长模型。其实大部分的复杂性在于选择正确的测量阈值、策略以及容量增长的触发点。这个选择需要对特定应用的资源需求进行分析，包括对基本工作负载需求分析和对负载增加引起的使用情况变化的分析。有很多分析工

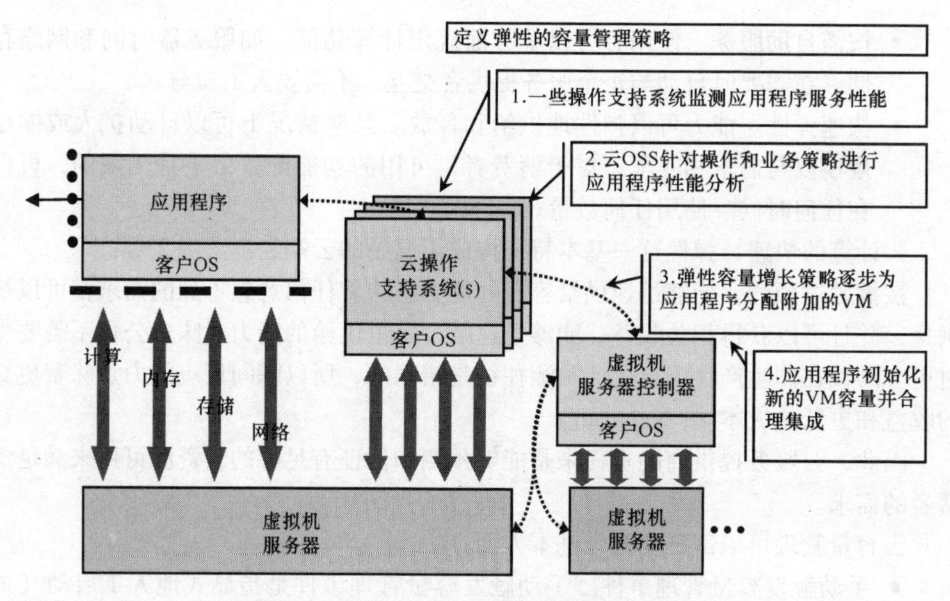

图 8.4　简化的基于云应用程序的弹性增长

具（如 Dapper 和 AppDynamics）可以帮助监测资源和工作模式，可以特征化描述资源需求，这可以被用于应用程序资源需求预测。对特定应用的分析很重要，因为有许多因素会影响资源的使用，如应用程序是否需要获取或复制状态信息。

图 8.5 给出了一个典型的弹性逆增长的简化视图。云 OSS 监控应用程序的工作负载和资源使用情况，确定长时间低于逆增长阈值的应用，基于应用提供的策略

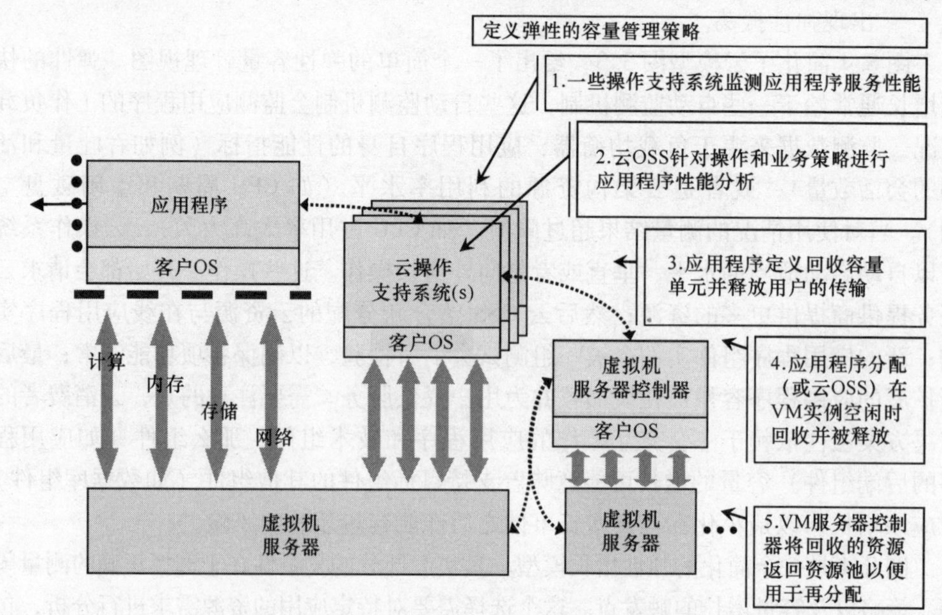

图 8.5　简化的基于云应用程序的弹性逆增长

来缩小资源容量。云OSS选择一个特定的资源进行发布，指导新的流量到其他资源，停止或是重新分配所选定资源的用户，最后将资源释放给架构服务提供者。

8.6 弹性存储注意事项

与虚拟机实例相比，持久性使虚拟化存储成为一个完成不同类型的资源。例如，可能很少会有用户在早上2点登录使用一个社交网站，因此只需要几个虚拟机实例去服务用户负载即可，所有用户的照片、视频、博客和其他个人信息必须妥善存储。分配给云应用的持久性存储也可以增长，但是这通常很少发生。在线容量需求通常会有从高到低的使用周期，通常持久性存储需要的是增长而不是减少。

持久性存储一般可以分解为传统应用服务配置意义上的网络外部存储阵列，网络附加存储或外部数据库服务器。传统的允许应用程序使用外部持久存储（例如网络文件系统NFS）的机制通常可以进行存储的水平增长，例如通过挂载一个新的存储设备与现有的存储设备并用，或重新配置网络存储设备，使其从挂载一个较小的存储容量变为较大的容量。

如果应用没有足够的持久存储容量，那么当应用实例上线时，可能会被迫创建一个新的应用实例并分配一个大的持久性存储。例如，如果一个应用程序不允许一个数据库实例在初始安装后改变其大小，那么增大数据库实例可能需要重新安装应用并创新一个更大的数据库实例，然后导入原始数据库实例的数据。幸运的是，云计算针对这类软件发布管理问题提供了新的解决办法，通过发布管理操作可以减少对用户服务的影响。有关这部分内容将在第9章“发布管理”中讨论。

8.7 弹性和过载

传统上，当工作负载超出了在线应用的容量、应用会启动拥塞控制机制，例如返回一些“TOO BUSY”的指示信息让用户减少工作负载或暂停低优先级、高资源消耗的活动。应用会继续服务一些高优先级的流量，直到过载条件清除，应用恢复到正常状态。

快速弹性机制改变这种传统过载处置方式，因为应用的容量可以弹性增长最小化了在线应用容量不足以服务所需负载的风险。如果配置时间间隔（提供所需容量的时间）足够短，并且云用户建立了快速检测和触发在线弹性增加空闲容量的操作策略，那么负载超出在线容量的情况应该是极少的。不可避免的是，偶尔会有异常事件导致工作负载增加，快于配置时间间隔，那么应用程序必须在采用弹性增长操作的同时再激活过载控制机制，来尽最大的努力为用户提供服务，直到充足的应用容量上线。

需要注意的是，在过载事件发生期间，弹性增长会比正常操作更为复杂和危险（会有较高的故障率），因为：

1）拥塞控制是活动的，那么一些工作会被明确地拒绝。活动的拥塞控制将导致服务器和客户端的行为稍微有所不同，例如会执行不同的代码片段，这会增加暴露已有代码缺陷的风险。应用程序架构师必须小心以确保在过载时期没有与弹性增长相关的操作被拥塞控制机制所拒绝，以防止出现死循环，导致请求被屏蔽，在线容量增长操作不能成功完成，因为关键操作被过载控制机制拒绝了。

2）过载情况可能会伴随着被降低的性能，例如延长了完成时间，所以应用可能会变得更加缓慢，应用程序的配置时间间隔可能会被降级。如果又不能很好地调整守护定时器，可能还会加重过载情况，导致客户端重试操作缓慢，从而将应用程序推入深度过载状态。

3）过载情况可能会导致虚拟机故障或状态不佳。对于种情况，应用服务恢复（如故障转移到另一个虚拟机实例）或修复（例如杀死错误的虚拟机实例，在另一个服务器上启动一个新的虚拟机实例）技术应该被采用。

4）弹性增长操作自身会在一些应用服务器组件上填加一些额外的工作负载，这些额外的工作负载可能会加剧过载。

因此，弹性快速增长机制的各个方面应该设计得非常可靠，即使应用程序持续过载也没有问题。同样地，应用程序过载控制机制应该足够聪明，当充足的在线应用容量已经被添加到服务中，能够提供可接受的服务质量时，应该禁用任何拥塞控制。

应用程序应该弹性地增长到它们允许的最大容量，以减轻过载情况，至少一些用户可能会经历不理想的服务（如收到信息提示“太忙了”，这对于大多数用户来说不能算是理想的服务）。通常情况下，云消费者负责定义操作策略，如维持多少在线空闲容量，什么时候触发弹性容量增长操作。如果用户服务被影响是因为云消费者的策略过于倾斜，导致在线备用容量不足以维持服务峰值流量，那么对用户服务的影响通常会归因于云消费者。如果云消费者的管理策略不正确地被云 OSS 执行，那么用户服务过载的影响应该归因于 OSS。

8.8 操作注意事项

弹性增长操作可能会由于下列原因之一而被触发：

- 应用程序服务性能下降，因为工作负载密度太高（详见 2.5.2.2 节和 3.5.1 节），所以需要添加额外的在线容量以降低密度。
- 空闲容量上线。图 8.1 的例子中在上午 5 到 10 点之间，工作负载经历了剧烈的增长，所以额外的容量可以提前上线，以确保有足够的容量来服务用户流量并有可接受的服务质量。注意，上线的空闲容量还可以支持一些意想不到的流量高峰，如图 8.6 所示。
- 设计容量超过策略阈值。应用提供商和/或云消费者的策略可能会指定每个资源实例支持不超过“X”个在线用户，因此当在线用户的数量达到一个“N”倍

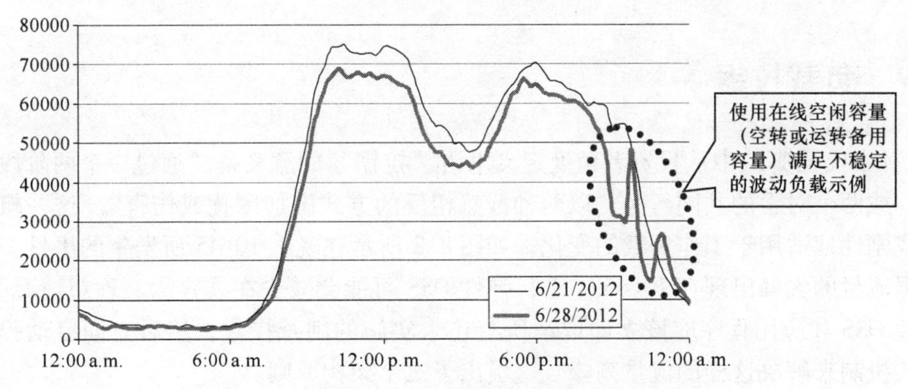

图 8.6 不稳定的工作负载变化示例（线性尺度）

以上“*X*”时，那么（*N*+1）号资源实例会弹性增长以避免超出策略限制。

- 严重故障事件减少了在线容量，因此容量增长操作被执行，以替代丢失的服务或空闲的容量。1+1冗余系统通常会在组件故障时间与故障容量被替换这段时间里有较高的服务风险（称为“单一曝露”），因为如果在被第一次故障影响的容量被修复之前，发生第二次故障，这种不断延长的中断，服务会变得很脆弱。

通常，OSS会主动监控所提供的负载，历史流量模式，应用程序性能和其他因素，从而可以做出一个短期的负载预测，如果在线的应用容量不足以满足所预测的工作负载，启动一个弹性增长操作，并且维持足够的“备用”在线容量，以应对故障和瞬间负载高峰事件。这个OSS遵循如图8.7所示的过程，该过程由一个单独的负责容量管理的团队的设计。

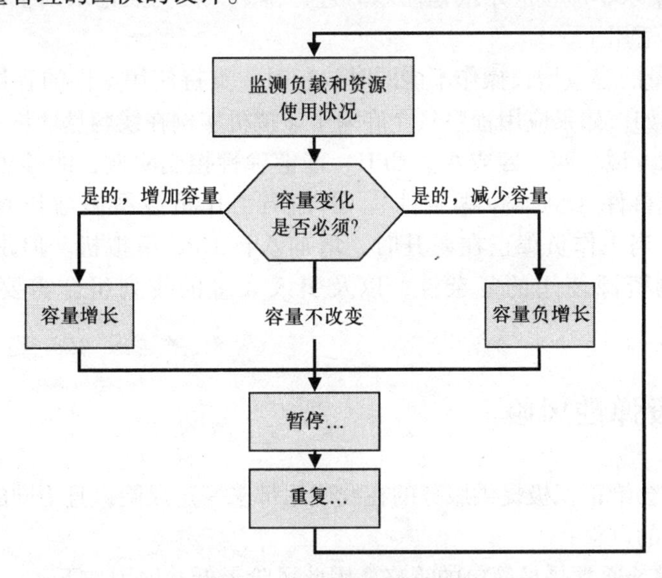

图 8.7 典型的弹性编排过程

8.9 负载拉锯

《韦氏词典》中从投资者角度定义术语“拉锯”的意义是“通过一个两阶段操作，或两个对手的共同行为，以两种截然相反的方式施加困扰或伤害”。这一概念也戏剧性地适用于工作负载的变化，如图 8.8 所示在晚上 10:45 所发生的事件。当拉锯流量的尖峰出现在 10:45 左右，弹性 OSS 可能会减少在线容量。理想情况下，弹性 OSS 和应用程序应该立即取消所有还未实施的削减操作，然后立即启动弹性增长机制来解决这样的流量高峰。这引出了三个架构原则。

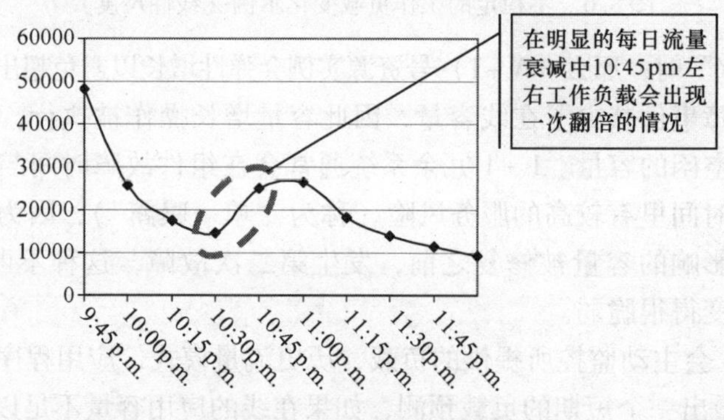

图 8.8 工作负载拉锯示例

1）支持对正待执行的在线容量缩减操作的快速取消。

2）弹性请求不应按应用或弹性 OSS 进行排队，因为从请求列中移除时，弹性操作可能不再适用了。

3）当大量的容量增长操作不能同时执行时，支持使用不同的容量增长粒度会非常有用。例如，如果应用程序只允许一个虚拟机实例在线容量增长一次，那么对容量粒度（比方说，两，四或八核 CPU）能够弹性控制实例，能够更灵活地解决常规和非常规事件（例如拉锯事件）。例如当工作负载缓慢增长时，增加两核 CPU 虚拟机，当工作负载正在飙升时，增加八核 CPU 虚拟机。但是这一优点还需要评估监测资源使用的复杂性，以及引入大量的排列组合需要进行测试的难度。

8.10 一般弹性风险

增长容量会给正积极提供服务的在线应用带来一定风险，且不同的增长策略可能会带来不同的风险：

- 水平增长通常是最简单的策略，因此风险最低，原因如下：
  - 新资源实例可以创建和初始化而不影响由其他资源实例覆盖的服务；

  - ○ 单一应用程序实例完全可以管理容量增长操作。
- 向外增长比水平增长更复杂，因此风险更高，原因有以下几点：
  - ○ 向外增长操作往往需要两个数据中心之间工作流程的相互协调，因此复杂性会增加失败的风险；
  - ○ 向外增长操作在之前已经存在的资源和新分配的资源之间插入了一个更高的延迟，且降低了带宽，减少了网络连接之间的可靠性；
  - ○ 向外增长操作可能会有额外的安全管理要求，如果过量资源是在不同的网络中，需要对安全性和管理域进行检查，但这是在本书讨论的范围之外。
- 垂直增长通常是最复杂的，因为当所设计的吞吐量（例如CPU核的数量，内存的数据和网络带宽）或持久存储的每个组件实例动态变化时，应用程序和客户操作系统的配置信息也要变化。需要注意的是，只是分配给虚拟机实例的网络带宽发生变化时，从技术上考虑是垂直增长（或逆增长），但网络容量与组件实例的计算吞吐量相关联，所以对于应用程序只改变一种吞吐量相关的容量，几乎没有意义。如果只是增加一个由虚拟机服务组成的分布式应用的网络容量，那么计算或存储资源可能很快成为瓶颈，会有很多增加的网络容量被浪费。如果网络分配减少，那么网络可能成为容量瓶颈，那么分配的计算容量又会被浪费。

8.11 弹性故障场景

弹性容量操作引入了需要进行检测和补救的新的故障场景。由于容量增长和逆增长操作的失败场景各不相同，需要单独进行考虑。图8.9在图8.7的基础上展示了一个高等级的故障场景。在第15.6节“弹性分析”中提供了一个分析方法，当面对不可避免的弹性失败，需要设计应用来验证可接受的服务质量时，可以采用该方法。

8.11.1 弹性增长故障场景

成功的弹性增长为应用实例在一个可接受的配置时间内，增加了一定的在线服务或存储容量，这样可以给工作负载提供充足的可用容量。这里提出了4个广泛存在的故障场景：

1）弹性增长操作直接故障（第8.11.1.1节“弹性增长操作故障场景”）；

2）弹性增长配置间隔超时（超出了配置时间）（第8.11.1.2节“超出配置间隔场景”）；

3）弹性增长操作启动太晚（第8.11.1.3节“增长策略和操作故障场景”）；

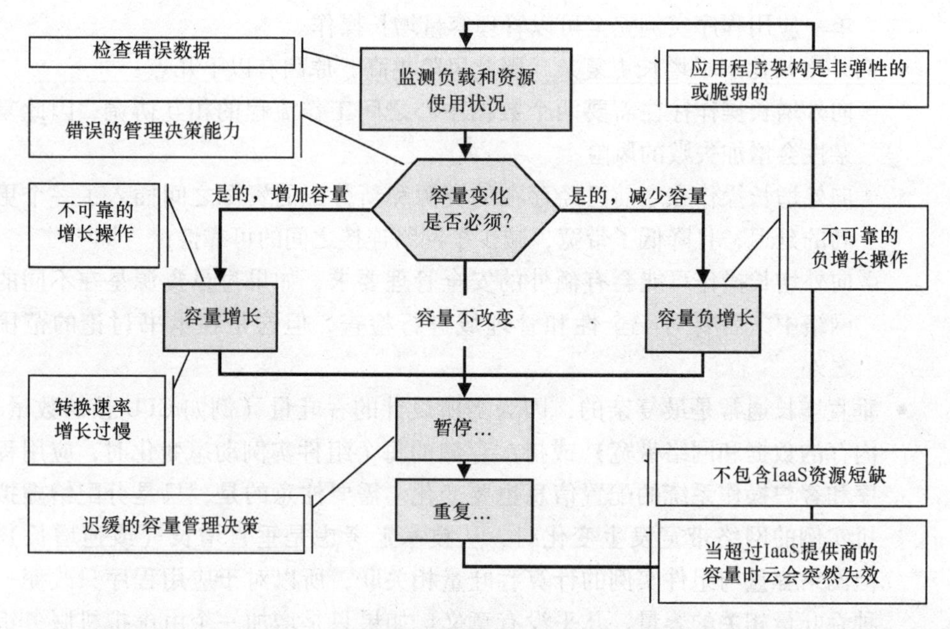

图 8.9 弹性增长失败场景

4）工作负载增长速度比应用快（第 8.11.1.4 节“保持不充足的在线空闲容量”）。

8.11.1.1 弹性增长操作故障场景

请求为一个特定的应用实例执行一个特定的弹性增长操作，可能未能成功完成，会有以下几个原因：

1）已经达到了应用程序实例的最大容量限制。云服务提供商提供了资源似乎是无限的这样一个假象，现实应用中的单个应用程序实例不可能无限弹性增长。当一个应用程序实例达到最大许可值或架构上限时，那么它应该禁止额外的容量增长，通过激活负载控制机制来管理过多的负载。理想情况下，云消费者会有相关策略和步骤，或者实例化一个新的应用程序实例或者转移工作负载到另一个具有闲置容量的应用程序实例。

2）云服务提供商未能提供所请求的资源。云服务供应商可能无法提供能够满足应用程序的约束条件的资源（如资源的容量/尺寸规范，遵守相关性或反相关性规则，在消费者的预算/业务之间），因此应用程序实例的增长操作将会失败。

3）应用软件故障。在容量弹性增长操作过程中，应用软件的缺陷或一个技术组件发生故障，从而阻止成功完成增长操作。

8.11.1.2 超出配置间隔场景

应用程序的弹性增长操作可能需要比预期更长的时间才能完成，原因如下：

1）因为沉重的总负载，云服务提供商提供所请求的资源的速度很慢。

2）因为沉重的用户工作负载，应用实例很慢。

3）因为有大量的数据要处理和配置，应用实例很缓慢。

8.11.1.3 增长策略和操作故障场景

弹性增长操作名义上需要一段时间间隔才能完成，所以增长操作必须至少配置一个时间间隔，且要在所增加的容量为负载提供服务之前。云消费者会部署操作策略以维持足够的空闲容量来减轻瞬态流量峰值和不可避免的失败场景。如果云消费者所维持的在线闲置容量不足，那么一个组件故障或瞬态负载峰值可能导致应用暂时过载，至少会有一些用户的服务质量会受到影响，这种影响直到额外的应用容量上线才会消除。同样，如果云消费者的策略是保持不充足的过剩容量，并且不能准确地短期预测工作负载，那么所提供的负载可能很容易就会超出在线应用的容量。从本质上讲，云消费者打赌他们能够准确地预测短期的工作负载。云消费者越能准确地预测未来的工作负载，就会有越少的在线闲置容量（除此之外，还需要减少不可避免的故障）。

8.11.1.4 保持不充足的在线空闲容量

在第 3.5.7 节“转换速率和线性率”中讨论了应用程序的所谓增长率。所谓增长率是用增长的容量（C_{Grow}）除以配置间隔。如果工作负载增长速度超过名义上应用增长率的时间足够长，那么就会出现不充足的应用在线容量服务所需负载的情况。云消费者负责维持足够的在线备用容量，这样即使负载增长速度在一段时间内比应用程序的最大增长率还快，足够的在线闲置容量就会被使用，这样用户工作负载就不会超过在线容量。如果提供的负载超过在线应用容量，那么应用程序应该进行过载控制，可能会拒绝一部分的用户流量。

8.11.2 弹性容量逆增长故障场景

弹性容量逆增长期间，服务的风险源于以下几点：

1）从被回收的资源中没能排出用户流量。排出用户流量显然是一个微妙的过程，失败可能会直接影响一个或更多用户的体验质量，例如当活动用户的会话被强制终止，会产生服务的留存问题。

2）应用无法停止使用回收的资源。如果应用程序没有正确跟踪被回收释放的资源，那么额外的流量可能会被发送到停用甚至是已重新分配的资源，只能让流量被丢弃，这会导致用户经历服务可靠性退化、延迟或整个服务质量下降等一系列问题。

3）等待执行/失效的弹性逆增长操作延迟/弹性增长操作死锁。如果在释放回收期间流量激增，那么一个弹性增长操作可能被触发。如果一个弹性增长操作不能覆盖一个等待回收操作或是一个等待回收操作不能被取消，那么应用程序可能会被迫超负荷，直到资源回收释放完成，增长操作可以开始执行。

有序取消等待执行的逆增长操作本身不算是失败。快速、清晰地取消在线等待的容量逆增长操作是非常复杂的事情，为此应用程序应该经过设计和测试，以确保逆增长事件可以迅速、可靠地取消，这样后续增长操作就能够可靠地完成。回收资源的泄漏是一个商业风险，即应用程序成功地释放了资源，但资源没能重新由云服务提供商重新分配。虽然资源泄漏不会影响用户服务，但它会引起消费者的资金消耗。

第9章　发布管理

"发布管理"一般被用在IT架构库中，是指计划、执行、分发控制和安装新的、有变化的软件。发布管理的一个关键部分就是软件的升级。这部分主要探讨软件升级的传统策略并提供一个替代策略方案，这个策略利用云机制来减轻一些由软件升级所带来的风险。

9.1　相关术语

软件升级包括新版软件的安装和对应用数据框架的升级，通常为了以引入新的特性，修复bug，以及部署其他新的更新等。软件升级需要包括以下几点：

- 软件补丁或者软件更新。指的是不引起功能变化或者不改变数据模型，例如bug修复或者安全补丁。
- 软件升级。指的是软件比较大的改变，功能性的改变或者引起数据模式的改变。
- 改造。在传统意义上，改造是指软件实质性的改变，结构上需要彻底的替换，甚至还包括一些硬件的改变。

由于云将硬件与软件解绑，传统意义上对硬件和软件的改造就不再适用了。回退和回滚是对软件的"有害"升级修复操作，一般定义如下：

- 一个软件发布的回退包括新版软件发布之前的软件和数据的改变复原。
- 一个软件发布的回滚是指修复发布新版本前的旧版本的数据和功能。

软件升级也会涉及到维护与同步持久动态的数据。持久性的数据是指保存时间超过一定时间的数据，例如用户数据。动态数据则是相对短暂的数据，例如状态数据，只会保存一段时间。

这两种类型的数据在软件升级的时候都要考虑到。

9.2　传统的软件升级策略

传统的应用程序部署只涉及有限的硬件资源，所以软件升级必须在特定的硬件设施上完成。基于有限的硬件资源，有两个基础的软件升级策略：

- 离线软件升级。软件升级过程是离线完成的。因此，离线升级时间是一个关键的参数，但是这个过程相对来说是简单的，因为在升级的过程中设备是没有任何操作的。

- 在线软件升级。高度可用的系统通常保持足够的软件冗余，使得系统逻辑上可以分裂成两个简单的系统，每个可以单独升级。这种模式使得应用程序在软件升级过程中出现单一暴露问题，如果一旦升级出现错误，将会使得整个升级过程时间延长。这个策略比离线升级更加复杂。

9.2.1 软件升级需求

企业通常期望对重要应用程序的软件升级尽可能减小对用户的困扰；更具体说，这通常是指用户服务尽可能短的被干扰，限制在几秒钟之内。理想状态下，用户会话或者事务会被保留，但是对于非重要的用户应用则可以终止其服务。与其他相同服务质量相比，用户不太可能能够承受云应用比普通应用还大的风险。

传统的软件升级需求还要包括以下几点：

- “浸泡”新版本以确保发布之前能够正常的执行新功能。偶然情况下，一个新软件的升级会与现有的应用、用户习惯或者其他操作特性相冲突，所以在特定的场合下有可能是不能够兼容的。用户通常通过一段时间内充分地运行实例来验证新版本的稳定性。在传统高可用性结构中，“浸泡”是指不包括冗余来运行实例。
- 一种能够回退“有害”版本或回滚到之前版本的能力。如果一个新的版本是不可用的或者是不兼容的，那么企业用户会希望回滚到之前的版本。实际操作上，这意味着要有充足的时间来初始化“浸泡”实例来验证新发布的版本是否有效，然后要有充足的时间在当前升级窗口未被关闭之前回滚到之前的版本上。
- 为了减少升级带来的组件间的干扰，要提供新旧版本之间的兼容支持。新功能特性要能够很好的和其他的组件相结合。
- 跳过新版本的能力（例如从版本“N”直接跳到“$N+3$”）。不是每个用户都出于实用、商业角度、或者操作原因来接受新版本。有些时候，大多数用户都被设想成愿意去升级，然后他们选择了忽略升级，意味着忽略了从版本 N 升级到 $N+1$ 版本。跳过版本为企业提供的实际好处是，减少了成本支出以及伴随着每一个版本的安装所带来的服务中断，尽管跳过版本自身也有成本支出。例如，一个用户安装版本2.0，然后跳过了3.0和4.0版本，然后想接受5.0版本，这种情况下，保证新旧多版本之间的兼容性就更加困难，因为外部接口和数据结构通常在一段时间内会根据新用户的需求特征做很大的改动。数据的升级可能必须要经过每个版本，需要较长的时间。

由于考虑到花费和对用户潜在的影响，高级用户通常会有以下的要求：

- 完成升级的能力，如果有必要的话还要在同一个窗口之内包含回滚功能。因为传统的软件升级会引起大的服务冲突，如果不成功可能导致应用单一暴露问题或容量的降低，所以软件升级一般在低使用率期间执行维护活动。

为了提供健壮的软件升级，通常要做到以下几点：

- 用户要有干预新旧版本应用实例的权限。
- 为了支持新旧应用版本的实例，架构（IaaS）必须提供充足的资源（如网络、磁盘、CPU、内存或 IP 地址）。
- 在新旧版本都存在时，软件允可要同时适用于两者。
- 旧版本的虚拟应用实例要能够被关闭，同时不引发运行期间其他的错误。

通过利用云和虚拟化，宕机时间可以减少，而且在某些情况下，能被消除。尤其是可以自动地在任何时间进行软件升级，而不必在维护窗口期间，从而变得更健壮。需要注意的是，不影响服务的升级需要在单独的维护窗口之前和之后做好准备和后续工作。

9.2.2 维护窗口

维护窗口目的是为了减少用户的损失，当遇到不可知的错误或者服务不可用时提前安排一段空档时间。维护窗口通常在用户活跃量很少的时候才安排，维持一段时间。对于传统的系统，软件升级往往有许多手动操作过程，会影响用户服务，因而会在维护窗口期间执行。企业用户往往通知预定的维护窗口时间，关键应用的服务可能会受到影响，使他们能够制定相应的计划。客户喜欢尽可能少地执行这些升级，因为升级需要维护会话且可能导致服务中断。

便捷性和其他现代化的发展经验让“持续部署”的模式非常流行，该模式中软件自动每天完成一次构建，安装在云中，通过丰富的自动化测试脚本进行测试，自动“浸泡”在一部分实时流量中，然后让有所有新的用户流量迁移到的新版本。由于持续部署模式中，构建/安装/验证/激活这一过程每天都在发生，有强大的业务流程机制的支撑，这些过程很快就会变得非常可靠。至少有一些组织会改变他们已有的“安装/验证/激活”过程到“构建/安装/验证/激活”过程上来，因此在工作时间内（例如，开始于当地时间上午 9 点），就可以使开发人员和其他专家立即进行调试，并提供纠正任何交付问题。这种模式可以通过：

- 大大缩短部署时间，为新更改的功能提高服务灵活性；
- 通过快速 bug 修复，稳定性改进和安全补丁提高服务质量；
- 通过将发布管理活动移出昂贵的工作时间段（例如，加班期间或双倍工资期间）减少 OPEX；
- 提高升级成功率，因为频繁执行可以快速提高成熟度和可靠性。将工作从半夜（例如，当地时间午夜到早上 6 点）转移到正常工作时间内可以减少人为错误的风险，也进一步提高了“程序员/程序”支持发布管理的可靠性。

因此，从云应用的角度来看，传统的通过维护窗口进行软件升级的方式可能在未来成为过时的方式，甚至可能是无法接受的。

9.2.3 应用升级的客户端注意事项

应用的升级很重要，可以最在程度地维持客户端软件的兼容性（例如客户端软件正在从一个接口组件或外部用户端请求服务），最大限度地减少对用户服务的影响以及重新配置客户端软件的操作费用。应用协议和客户端软件应支持服务过渡，如服务器启动的会话连接断开或闲置超时，应自动将客户端会话重新连接，这样客户可以以最小的影响从旧版本过渡到新版本。如果不能保证兼容性，那么升级过程可能需要考虑升级的顺序，版本差异和御载一些功能特征，以解决不兼容问题。理想的情况下，新的软件版本发布需要支持以下几点：

1）升级应用程序与现有接口客户端软件具有100%的协议兼容性，客户端软件能够成功地与新版本的应用程序进行交互，不需要有任何更改。如果协议兼容性是有保证的，那么客户端在同一时间既可以与旧版本交互也可以与新的应用程序版本交互的策略就可以实现。

2）升级应用程序的客户端配置是100%兼容（例如DNS名称和/或IP地址），为此由客户端软件使用和保存的任何配置信息必须进行修改。如果客户端的配置信息发生变化，则必须执行这些变化的配置，让其对客户端发生作用，这很可能是既增加了软件升级的运营成本，又增加用户服务受影响的风险。

9.2.4 传统的离线软件升级

本书中最简单的升级策略（见图9.1）被称为传统的离线升级，具有以下几个基本步骤：

- 使应用程序实例脱机，以节省流量；
- 安装新版本软件（例如 $N+I$，I 为一个或多个版本，假设 N 和 I 之间是向后兼容）；
- 升级持久性应用数据；
- 采用真实的客户流量，对新版本进行浸泡测试，以检验操作的正确；
- 激活（提交）升级后的应用实例，并把它重新联机，使其继续提供服务。

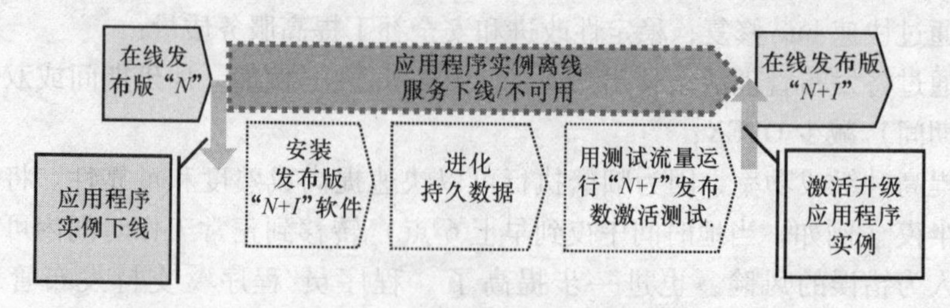

图9.1 传统的离线软件升级

因为应用程序实例在软件升级期间会离线，所有活动会话在开始升级之前会被丢弃，用户的服务变得完全不可用，直到升级完成，应用程序重新上线。

如果安装新的软件或升级持久性数据失败，或浸泡测试发现这个版本是“有害”的，那么就必须回退新版本。请注意，回退可能发生在提交新版本的任何时候。当有足够的可用持久性存储，并且应用被正确设计，离线退出/回滚可能像重新配置系统一样简单，例如重新配置系统引用旧应用程序的持久性存储（如文件系统或目录结构），重新启动应用程序或重新启动主机。需要注意的是，在新版本使用期间，数据的任何新的改变将会在退出/回滚过程中丢失。如果没有足够的持久性存储，可以保留所有版本的软件和持久性数据，那么将需要重新安装版本 N 的软件，并从备份中恢复持久性数据来完成退出/回滚。

9.2.5 传统的在线软件升级

传统的高可用性系统会部署足够的冗余硬件，以防单点故障引起功能性损失。硬件冗余为软件升级创造了机会，应用程序通过把系统分成独立的“部分”可以一直保持联机：其中一个“部分”运行旧版本的软件另一个“部分”脱机运行升级到新的版本。一旦新的版本升级完成，进行切换，以使新版本运行。另一“部分”再升级到新的版本，并激活，更新完成系统即恢复到完全冗余状态。图9.2所示的软件在线升级的基本步骤如下：

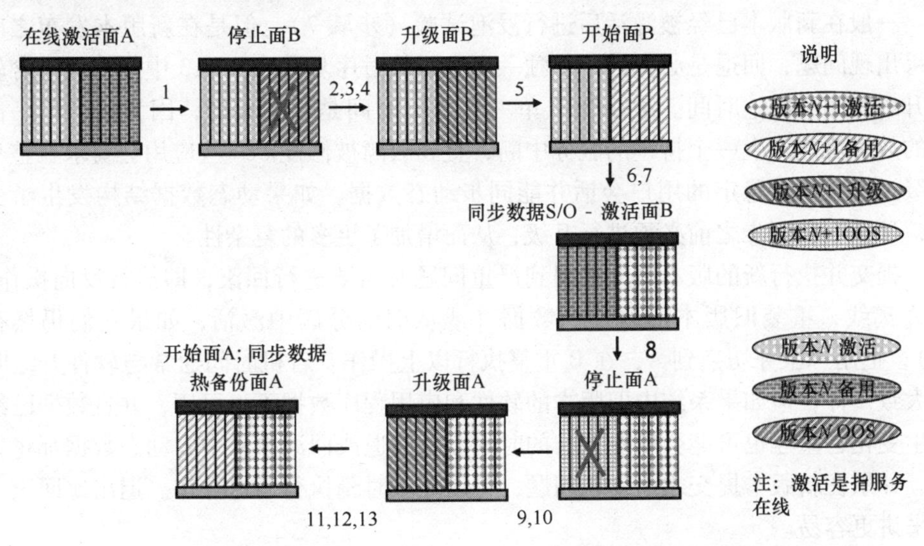

图9.2 传统的在线软件升级

1）让应用程序实例运行的一个“部分”（在图9.2中标为“B”）离线。请注意，由于高可用应用实例配置了硬件冗余，冗余“部分”（如图9.2中的标为“A”）会保持在线服务用户状态。然而，由于备用组件实例“B”正在升级，如果主用组件实例“A”正好发生故障，不可以直接用“B”快速恢复服务。在这种情况下，组件（或因此而整个应用程序实例）被说成是“单一暴露”，因为主用组件“A”的一个单一故障会暴露系统于长期服务中断中，因为高可用性机制不能迅速和自动地恢复服务到组件正被升级的“B”中。

2）在B中安装新版本的软件。

3）从旧版本到新版本升级持久性数据。

4）上载升级数据到B。

5）激活B中的新版本软件。

6）在旧版本A与B之间同步（如果需要升级）动态数据。

7）切换服务，使新版本B成为活动组件，并提供服务。

8）使旧版本组件A离线。

9）在A中安装新版本。

10）在A中加载或同步升级数据。

11）激活A。

12）从B中同步动态数据（注意，步骤10和12可以合并）。

13）使A进入“热待机”。

14）可选：执行主备切换，使A回到活动状态，以验证在新版本进行切换是否有效。

一般在新版本已经被激活后进行浸泡试验（步骤7），但是在新版本发布之前如果出现问题，回退是必要的。单独一次升级的时序步骤在1~13中描述，包含软件升级时间和浸泡时间。最小化“单一暴露”时间是很重要的，因为一个单一部件的故障可能产生一个持续的服务中断，直到故障被修复。一些应用会要求在整个升级过程中维持稳定的用户会话并能同步动态数据。如果动态数据结构发生了变化，那么在它同步之前必须进行升级，从而增加了更多的复杂性。

提交并执行新的版本后如果遇到严重问题时需要进行回滚，即执行反向操作：使A离线，重装旧版本的软件和数据（或从旧的分区中激活，如果它们仍然存在），把用户服务切换到A，在B重复执行以上操作。宕机时间通常与软件升级时间大致一样，但如果系统中旧版本的软件和应用程序数据不再可用，并且数据已经发生变化，重建也可能会花费更长的时间。在回退或回滚事件中，动态数据都将丢失。如果在新版本提交之前发现问题，可以在该时刻执行回退操作。退出比回滚一般来讲更容易。

9.2.6 讨论

传统的软件升级策略通常有很多很长的人工操作步骤，这些步骤要求与多个系统的变化能够有条不紊的协调进行。大规模解决方案可能需要数周的维护时间，需要以特定的顺序来单独升级解决方案中各种组件，以确保各元件之间的接口的正常工作。当解决方案中不同组件之间存在依赖关系时，软件的升级变得更加复杂，并可能导致比高可用服务更长的单一暴露时间。在升级过程中必须尽量减少出现故障的风险，减少单一暴露，下列优化技术经常被采用：

- 在低流量时间进行升级，以减少用户的服务受影响的风险，尤其是如果在升级过程中失败。一些系统会暗示用户“应用程序将在一段时间内不可用”，这样，软件可以在这段时间内离线升级。
- 用户流量可能被转移到一个（地理上）冗余系统的实例上，以减少用户的服务中断，并简化升级，因为应用程序实例可以在线下升级。
- 应用组件被配置成具有充足的备用磁盘容量，既可以用来存储新版本的软件和更新的数据，又可以保留先前版本的软件和数据，如果有必要需要回退的话，可以迅速地执行。
- 过程是自动的，尽可能减少或消除手工操作，这样，当执行升级操作时，就能尽可能缩短执行时间和最小化人工（程序）的错误，从而减少单一暴露。
- 接口与客户端软件都应向后兼容。

支持云的软件升级策略（在第9.3节讨论）可以通过软件自动化升级和完善的软件升级管理，减少复杂性，规避传统软件升级的不利风险。

9.3 支持云的软件升级策略

云架构的快速资源弹性特性，能够使基于云的应用软件在升级时采取完全不同的策略，因为用户可以分配足够的额外资源来安装一个高版本应用程序的新的独立的实例，并同时可以运行以前的完全冗余版本。基本的云感知策略可以分配、安装、配置和浸泡测试新的软件版本实例，并尽可能最小化对现有的应用程序实例的干扰。以下是两种管理云软件升级的常规策略：

- Ⅰ型：街区聚会（第9.3.1节）。在独立的虚拟机上运行的旧的和新的软件版本同时服务于用户流量，而理论上可以继续这样做下去。一些用户由旧版本来提供服务，而一些用户使用新版本的服务。这种模式使企业能够延长浸泡测试时间，并通过从旧的软件版本自然减少流量来减少用户的服务中断。笔者称这个模型为“街区聚会”，因为软件版本在认真协调下来去自如，像客人在街区聚会一样。
- Ⅱ型：每车一司机（第9.3.2节）。需要对关键资源严格控制，通常每次允许有且只有一个应用程序实例是活动的。这一策略被用在例如对数据库进行控制或需要严格一致性资源的应用程序实例中，这种策略任何时候仅一个单一的逻辑实例被允许运行。笔者把这个模式称为“每车一司机”，因为它在逻辑上类似于城市公交车，可带很多人，但只有一个人被允许驾驶。

9.3.1 Ⅰ型云支持升级策略：街区聚会

Ⅰ型“街区聚会”软件升级（见图9.3）的主要特点是能够在同一时间运行虚拟应用实例的两个新旧版本。软件和数据的新版本被安装到新的和独立的云资源，而旧版本在云资源中运行。新版本会被分配充分的资源，并被激活，一些用户流量被引导到新的版本，而大多数用户业务由旧版本来服务。这使得新版本可以无限期浸泡。一旦新版本被认为是可以接受的，所有新的业务可以被引导到新版本的虚拟应用程序中。由旧版本服务的用户流量可以被自然而然地随着用户的常规注销行为（随后的登录请求定向到新版本）而完全排除。如此，业务还可以在老版本内完成，没有必要必须在新版本中完成，应用服务提供商可以最终终止剩余用户与老软件版本的会话。流量由负载平衡器或代理来控制，它可以将流量分配到新版本的组件中。无论哪种方式，没有明确的切换事件，因此只要应用服务提供商愿意的话，业务可以一直在旧版本运行到完成。因为旧版本可以运行到完成，就没有必要对新旧版本之间的动态数据进行同步，以维持稳定的会话。如果有必要恢复到旧的版本，则可将流量从新版本的应用程序实例排除即可。因为旧版本和新版本在同一时间运行所以需要独立的IP地址。然而，代理或非代理负载均衡器可以只公开一个IP地址，并管理这些版本，以便无缝应用到客户端。

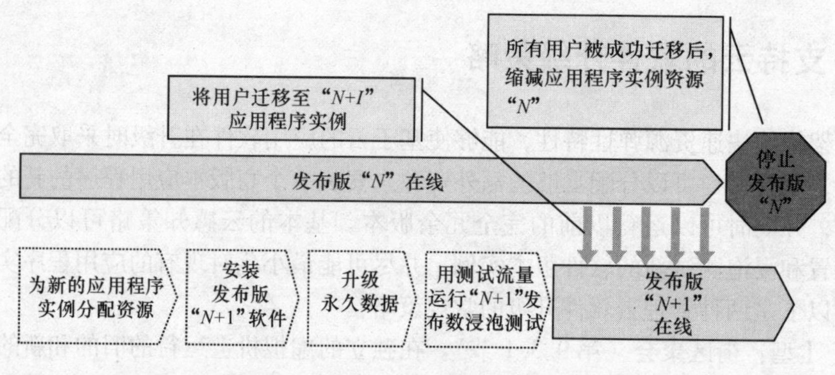

图9.3 类型Ⅰ“街区聚会”升级策略

因为Ⅰ型的升级能够使发布的“N”和“N+I”版本和平共处，图9.4说明了流量可以逐渐从发布的版本“N”重定向到发布的版本“N+I”：

1）在版本“N+I”上创建并激活应用程序实例。

2）某些流量定向到“N+I”版本的应用程序实例上。当新版本的服务被认定是成功的，所有新的业务都被定向到新版本。

3）在新版本流量增加时，版本N+I的容量增加，版本“N”的容量减少。

4）一旦版本“N”的所有活动已经停止，就关闭该应用程序实例，资源被重新分配。

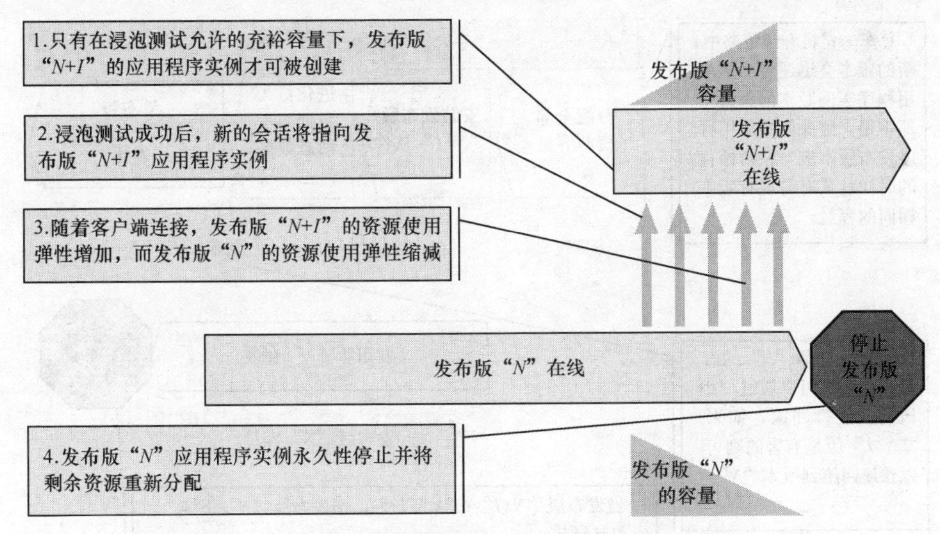

图9.4 应用程序弹性增长以及类型Ⅰ“街区聚会”升级

需要注意的是，对于Ⅰ型“街区聚会”，如果流量可以自然地从旧的应用程序实例“N”流出并且新的流量是针对新的应用程序实例“*N*+*I*”，那么有可能对用户升级完全不会造成影响。如果企业等不及所有的流量自然地从旧的实例流出，可以采取强制措施使得流量从旧的实例流到新的实例。

由于迁移时间可以延长，需要注意的是，旧的和新的应用实例必须保持完全冗余，并在任何时候没有应用实例出现单一暴露问题。由于Ⅰ型“街区聚会”的持续交付模式使软件运行、升级良好，其模型得到了进一步提升和增强，例如能够在任何用户流量引导新版本之前，自动化回归测试软件版本的合理性。支持持续交付软件的能力，直接支持了开放数据中心联盟（ODCA）有关云的“可扩展性”理念，该思想在第3.7节“云意识”中涉及。

由于多个版本可以在同一时间运行，Ⅰ型软件升级提供了安装一个特殊版本的应用的机会，只有直接选定的一组或几个用户可以进行尝试。一旦尝试结束，版本可以被接受或删除。

9.3.2 Ⅱ型云支持升级策略：每车一司机

Ⅱ型“每车一司机”的软件升级（见图9.5）是这样一种策略，在任何时间只有一个应用程序实例提供用户服务。这种策略比较适合用来限制多个应用程序实例共享数据或资源的情况。该策略包括：

1）创建一个基于新发布的“*N*+*I*”版本的应用实例，分配充足的资源，与旧版本“*N*”容量相当。安装新版本软件，持久数据从旧版本升级到新版本，动态数据进行更新（如果需要的话）并同步。

2）新版本“*N*+*I*”应用程序实例被激活，且流量被定向到新版本。

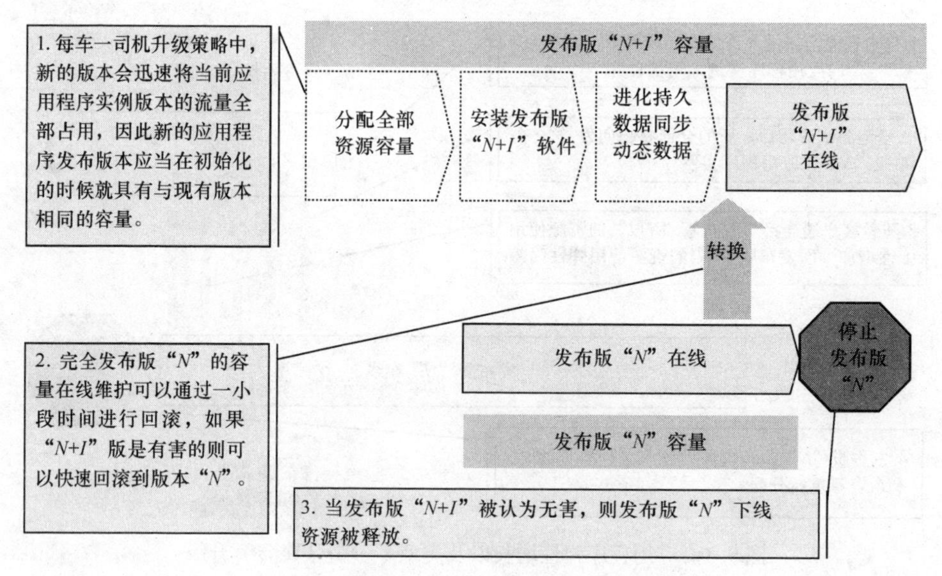

图 9.5 类型Ⅱ“每车一司机”升级策略

3）一旦新发布的“N + I”被确定为能够提供可接受的服务，版本“N”的应用程序实例即被关闭，资源被释放。

Ⅱ型“每车一司机”的软件升级的主要特点是，每次只有一个活动版本服务用户。其结果是，接口组件不必同时管理支持两个应用程序版本的实例。IP 地址可以被重新使用，并且可以从旧版本的虚拟应用程序实例移动到新的应用程序实例。为了整个升级过程中保持用户会话，仍然在旧版本运行的用户会话在切换时必须由新应用程序实例复制其相关联的动态数据的副本。在切换时可能会有对用户的潜在影响，尤其是当动态数据不能同步或者不能被新版本访问时。如果需要回滚到旧版本，执行以下步骤：从新版本断开资源，重新连接到旧版本（包括 IP 地址从新版本移动到旧的版本），流量重定向到旧版本。切换期间存在潜在的对用户服务的影响。

9.3.3 讨论

Ⅱ型软件升级，在一个时间只有一个版本运行，类似于传统的在线策略，会面临在老版本用户和新版本用户之间同步不稳定的数据的挑战。对于许多传统的应用，这一策略将是最容易采取的设计，没有大的变化，特别是在没有不稳定的数据需要保存或是不稳定数据可以由客户端维护的情况下。中断时间与从旧版本的应用实例移动到新版本的应用实例的过渡时间有关。在过渡期间，如果有动态数据没有复制，会对可靠性产生潜在影响。

Ⅰ型采用了一个与传统的升级方式完全不同的策略，需要管理应用实例并发执行的多个版本。有可能需要采用这种新型架构的应用如代理负载均衡，主要用于将服务路由到适当的应用实例以及完成数据的映射。Ⅰ型可以切实没有用户服务的停机时间，没有损失的动态数据，因为随时至少有一个虚拟应用实例为流量提供服务。与Ⅰ型，流量可以按比例被路由转到新版本，在浸泡测试期间所有的流量可以被重新路由到新版本，就像Ⅱ型一样。Ⅰ型执行回滚可以切实实现不停机。因为它会暂停或中止新版本，指导所有流量到旧版本。

第15.7节“发布管理影响效应分析”中对软件升级机制和类型进行了评估，可以帮助设计师针对一个给定的应用程序，确定最佳策略。

9.4 数据管理

在软件升级的过程中，如果版本之间存在任何架构上的更改，那么需要维护的持续性数据（没有用户记录的丢失）和数据模式也需要升级。此外，由于任何升级可能导致破坏，必须能够从一个升级态回退（在提交之前）或回滚（在提交之后）到应用程序之前的一个稳定的运行状态。当一个版本被关闭和删除时，需要有一个机制来清理持久性数据。

对于Ⅰ型“街区聚会”，可以为一个新版本的应用实例创建一个独立的数据更新副本。在升级过程中，有几种可能的数据更新方法：

- 初始数据存储之后，屏蔽所有的配置请求，不允许做任何数据更改，直到新的版本生效；
- 允许配置请求继续在旧版本生效，但需要记录所有的变化，并最终存储到新版本的数据库中；
- 允许配置请求继续在旧版生效，做一个旧版本和新版本之间的数据实时同步；
- 组合使用以上方式：允许配置请求继续在旧版生效，但在激活新版本的最后时刻屏蔽配置请求，最终再将旧版本数据需要存储到新版本的数据库中。

一旦旧版本的应用程序可以删除，旧版本的数据库资源也可以释放和删除。回滚需要新版本实例离线，并且引导所有新流量到旧版本的实例上。如果释放被保留，其数据必须进行备份，如果有必要，数据可以进行恢复。

对于Ⅱ型“每车一司机”，可以为一个新应用版本创建一个更新的数据副本。在切换之前，新的应用实例的数据与旧版本的实例同步，以确保新实例有最新数据副本。这种同步可以通过日志式的操作方式来更新最近更改的数据项。请注意，一些应用程序可能在升级过程中不允许更改持久性数据，以避免最后的同步步骤。在切换时，只有数据模式的新版本被使用，不需要像Ⅰ型那样必须保持两个版本最新。如果需要回滚，那么自新版本实例激活以来的所有数据变化都应该重新应用到旧版本上，这是回滚的一个重要环节。Ⅱ型软件升级可以很快地分发到用户，因为它不需要等待流量从旧版本流完。然而，这会有一个损失现有用户会话的潜在影响。

忽略掉数据升级、分离（包括持久性数据和动态数据）的类型会有利于在主机之间进行虚拟机的迁移。数据分离的一个例子是数据的主副本被保存在虚拟存储中，从而能够兼容多个版本的软件。一个应用实例可以从主副本获得它所需要的数据，并在本地缓存。对数据的更新只针对主副本。特定版本的访问、更新和同步功能，如果需要的话可以通过“代理”方式提供给旧版本。如果数据的分离是不可能实现的，那么软件升级程序必须按合理的顺序进行数据更新和同步（既包括持久性数据也包括动态数据），这样才能确保数据不丢失。

9.5 软件升级中的服务编排角色

对服务的业务流程编排是基于对任务和组件的管理技术，对于软件升级，协助满足服务质量的可用性，可靠性和可持续性要求，是非常重要的。服务的编排包括架构的连接、初始化任务和工具，以及对服务的自动管理。在云计算环境，服务编排包括任务的连接、基于工作流的自动化任务，测量数据，以及提供目标服务的策略。对于软件升级，服务业务流程编排涉及新软件安装和配置的自动化的过程，配置和初始化资源实例，持久性数据的更新，以及动态数据的同步，还涉及从旧的版本过渡到新的版本时，从旧版本中释放流量，在新版本中注入流量。此外，一些组件可能需要新的 IP 地址更新。所有这些操作都需要认真协调和监控，提供暂停和回退机制，只有这样，在某种程度上才能保证服务的可用性（即没有用户停机）和服务的可靠性、持续性（例如维持会话和事务处理的稳定）。

例如，在Ⅰ型软件升级中，服务编排将负责创建和安装新版本的应用程序，更新和同步持久性数据，更新域名系统（DNS）、前端分配器和防炎墙（包括新版本应用实例的 IP 地址或完全合格的应用实例目录号码（FQDN）），以及针对新旧版应用实例配置路由流量，管理对旧版本的柔性关闭。对于Ⅱ型软件升级，服务编排也将参与动态数据的同步（如有请求），执行旧版本应用实例切换到新版本的应用实例。对于这两种类型Ⅰ和Ⅱ，如果需要执行回滚，服务编排也将协助。

负载均衡器在编排过程中是非常重要的关键部件，它负责引导客户流量到正确的应用程序实例。对这一作用这里有两个选项：

- 客户端流量被引导到一个代理负载均衡器，它将负责转发流量到适当的服务器实例。负载均衡器会跟踪管理指定客户端会话的应用实例。在软件升级时，与现有旧版本相关的会话信息仍然被指向那些支持旧版本的应用实例，与新会话相关联的信息直接引导到新版本的应用实例上。
- 客户端流量通过非代理负载均衡器（例如 DNS）可以继续流向旧版本的应用实例。这里，代理与应用集成在一起。代理被激活用来引导注册、以及与新版本应用实例会话产生的流量。与现有旧版本应用实例相关的会话信息继续由旧版实例处理。在这种情况下，代理只是在过渡阶段需要，一旦旧版应用实例停止服务，代理即被停用。一旦所有的旧版本的流量已经没有了，旧版本也就不再需要了，非代理负载均衡器可以针对新版本的应用实例进行更新，临时代理可以被关闭。

代理负载均衡器的作用是通过服务编排提高对工作的策略管理，例如确定一定比例的新流量被引导到新版本的服务器实例上，以浸泡测试新版本一段时间。这也将允许在某个指定的时间段（由客户决定），多个版本可以同时运行。

9.5.1　解决方案级软件升级

解决方案级别的升级是另一个层次上复杂的软件升级过程，它需要对一系列虚拟应用进行升级，涉及解决方案中所有受影响的元素。这个需要升级的序列需要在解决方案中各种元素之间的依赖性和兼容性上达成一致，以决定哪些元素需要先升级和哪些元素可以并行升级。此外，解决方案的元素之间的数据分布也需要被包含在服务的编排过程里，这样适当的数据同步可以在这些元素之间进行。显然，这种复杂性可以通过确保元素间接口的兼容性，以及能够并行升级，而不是顺序升级的能力所调和，但可能无法完全保证。

服务编排机制可以实现对这种复杂过程的自动化管理，确保升级的顺序正确，确保验证成功之后才开始另一个升级，确保元素之间数据的同步。为了方便业务流程的编排，软件升级策略（例如“街区聚会”“每车一司机”）中必须明确定义管理虚拟应用的接口，以及发送给服务编排过程的数据。过程管理不仅是按适当顺序完成对每一个相关元素的软件升级，还包括柔性关闭旧的应用实例和最终释放资源、删除旧版本实例。作为单独的应用程序升级，它必须能够回退一个或所有已升级的应用元素。服务编排应能支持回退。

9.6　结论

Ⅰ型“街区聚会”和Ⅱ型“每车一司机”的软件升级策略，与传统的软件升级架构相比，提高了基于云的应用的服务质量。Ⅰ型“街区聚会”通过同时支持新旧版本两个应用实例，可以比Ⅱ型提供更高的用户服务质量，而复杂性以及用户服务突然从一个版本转换到另一个版本的服务风险也不在存在。在Ⅰ型中，服务可以慢慢地从旧的版本转移，活动的用户会话也不需要被强制迁移到新的版本。一部分流量可以被定向到新版本进行浸没测试，而同时其余流量仍然可以在旧的版本上运行。这也可以用于限制用户试验或测试。如果新版本需要回滚，只需要禁用该版本和引导流量到旧版本。从解决方案层次来看，服务编排可以充分考虑接口的不兼容和依赖问题，实现对各种应用程序升级的统一管理和协调。

第 10 章　端到端考虑因素

终端用户通过智能手机、平板电脑、笔记本电脑或其他设备体验基于云的应用，这种体验集成了云应用、云架构、广域接入网以及用户设备本身的各种因素。10.1 节“端到端服务环境”，介绍了最终用户实际体验的服务质量总体情况和通常的考虑。10.2 节“三层端到端服务模型”，提供一种简单的模型并分析服务损耗。10.3 节“分布式和集中式的云数据中心”，介绍了从附近小型的云数据中心获取服务与从更大更远的区域数据中心获取服务相比，服务质量的差异。10.4 节“多层解决方案架构”，介绍了依赖于多个云数据中心资源的更为复杂的解决方案。10.5 节“灾难恢复和地理冗余”，介绍了云应用的地理数据冗余和灾难恢复。

10.1　端到端服务环境

如图 10.1 所示，在一个简单的端到端的应用程序服务模型中，终端用户所体验的服务质量缺陷包括以下 5 个方面：

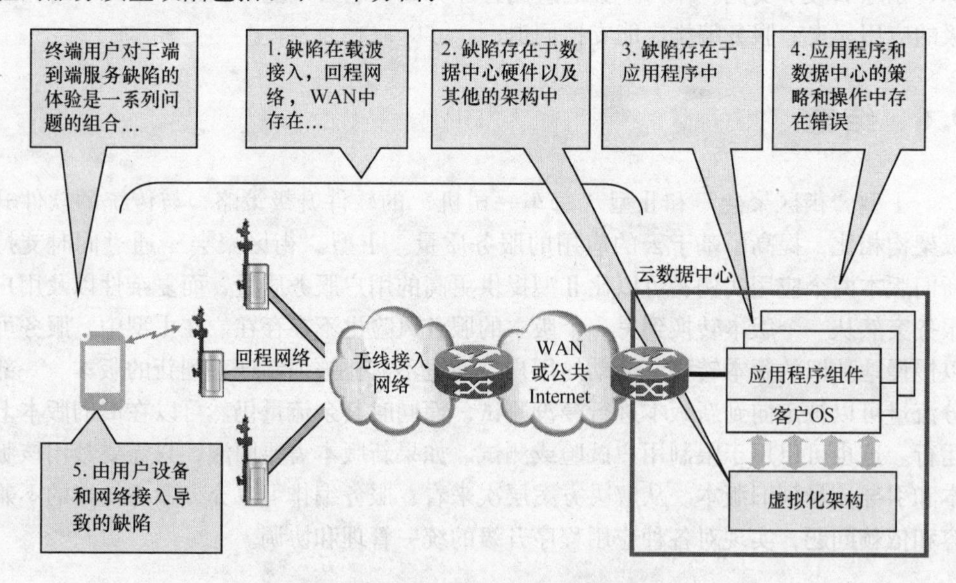

图 10.1　简单的端到端应用程序服务环境

1）IP 服务质量和通过访问广域网络架构和设备带来的缺陷，例如数据包丢失，数据包的延迟和数据包抖动。

2）云服务提供商的架构和数据中心的缺陷，例如云数据中心的服务质量问题，包括计算、存储、网络与服务架构（在第4章介绍“虚拟化架构缺陷”中讨论）。这类问题还包括灾难事件，这会导致一些或所有的云服务提供商的数据中心不可用或无法访问。减轻灾难性事件的影响在10.5节“灾难恢复和地理冗余”中讨论。

3）应用软件和潜在的客户操作系统缺陷。应用软件，客户操作系统和由应用使用的技术组件容易残留软件漏洞和架构缺陷。

4）由于人为因素，错误的策略，云用户和云服务提供商的原因带来的缺陷。传统上，程序上的错误或人为错误是服务停机的主要原因。

以下是传统的程序上的错误的典型例子，包含但不限于此：

a. 错误地移走了熔断器或电路板；

b. 没有采取适当的防范措施保护设备，如电源被短路和不戴防静电带；

c. 未经授权的操作；

d. 不遵从程序规则（MOP）；

e. 不遵循文档要求的步骤；

f. 使用错误的或过期的文档；

g. 技术文档缺乏；

h. 翻译错误；

i. 用户对问题的恐慌反应；

j. 输入错误的命令；

k. 输入了不知后产生什么后果的命令；

l. 对网络警告的不恰当反应。

自动化可以最小化人工操作带来的错误风险，但错误的操作策略风险仍然存在，例如错误地激活弹性增长机制，又如在引导流量到新增长组件之前没能检测最近增长的应用容量大小。

5）由于用户终端设备（例如电池没电）或网络访问（例如站在一个无线死角）带来的缺陷，这些缺陷会影响最终用户的服务，但通常归因于用户而不是应用本身的服务质量。此外，设备的硬件（例如，扬声器，麦克风和显示）和软件（例如编解码器的实现）的技术特点，实际上限定了最终用户体验的服务质量。例如，视频质量的体验方面，一个全尺寸高清电视要明显优于一个小屏幕手持式智能手机。

第2.2节“服务边界”中介绍了应用程序面向用户服务边界和面向资源服务边界。图10.2是在图10.1所展示的端到端的服务环境基础上对服务边界进行了说明。

为了分析端到端服务，定义多个逻辑测量点是非常有用的。图10.3扩展了［Bauer12］的四个测量点，其中测量点1（MP1）相当于应用程序面向用户服务编辑，测量点0（MP0）等同于应用程序的面向资源服务边界。图10.3这些测量点覆盖了图10.2：

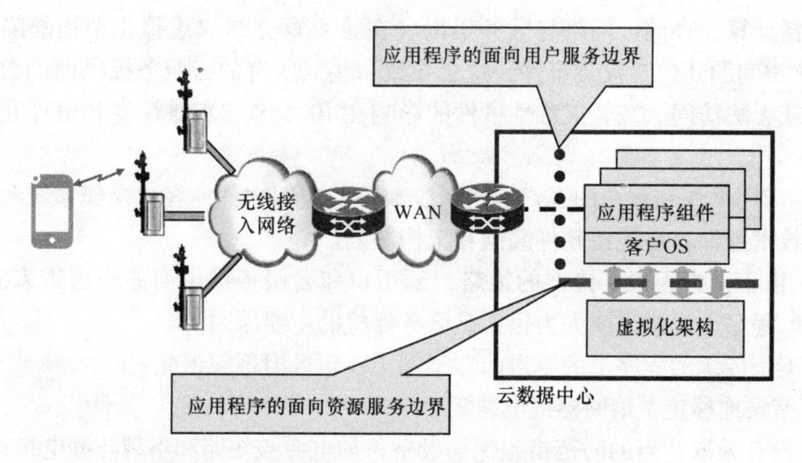

图 10.2 在端到端应用程序服务环境中的服务边界

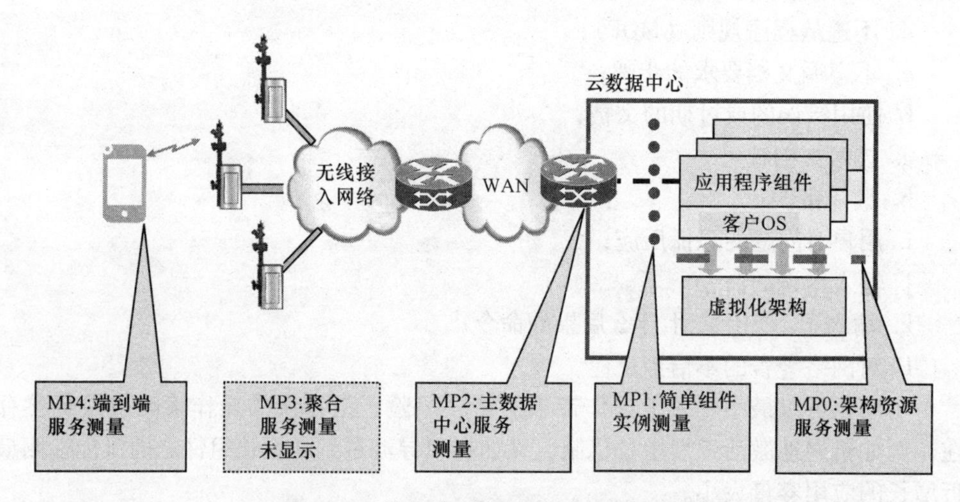

图 10.3 简单端到端环境的测量点 0-4

- MP0——架构测量，是应用程序面向资源服务边界到云服务提供商虚拟架构的服务边界。第四章“虚拟架构化架构缺陷”中围绕测量点讨论了主要的风险。
- MP1——组件实例测量，是应用程序的面向用户服务边界。通过这一边界的服务受限于特定应用（或技术组件）的服务质量度量，例如服务的可靠性和服务延迟（见第 2.5 节“应用程序服务质量”）。不同类型的应用程序和技术组件的实例可能有不同的关键服务质量测量要求。例如，面向会话的组件可能需要有针对特定应用的持久性度量，而非会话类组件不会有此需求。
- MP2——数据中心服务测量，是在一个单一的可用区域域或数据中心，对全套应用和技术组件实例所交付的服务进行测量，这是高水平的解决方案级的服务测量。测量会集成应用组件，支撑技术组件和云数据中心架构使用的操作系统。

- MP3——聚合服务测量，是对两个或两个以上的云数据中心或可用性区域中的智能负载分配和均衡管理的服务测量，其中也包括对灾难恢复机制的服务测量。MP3 在图 10.3 中没有标出。
- MP4——端到端服务测量，是聚合服务测量 MP3、访问控制，以及广域网 IP 传输的终端用户所体验的服务影响的组合。

图 10.4 展示了一种比图 10.3 更安全的应用，并且将这种“应用 + 安全设备”的解决方案应用到两个云数据中心，有两个关键点：

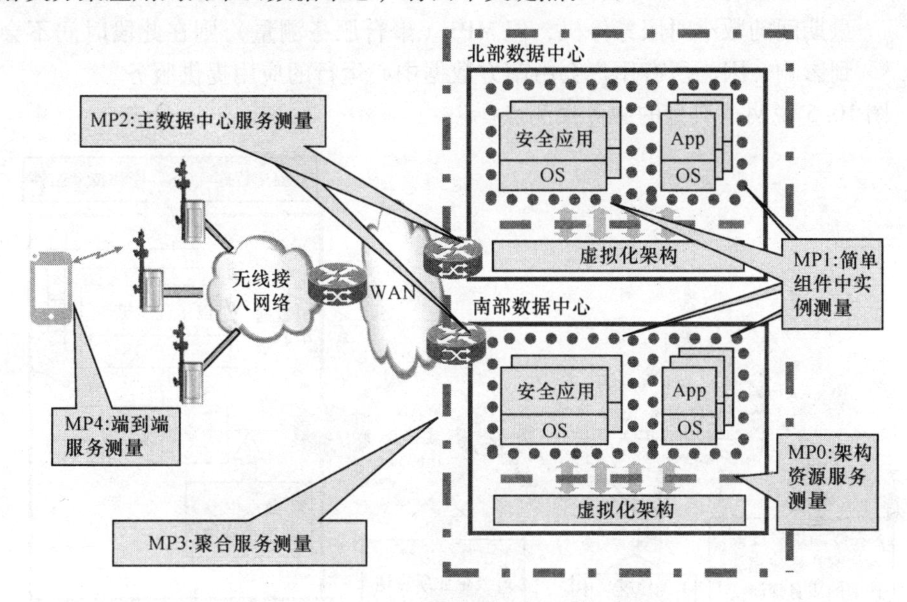

图 10.4　简单复制方案环境的端到端测量点

- 多组件实例。真实的云解决方案通常包括多个离散的应用和技术组件实例。这些组件提供不同的功能，从而使应用程序的解决方案能够为最终用户提供可接受的服务。图 10.4 采用两个不同的组件实例来说明这一点：一个应用实例和该应用实例的安全设备，该设备保护应用实例免受非法流量的影响（例如分布式拒绝服务攻击）。两者都需要充分发挥作用，才有可能同时满足用户对服务质量的要求和企业对安全的预期。这些组件中的每一个具有与整体解决方案不同的作用，因而具有不同的关键质量指标（KQI）。真正的解决方案可能会包含由多个离散的应用实例或技术组件实例提供的功能，例如数据库的功能，应用逻辑和网络管理的功能。每个应用实例或技术组件实例的质量特性可以与不同的 MP1 指标进行单独测量。
- 多个数据中心。关键应用通常是部署到数据中心，一方面减轻灾难发生时的风险，另一方面提高服务的可用性。图 10.4 显示了相同的应用被部署到“北方数据中心”和“南方数据中心”。MP2（数据中心测量）可以在服务逻辑上区分这些数据中心之间的联系和各自的公共网络（广域网）。因此，对于北方数据中心（或南方数据中心）中的 MP2 可以反映出由北方数据中心（或南方数据中心）交付的用户服务。MP3 代表云服务的总体可用性，可以通过数据中心池进行查看。例如，如果云消费者将北方数据中心中的应用实例离线几个小时以进行日常维护，那么云消费者可以在维护活动之前就逐渐减少北方数据中心的流量，而在维护活动成功结束之后恢复用户流量。因此，对于北方数据中心，MP2（数据中心测量）可以反映出在测量期间的数小时服务停机，但 MP3（聚合服务测量）则在此段时间不会受到影响，因为所有用户会由南方数据中心运行的应用提供服务。

图 10.5 说明了典型的服务探测点。

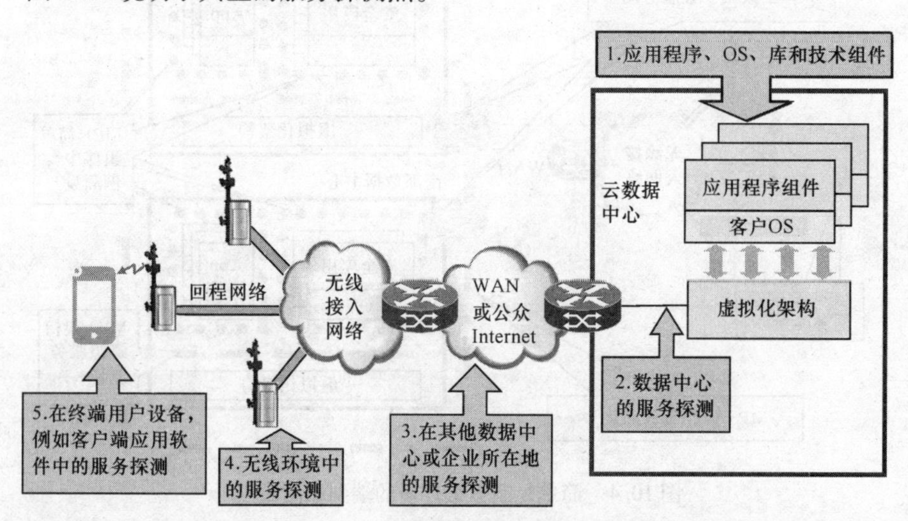

图 10.5　用户服务交付路径中的服务探测

1）应用软件，操作系统，调用库和技术组件一般都会有性能监测机制，实时记录关键性能数据并尽可能快地将数据提供给服务保障和管理系统。传统的性能监控机制是一个非常有用的起始点，但随着 Internet 规模的增大以及其他因素，采用云友好的性能监测工具更受到鼓励，如 Dapper。需要注意的是，单个网络元素一般会监测性能管理指标，其范围从通用性的测量（例如检测 IP 数据包发送）到面向特定协议的信息（例如被成功处理的特定协议请求的类型）。对这些测量结果的分析，能够深入了解单个网络元素实例的性能，但很少能够深入到终端用户的服务体验。

2）应用服务可以从数据中心主机进行监控。这一探测点消除了所有的访问控制和广域网络访问等缺陷，但不经过所有的边缘路由器，安全设备，以及其他的

IP 架构，而这些是真正的最终用户的服务所必须通过的。这一探测点可以准确地测量托管在目标数据中心的单一应用或组件的实例（即 MP1），还可以对主数据中心进行测量（即 MP2）。

3）探测点还可以安装在通过线缆连接的一个或多个地点，例如另一个云数据中心或云消费者的办公室。这些服务探测点可以测量用户通过有线 IP 连接访问的服务性能。这可以近似得到 MP2“主数据中心服务的测量”或 MP3“聚合服务测量”，具体取决于服务测量点执行的操作。

4）无线服务的探测可以用来说明固定的或移动的无线用户性能。这项测量可以粗略地近似得到终端用户通过无线方式进行访问的性能，即 MP4。而无线服务提供商通常执行所谓的驱动测试来识别和纠正覆盖漏洞，大部分云消费者无法对终端用户的无线访问进行控制，所以这也让该测量没有什么意义。

5）安装在最终用户的设备或客户端应用中的探测点，可以很容易监测服务出现的问题，如延迟、丢包，吞吐量、可访问性和可维持性。这些性能测量数据能被远程访问，这样云消费者的操作和支持团队就可以获得这些统计数据，从而更好地理解最终用户正在经历的服务问题。这种服务探测能得到 MP4，即“端到端服务测量”。

10.2　三层端到端服务模型

为了更好地分析端到端的服务风险，将图 10.1 中简单的模型分解为三个逻辑层，如图 10.6 所示：

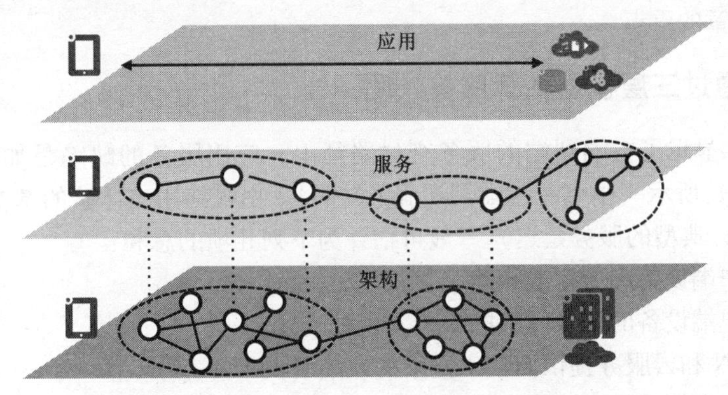

图 10.6　端到端解决方案示例的三层结构

1）架构层：包括传输 IP 数据包和支持应用处理的物理设备、装备、器材。物理架构层由以下要素组成：

- 用户的设备；
- 无线基站和传输路径（或有线接入设备和设施）；

- 接入网络架构和设备；
- 广域网络架构和设备；
- 访问云计算数据中心区分点的接入架构和设备；
- 云服务提供商的路由器、网络、处理器、内存和存储设备，以及数据中心设施。

2）服务层：对服务提供逻辑支持，如 IP 网络服务和云架构即服务（IaaS）。服务层包括以下要素：

- 在最终用户的设备上运行的网络软件；
- 由最终用户的无线服务提供商提供的 IP 网络服务；
- 虚拟专用网络（VPN）服务；
- IaaS 和任何支持 X 即服务（XaaS）相关的云用户软件（例如，负载均衡服务）。

3）应用层：集成使服务层提供服务的应用软件，所有软件都要有物理架构层元素的支持。应用层包括：

- 在最终用户的设备上运行的应用软件；
- 云消费者的应用软件、策略，以及由服务层 XaaS 提供的数据；
- VPN 和其他网络服务的集成。

架构中的每个网络元素和设备应该都有自己的性能度量指标（关键性能指标，KPI）。在服务层中，各项服务的提供者应该能够管理交付的服务质量。例如，企业 VPN 服务提供商通常会承诺在区分点之间服务的可用性、丢包、延迟、抖动等性能，而屏蔽企业客户操作使用 VPN 服务的复杂性。应用层终端用户体验的端到端服务是本章的重点。

10.2.1 通过三层模型估算服务缺陷

图 10.7 显示了在端到端的服务交付路径上，应用服务的缺陷是如何积累的。如式（10.1）所示（估算总的端到端服务缺陷），由最终用户体验的基本服务缺陷“X”（例如，典型的服务延迟）一般可估计为下列几项的总和：

1）客户端设备和应用的缺陷（例如 X_{Client}）

2）客户端设备的接入网络的缺陷（例如 X_{Access}）

3）WAN 和云服务提供商接入网络的缺陷（例如 X_{WAN}）

4）云用户使用的由不同云服务提供商提供的服务的缺陷，如 IaaS，负载均衡，数据库（例如 X_{XaaS}）

5）应用软件本身的缺陷（例如 X_{App}）。

$$X_{End2End} \approx X_{Client} + X_{Access} + X_{WAN} + X_{XaaS} + X_{App} \tag{10.1}$$

这种故障模型是可组合的，缺陷可以被分解为“白盒”组件缺陷或合并成“黑盒”组件缺陷。例如，无线访问（X_{Access}）的黑盒缺陷可以被分解成更小的黑

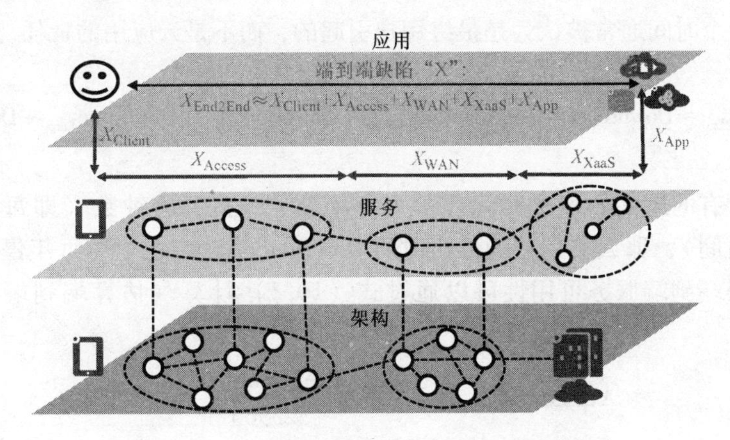

图 10.7　在三层结构模型中可能存在的服务缺陷

盒。更深层次的分析如图 10.8 所示，具体如下：

- $X_{AirInterface.}$ 在无线空中接口中的传播缺陷；
- $X_{BTS.}$ 无线基站缺陷；
- $X_{Backhaul.}$ 接入设备和设施的缺陷；
- $X_{WirelessGateway.}$ 无线运营商网络和互联网之间交互网关缺陷。

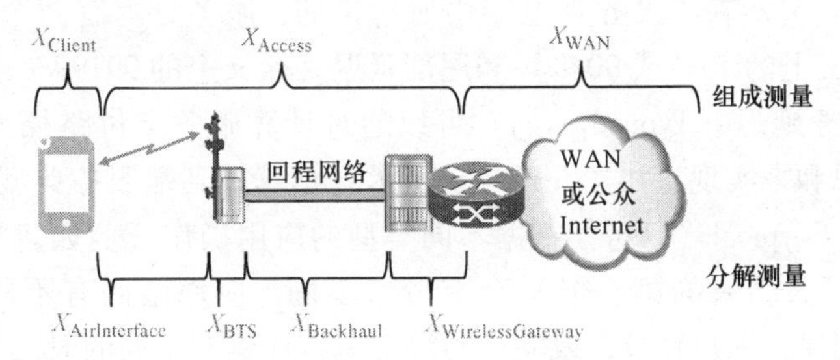

图 10.8　服务缺陷分解

这些缺陷可以进一步分解，如将 $X_{Backhaul}$ 缺陷细分为回程路径上的设备缺陷和物理传输线路上的传播延迟。同样，如果 IP 流量是在多个运营商间流动，那么 X_{WAN} 可以被分解为每个 IP 运营商的缺陷。

10.2.2　端到端服务可用性

正如在 2.5.1 节“服务可用性”中所讨论的，服务的可用性是由服务宕机时间决定的。当最终用户通过数据中心的一个特定的应用实例访问应用服务时，在端到端服务路径上的组件逻辑上被顺序排列。因此，每个组件服务的停机时间，逻辑上应被累加，如式（10.2）所示（端估算端到端服务停机时间）到端的服务停机时间的评估）。需要注意的是，不是所有的端到端的停机时间会被累加到应用。例如，如果由于电池耗尽导致最终用户的设备不可用，逻辑上 $Downtime_{Client}$ 是受影响的，但是这个时间通常被认为是最终用户引起的，而不是云应用的责任，因此可以排除。

$$\text{Downtime}_{\text{End2End}} \approx \text{Downtime}_{\text{Client}} + \text{Downtime}_{\text{Access}} + \text{Downtime}_{\text{WAN}} + \text{Downtime}_{\text{XaaS}} + \text{Downtime}_{\text{App}} \tag{10.2}$$

假设所有的组件的停机时间表示为每年服务停机的分钟数（即每个系统每年的停机时间），那么端到端的停机时间 $\text{Downtime}_{\text{End2End}}$ 将表示为每年停机的分钟数。这使得端到端服务可用性可以通过式（10.3）计算（估算端到端服务可用性）[⊖]：

$$\text{Availability}_{\text{End2End}} \approx \frac{525960 - \text{Downtime}_{\text{End2End}}}{525960} \tag{10.3}$$

如果主实例出现故障，高级的客户端应用和服务提供商操作可以使用户服务恢复到一个冗余的应用实例上，通常是在不同的可用区域域或数据中心。MP3 检测这些冗余应用实例的恢复操作性能，并通过客户端发起的恢复模型，评估多个冗余应用实例的服务可用性。

10.2.3 端到端服务延迟

正如在第 2.5.2 节“服务延迟”中所讨论的，服务延迟有两个关键的数字：典型延迟（名义上的 50% 或 90%）和尾部延迟（名义上的 99.99% 或 99.999%）。估算端到端服务延迟（$\text{Typical}_{\text{End2End}}$）可以通过计算服务交付路径上的典型延迟（$\text{Typical}_{\text{App}}$）总和来实现，如式（10.4）所示（估算端到端服务典型延迟）。应用程序服务延迟（$\text{Typical}_{\text{App}}$）可能根据不同类型的应用操作（例如建立呼叫，启动流电影，显示搜索结果的第一屏）会有较大不同。应用会因有不同的关键功能（例如账户的创建，用户登录，或完成购买交易）而具有不同的时延特征，可以单独测量和优化每一个指标。

$$\text{Typical}_{\text{End2End}} \approx \text{Typical}_{\text{Client}} + \text{Typical}_{\text{Access}} + \text{Typical}_{\text{WAN}} + \text{Typical}_{\text{XaaS}} + \text{Typical}_{\text{App}} \tag{10.4}$$

需要注意的是，最终用户的操作通常包括一个由用户发送的请求消息和一个来自应用的响应消息，所以端到端的服务延迟应该既要考虑从用户设备到应用的上行数据流，又要考虑从应用返回到用户设备的下行数据流。例如，无线网络和 xDSL 接入网络往往具有非对称特性，一般不能假定上行链路（即用户对云）服务延迟与下行链路（即云到用户）延迟相同。同样，WAN 流量往往是精心设计的，因此从 B 点到 A 点的数据流量不是 A 点到 B 点的数据流量的简单反转。

⊖ 525960 是年平均分钟数，这是按平均每年 365.25 天（考虑闰年和非闰年），平均每年，24 小时/天，60 分钟/小时，计算的结果。

尾部延迟的形状是由特定服务组件的吞吐量、工作负载、队列/调度机制和策略决定的。在端到端的服务交付路径上，这些特定服务、组件和设备的差异会产生不同的尾部形状。典型延迟是整个端到端的服务路径延迟的总和，尾部延迟在数学上只是端到端路径的总和，且尾部方差要关系独立。如果长尾部（即高方差）事件不是独立的，那么端到端的服务延迟尾部可能比数学上的取和要更差。带宽预留与常规操作（没有资源预留）相比可以减少尾部方差，因为预留使得沿路径的元素和设备风险最小化，不会出现因为资源带宽拥塞而让应用数据强迫在队列中等待的情况。

10.2.4　端到端服务可靠性

正如在第 2.5.3 节“服务可靠性”中所讨论的，可靠性服务清楚地表示了每百万（DPM）中产生的错误（即操作失败）。无线接入是可以有数据包丢失的，丢失率可以高到足以让超时和重试机制直接失败。发生在网络设备（如路由器）或设施故障（例如光纤断裂）和一些瞬态事件（如闪电），可使访问操作或 WAN 服务短暂中断，从而导致最终用户的事务处理或操作失败。幸运的是，强大的网络设备和设施可以及时恢复服务（例如切换到冗余部件或备用路径），这样稍后时间用户重试操作就会成功。值得注意的是，网络拥塞会造成数据包的延迟甚至丢包，影响终端用户的服务可靠性体验。不幸的是，由于无线接入退化和网络拥塞，对服务可靠性的影响可能会由于网络的利用率、无线传输路径和其他因素而不同，所以很难做出通用的服务可靠性评估。由端到端的服务路径中的每个组件引起的缺陷率可能会根据时间（例如流量负载的变化），无线设备的物理位置，以及其他因素的影响而变化。然而，式（10.5）（估算端到端服务缺陷率）给出了计算端到端服务可靠性的一个方法，这里：

- DPM_{App}表示应用稳定服务的可靠性。
- DPM_{XaaS}表示典型 XaaS 操作的增值服务可靠性。例如由于虚拟机的停机和暂停，导致的可靠性变化。
- DPM_{XaaS}可根据云服务提供商的策略和其他因素而变化。
- DPM_{Access}表示用户采用无线和有线接入网络的影响。
- $DPM_{NetworkFailures}$表示紧急网络故障事件的平均影响。
- $DPM_{NetworkTransients}$表示缓慢性和瞬态事件的平均影响。
- $DPM_{NetworkCongestion}$表示在网络接入和回程网络服务用户（假设它是不包括在$DPM_{NetworkTransients}$）中拥塞的平均影响。

$$DPM_{End2End} = DPM_{App} + DPM_{XaaS} + DPM_{Access} + DPM_{NetworkFailures} + DPM_{NetworkTransients} + DPM_{NetworkCongestion} \quad (10.5)$$

需要注意的是，通过将应用部署在多个云数据中心，服务的可靠性一般不会受到影响，因为通常用户设备只有发送每个请求给某一个数据中心的应用实例并等待该应用的响应。从理论上讲，用户的设备可以启动发送并行冗余请求到不同的云数据中心，但目前罕有这样的设计。

10.2.5 端到端服务可访问性

正如第2.5.4节“服务可访问性”中所讨论的，服务的可访问性是任意一个终端用户能够成功地完成应用服务访问的概率，例如在最大可接受时间内登录一个安全服务，开启一个流媒体电影或建立一个语音或视频呼叫。这些复杂的操作，通常需要整个服务交付路径的高可用，以及支持应用操作服务的高可靠。如式(10.6)所示（估算端到端服务可访问性），可访问性[㊀]的故障率（即无法达到）可以通过对端到端不可用率与所有请求操作的故障率求和来计算。

$$\text{InaccessibilityDPM}_{\text{End2End}} \approx \text{UnavailabilityDPM}_{\text{End2End}} + \sum_{\text{RequiredActions}} (\text{DPM}_{\text{App}} + \text{DPM}_{\text{XaaS}}) \quad (10.6)$$

与服务可用性类似，服务可访问性可以通过在WAN上部署冗余应用实例得到改进。评估冗余应用实例的可访问性必须考虑客户端应用程序的自动故障检测和恢复的结构和性能。如果这个机制足够快，那么主应用实例不可用是可以被检测到的，如果服务被恢复到冗余应用实例足够快，那么终端用户就感觉不到主应用实例的访问已经失败。更多的时候，主应用实例失败会导致客户端首先访问失败，这会触发客户端将未来新的请求发送给冗余应用实例。当最终用户再次重试之前失败的操作，客户端发送请求到一个冗余的应用实例，请求随即成功。如果客户端无法从失败的主应用实例切换走（例如因为没有冗余的应用实例配置），那么所有的服务访问请求都会失败（实际为不可用），直到主应用实例重新恢复服务。

10.2.6 端到端服务可维持性

正如第2.5.5节“服务可维持性”所讨论的，服务的可维持性是一个最终用户的服务会话（例如，流媒体电影，电话和在线游戏）能够连续提供可接受的服务质量，直到会话正常终止（即电影或游戏结束和用户电话断开）的概率。服务的可维持性故障可能是由以下原因引起的：

1）单一的接入网络组件故障。

2）在服务交付路径上，组件缓慢自动恢复。例如，如果视频流冻结或电话沉默几秒钟以上，大多数用户会放弃会话并重新打开电影或重拨电话，而不是等待几十秒或几分钟时间等其慢慢恢复。如果用户没有取消会话或放弃这种缓慢的会话，理想的话，该服务将自动在会话丢失的地方开始重新建立会话，所以用户不必手动

㊀ 可访问性可以表示为：DPM乘以不可用百分比（例如，99.999%可用，则0.001%不可用）乘以10000（即，0.001%不可用变成10DPM）。

寻求断开点来恢复会话。

3）在服务交付路径上组件自动恢复失败，例如由于冗余组件会话数据的丢失或不一致。

服务的可维持性故障可以通过式（10.7）（估算端到端服务可维持性），对每个用户会话的可维持性故障率求和来计算。

$$DPM_{End2End} \approx DPM_{App} + DPM_{XaaS} + DPM_{Access} + DPM_{NetworkFailures} + DPM_{NetworkTransients} + DPM_{NetworkCongestion} \quad (10.7)$$

服务的可维持性通常用来表示一个应用实例中的冗余度。当服务恢复到一个不同的（例如，地理冗余）应用实例，那么一些用户会话会被影响，因为动态变化的会话数据通常不能在两个不同的实例之间复制。

10.2.7　端到端服务吞吐量

正如在2.5.6节“服务吞吐量”中所讨论的，应用服务吞吐量不是一种“端到端”的度量指标，因为它表示的是提供给所有用户的总吞吐量。提供给最终用户的可用吞吐量通常是端到端服务路径的最低保证服务的吞吐量。作为一个实际问题，最终用户服务的吞吐量往往有限的，会受到接入网络（如无线）和用户终端设备的限制。

10.2.8　端到端服务时间戳精度

时间戳精度（第2.5.7节）一般不是端到端的能够代表终端用户服务质量体验的测量值，因为用户通常从应用或他们的终端设备上查看时间戳，大多数用户不会期望设备和通用时间之间精确时间同步。此外，绝对的服务时间戳（例如，什么时间一个事务被执行）也是相对隐式的，被认为是相对于服务器的时间参考框架，而不是客户端的。当服务器的时间参考框架和客户端的参考框架大致同步时，很少有用户设备再会试图报告他们的本地参考时间，且精度不会超过秒。

10.2.9　现实检查

三层模型和简化的端到端的故障估算是帮助理解和分析的故障的有效工具，但它们不是端到端服务交付路径上KQI和KPI的替代。端到端的观点是将云相关故障作为环境因素。例如，虚拟化架构的时钟抖动事件对用户服务的影响（第4.6节“时钟事件抖动”）可能与用户无线接入网络引起的抖动或是通过线缆接入网络的端到端抖动类似。因此，云消费者应该更多地考虑最终用户在他们设备上的服务体验，专注于减少服务缺陷，因为这最可能影响最终用户的服务体验。

10.3 分布式和集中式的云数据中心

正如图10.4所示，许多基于云的应用很有可能部署到多个数据中心。

- 通过减少托管应用的数据中心与最终用户之间的IP包传输时延，来降低最终用户的服务延迟；
- 提高对灾难性事件的弹性服务能力（具体细节见10.5节“灾难恢复”）。

一旦决定将应用实例部署到多个数据中心（这些数据中心为了业务的持续和灾后恢复会保持地理上的分离），必须在策略上做出平衡考虑：如果将目标应用部署到少数的大区域云数据中心，这些数据中心可能会离最终用户比较远，如果部署到大量小的分布式云数据中心，它们可能在地理上接近更多的最终用户。这一节讨论了是将数据部署到更多的小规模云数据中心还是部署到数量少的大规模云数据中心的利弊。10.3.1节“集中式云数据中心”，介绍了大规模区域性数据中心。10.3.2节“分布式云数据中心”，讨论了小规模的云数据中心。

10.3.1 集中式云数据中心

为了减少操作上的开销，云服务提供商创建了少量仓库规模的集中式云数据中心，这些中心有能力服务比较大的地理区域。这些大规模数据中心不再是由成排成架的计算机设备构成，而是装满计算机设备的集装箱。数以千计的服务器已经在工厂里提前安装好了，所以这些集装箱在云数据中心可以很容易运输和安装。

仓库规模的数据中心通常会有到多个互联网服务提供商（ISP）骨干网络的高效、便捷的连接链路，从而确保大量的用户所产生的巨大流量能够加载到数据中心。在“大云”中，只使用少量的仓库规模的云数据中心，终端用户的数据流量通过无线或者有线设备，经过网络到达它们的ISP核心网络。如图10.9所示，在许多情况下，流量会经由一个比较长的传输网络，可能还会经过多个ISP网络，才能到达一个由特定云服务提供商管理的集中式数据中心。

10.3.2 分布式云数据中心

逻辑上可选择的少量仓库规模的集中式云数据中心，是由许多略小的分布式云数据中心（如图10.10所示）组成。云数据中心被部署到了最接近最终用户的网络的边界，甚至可能是在终止ISP访问的办公室里，或是与无线基站集成在一起。在分布式云的情况下，大部分用户能够从安装在他们当地办公室中的云计算资源或者ISP城域网（MAN）的数据中心获取服务，这样，他们的IP流量不必通过广域网（WAN）。这既减少了传输设备的物理距离（例如光纤的长度）又削减了传输、路由和安全设备，而这些都是IP流量需要经过的，这因此也减少了端到端服务的延迟。需要注意的是，这虽然减少了端对端IP流量的延迟，但当一个用户通过有

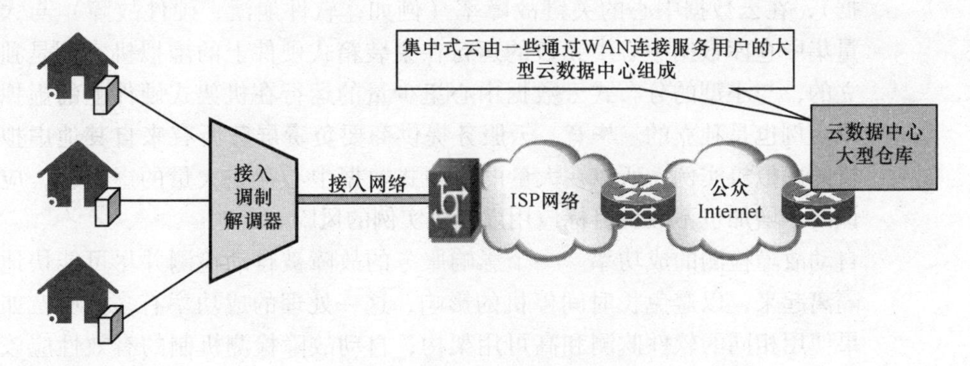

图 10.9　集中式云数据中心场景

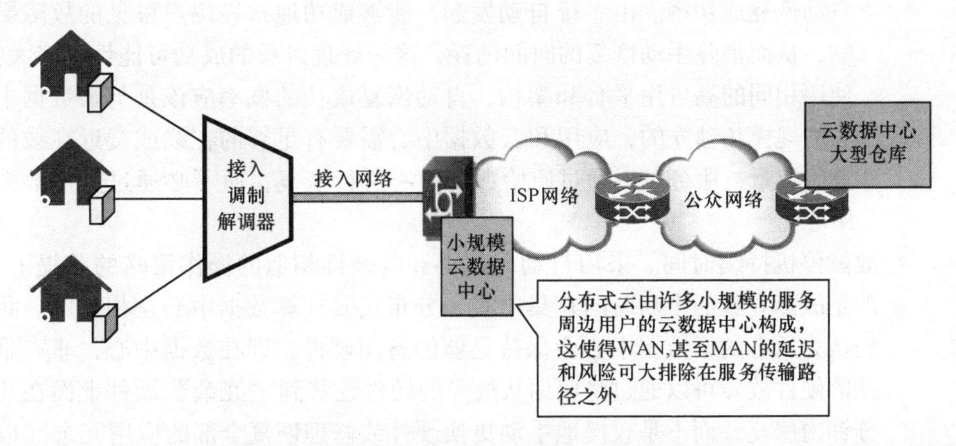

图 10.10　分布式云数据中心场景

线连接网络时，减少的 WAN 延迟可能比无线访问的延迟要小。本地分布式云数据中心能够节省 WAN 带宽，并通过将数据存储到就近能用到的地方来降低延迟。

对于分布式数据中心通过无线 IP 进行访问，可以将小型分布式云数据中心向无线网络的边界推动。应用可以从部署到多个本地数据中心获得好处，例如一个内容传送网络（CDN），可以缓存最终用户的内容，因为这样既减少了互联网接入服务提供商的广域网传输，又改善了最终用户的体验。

10.3.3　服务可用性考虑

参见第 10.2.2 节“端到端服务可用性”中的式（10.2），服务可用性问题是：消除服务交付路径上的 WAN 抵消了分布式数据中心的可用性，那么，分布式数据中心有没有可能增加停机时间？让我们仔细考虑一下驱动服务可用性的因素（在第 5 章“应用冗余和云计算”中介绍）：

- 停机率。停机率是下列因素的函数：
  - 关键故障率。影响服务的故障事件的发生频率如何？我们假设（无数据），在云数据中心的关键故障率（例如，软件崩溃、硬件故障）与大量集中仓库数据中心中无数的运行在集装箱式硬件上的虚拟机实例是独立的，与小型的分布式云数据中心里少量的运行在机架式硬件上的虚拟机实例也是独立的。毕竟，云服务提供商要负责屏蔽所有来自其他虚拟机的虚拟机实例，所以在大量的集中式数据中心存在大量的虚拟机，应该既不增加也不减少目标应用虚拟机实例的风险。

- ○ 自动故障检测的成功率。一个影响服务的故障被自动检测并尽可能快地隔离起来，以避免长时间停机的影响，这一处理的成功率有多大呢？如果使用相同的软件监测和高可用架构，自动故障检测机制的有效性应该与云数据中心的规模独立。
- ○ 自动恢复成功率。由系统自动发起，能够成功地减轻用户可见的故障影响，从而消除手动恢复的时间消耗，这一处理过程的成功可能性有多大？使用相同的高可用平台和架构，自动恢复成功的概率应该是与云数据中心的规模相独立的，应用和云数据中心需要有足够的在线或接近在线的空闲容量，服务可以通过原始数据中心进行恢复，而不必通过其他数据中心。

- 故障停机持续时间。采用自动化水平和复杂性相似的操作策略的前提下，严重故障导致的中断时间在集中式和分布式云计算数据中心是相当的。我们认为所有的云数据中心会保持足够的备用硬件，即在数据中心，非灾难性的硬件故障可以通过将应用从故障的硬件迁移到“冗余”硬件上而在几分钟内修复，而不是较慢地手动更换硬件或修理恢复全部的应用冗余（以降低单一暴露风险）。如果在当地的云数据中心中不包括足够的备用在线服务容量，恢复流量需要转移到另一个数据中心可能会有额外的延迟。中断持续时间真正的区别在于，出现以下情况——在线冗余不足、远程访问不可用或者过多的手动排除故障需求，修复操作需要复位电路板或是需要替换一个故障的可更换（硬件）单元（FRU）。健壮的虚拟化/虚拟化管理平台、硬件管理架构和充足的在线/附近在线冗余硬件容量，应该能使人工手动恢复操作（vs. 非紧急修复操作）彻底为零。
- 故障停机影响程度。服务中断的业务影响程度（如影响用户的数量）通常是非线性的。毫无疑问，服务供应商非常渴望可以有效地减少风险，因为停机事件的影响足够上新闻或是引起股票价格波动，他们也非常期望能够降低具有重大影响的单个事件的风险。更多部署在小型云数据中心的小应用实例，本身停机事件的风险很小，也不会触发内外部关注。

幸运的是，发生在小型本地数据中心的应用服务中断事件，对用户的影响应该不会超出当地附近地域范围。相比之下，在一个大型的仓库规模数据中心，一个区域应用实例的故障影响可能会潜在地波及大量的用户，更有可能招致应用服务提供商引起负面关注。

10.3.4　服务延迟考虑

比起通过城域网和广域网访问的区域仓库规模的云数据中心，连接到用户接入网络的分布式云数据中心有以下固有的服务质量和延迟优势：

- 更少的单向服务延迟。物理上远离数据中心的用户可能会经历更高的服务延迟，可归因于以下两方面：
  - 传输延迟。光速传播 1km 需要超过 5μs，在用户设备和云计算数据中心之间进行数据传输必定需要累积光纤、同轴电缆、双绞线或者空气的传输延迟。
  - 设备延迟。用户的设备和应用之间传输路径上的每个路由器、交换机、中继器和其他设备都会增加数据包分组的延迟。
- 小的抖动消除缓冲区是可行的。客户端和服务器通常有抖动消除缓冲区，可为流媒体等掩盖网络拥堵和其他不利因素的影响。将数据中心部署在物理上接近最终用户的地点，可以使小抖动消除缓冲区成为可能，因为很少有抖动被引入到端到端路径中，原因如下：
  - IP 包很少会通过不同的路由跨越终端用户和应用实例之间的广域网，从而经历不同的传输延迟。
  - 很少需要包重排。经过消除城域网与广域网设备和设施后，降低了单个 IP 数据包采取不同路由的风险，从而能够按序到达。
  - 很少的包抖动。IP 流量很少流经拥塞点（需要排队，从而引入包抖动）。

值得注意的是，使用分布式云数据中心，物理上更接近最终用户，单向传输延迟可能比最终用户的无线接入延迟还要小。

10.3.5　服务可靠性考虑

服务可靠性缺陷通常源于以下原因：

- 准关键应用软件故障。软件漏洞，缓冲区溢出，关键资源争用，应用程序切换或类似的事件会导致单一的服务请求失败。我们假设（没有数据），在一个特定的应用实例中，应用的服务可靠性（DPM）是独立于规模的（如虚拟机实例的数量）。这意味着事务处理的失败率是独立的，不管是服务于大量的活跃用户（如数万或数十万）的大型应用实例（如 100 个虚拟机），或是一个服务于少量的活跃用户（如数十到数百）的小应用实例（例如 3 个虚拟机）。
- 网络故障和缺陷。包丢失、延迟和其他需要花费时间去检测和恢复的故障，都会增加超过最大可接受的服务等待时间的风险，一旦超过最大可接受的服务等待时间，操作将被视为失败，从而影响服务的可靠性指标。越多的网络设施（如光纤的长度）和更多的网络元素（如路由器和安全设备），事务延迟超过最大可接受服务延迟的可能性就越大。

因此，路途遥远的区域数据中心，由于广域网设备和设施的损耗，其端到端服务可靠性可能略差于本地数据中心。

10.3.6 服务可访问性考虑

对于部署到本地分布式数据中心的应用程序，端到端服务的可访问性应该稍微好些，因为端到端服务不会受到广域网（或者城域网）的影响。

10.3.7 服务可维持性考虑

对于部署到本地分布式数据中心的应用程序，端到端服务的可维持性应该更好，因为服务传递的路径不包括广域网（或者城域网）的网络设备和设施，从而可以明显降低服务受其故障影响的风险。

10.3.8 资源分配考虑

云数据中心的规模会影响资源分配的概率，即云用户请求的资源被“库存”在数据中心，而不是依据增长需要执行资源分配。四种资源是由 IaaS 提供商（计算处理，非持久性存储，持久性存储和网络）提供的，其中三种资源——计算处理、内存和网络——本质上是可互换的，所以在选择特定的资源分配给特定应用程序时是灵活的，因为相同配置的资源基本上可以互换。相反，分配的持久性存储往往是不可替代的，因为应用程序的用户数据不能与另一个应用程序互换，而一个用户的数据也通常是不能与其他用户互换。一个简单的例子是电子邮件或语音邮件。用户需要访问个人邮箱，毕竟，成功地连接到电子邮件或语音邮件系统却收到“你的邮箱当前不可用”的通知，不是一个令人满意的用户体验。因此，服务的可用性要求有合适的可替代的计算处理，内存和网络资源，以及能够正确地提供用户请求服务的不可替代的持久性存储。

持久性存储的大小，会间接影响数据的机动性和可达性。虽然它下载并缓存比较小的用户特定数据（例如，用户配置文件信息）到一个不同的数据中心是可行的，但下载数千兆字节数据库到另一个云数据中心并不可行。因此，对于以数据为中心的应用程序，配置可替代的计算处理、内存和大量的网络资源以及不可替代（不易移动）的持久性存储通常是最实用的，而带有少量面向特定用户的持久性存储的应用，可以被放到最便捷的数据中心。配置持久性数据、计算处理资源和存储资源的方法，是部署一个多层次的解决方案架构，这将在 10.4 节“多层次解决方案架构”中讨论。

10.4　多层解决方案架构

第10.1节"端到端服务环境"中讨论了一个简单的解决方案架构，其中所有应用服务器组件和数据被配置在一个单一的数据中心，这样用户的服务请求会从用户的设备传送到单一的数据中心并反馈回来。许多解决方案的部署需要更复杂的架构，这依赖于服务路径上的两层以上的数据中心的支持。例如，企业可能依赖于一个在公共云中的计算资源直接服务于最终用户，但也保留企业数据在一个私有数据中心。在这种情况下，端到端的服务路径将从最终用户设备通过接入网络和广域网一直到公共云数据中心（Ⅰ级，应用程序驻留），然后再通过接入网和广域网一直到私有云的数据中心（Ⅱ级，企业数据驻留）。

在两层结构中，端到端服务交付路径可以逻辑上被建模为：在第10.1节"端到端服务环境"中的端到端模型中，增加接入网络、广域网和第二数据中心。图10.11显示了一个简单的两层配置。从逻辑上讲，通过以下三项，对端到端路径进行扩展。

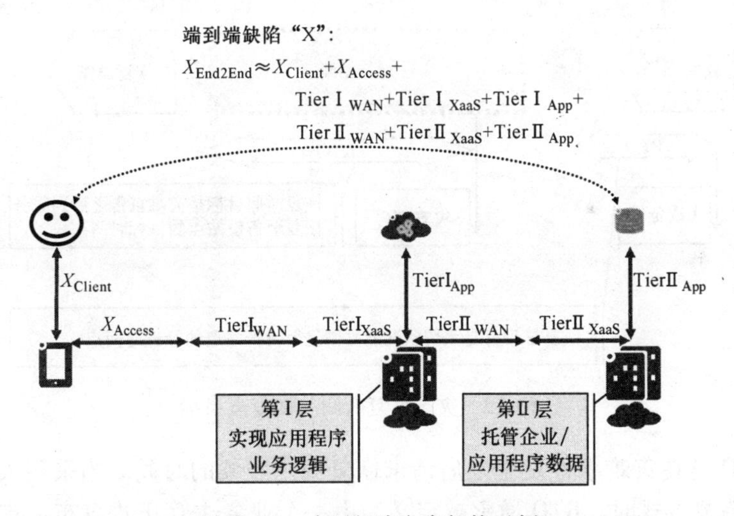

图10.11　多层解决方案架构示例

- Tier II_{WAN}表示第一层与第二层数据中心之间的网络
- Tier II_{XaaS}表示第二数据中心的云架构服务
- $\text{Tier II}_{App.}$表示第二层数据中心中的应用（例如数据库服务器）

端到端服务的可用性，延迟，可靠性，可访问性，可维持性，时间戳精确度和吞吐量（在第10.2.2～10.2.7节已讨论）应该是与额外增加的网络接入，广域网和数据中心有相同的缺陷。

10.5 灾难恢复与地理冗余

灾难恢复计划描述了在灾难事件（如地震或火灾，那会使数据中心无法使用）之后，关键业务服务如何恢复。灾难恢复时间目标（RTO）和恢复点目标（RPO）是用于灾难恢复的 KQI，将在 10.5.1 节讨论。地理冗余架构将在 10.5.2 节讨论，地理冗余的服务质量考虑将在 10.5.3 节讨论。为确保能满足 RPO，架构的考虑覆盖了整个 10.5.4 节。可用区域域和灾难恢复将会在 10.5.5 节讨论。值得注意的是，在第Ⅲ部分给出了两种灾难恢复的分析方法：15.8 节“恢复点目标分析”，15.9 节“恢复时间目标分析”。

10.5.1 灾难恢复目标

最佳的实践和可信的做法是企业建立业务连续性计划，以保证关键业务系统和数据在灾害或灾难事件导致数据中心不可用后，可以进行恢复。对于信息系统，业务连续性可以通过两个关键性能指标来定义，如图 10.12 所示：

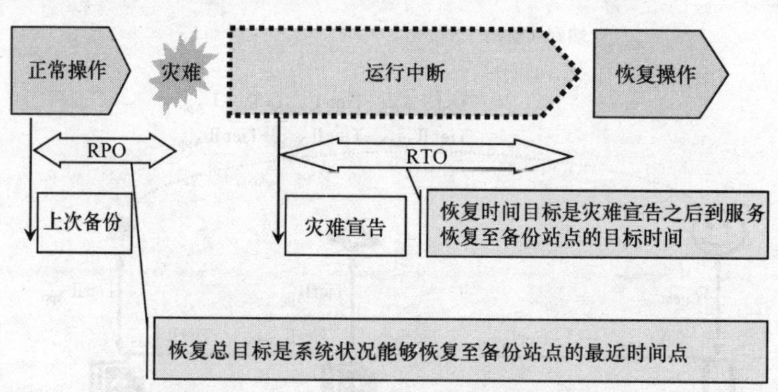

图 10.12 灾难恢复时间与恢复点目标

- RTO 是在灾难事件发生之后请求恢复用户服务的时间。当采用人工启动灾难恢复方式时，RTO 通常被定义为由一个业务主管正式宣布灾难发生，然后灾难恢复计划正式启动，直到特定的一部分用户（例如，90%）已恢复服务的时间。当采用自动灾难恢复启动方式时，RTO 被定义为从用户服务遭受灾害事件影响开始，到特定的一部分用户服务得到恢复的时间。传统上，RTO 目标以小时和天为单位进行计量，但许多关键系统要求 RTO 目标按分钟计算。
- RPO 是变化的数据量，因为当服务从离线数据（如备份、镜像和复制）恢复过来时，数据可能会丢失。例如，如果数据库每隔 15min 将更改的数据复制到一个地理上遥远的数据中心，那么 RPO 应该大约 15min，因为只有多于15min的数据（在最后一次备份和灾难事件之间）更改可能会丢失（在第15.8节“恢复点目标分析”，可以看到一个糟糕情况的例子）。不同的应用有不同的RPO目标。例如，灾难恢复中失去24小时的社交网络更新可能是可以接受的，失去24小时销售，库存变化或金融交易数据，可能会损害企业在灾难事件之后的生存能力。

无论如何，定期测试和实践灾难恢复机制是非常重要的，尤其对于重要应用，必须确保恢复过程被很好地理解和改正，恢复目标可以达到。

10.5.2 地理冗余架构

传统的高可用架构可以精细地管理一个逻辑系统中的冗余资源，以减少常规（单个节点）故障事件的影响，但是灾难事件可能同时影响单个系统实例里的多个组件。例如一个灾难性事件可能影响或者毁坏了一个数据中心，可能使单个的应用实例丧失了减轻用户服务影响的能力。为了减轻这些类事件的影响，一个完全独立的系统实例应部署在地理上较远的地点，可以用来在灾难发生时恢复受影响的流量。

地理冗余架构的特点是将完全独立的应用实例部署于地理上较远的地点，以保持灾难事件发生后业务的连续性。在发生灾难时（如地震和火灾），用户流量自动或手动地改到地理冗余地点，从而使服务能够继续下去。地理冗余恢复通常有一个比传统冗余架构更长的RTO和RPO。通常是在常规的冗余不能用时，地理冗余才会用到。

以下是通过地理冗余恢复受影响的终端设备的三个基本策略：

- 手动激活的地理冗余恢复。传统的灾难恢复计划通过相关部门作出正式的灾难声明后手动激活。
- 服务器驱动的地理冗余恢复。地理冗余应用（服务器）实例互相检测。如果正常运行的服务器在一个特定的应用上不能访问了，那么地理冗余应用实例会自动的来接管用户的服务。
- 用户发起的地理冗余恢复。应用的客户端实例能够控制使用哪一个应用服务器实例。如果一个个单独的客户端实例认为选定的服务器不能够访问，那么它会挑选和连接一个备用的应用服务实例。

以上这三个策略，有不同的操作步骤。手动激活地理冗余备份策略一般具有最明确的可见性和可控制性，相反，客户端发起的地理冗余恢复策略具有最少的显式可见性和可控制性。

10.5.3 服务质量考虑

图10.13显示了一个地理冗余恢复的简单实例。这里，客户端设备和客户的接入网络保持不变，灾难恢复机制替换了WAN，XaaS接入网，以及主应用实例与

WAN，XaaS 接入网的架构，还有到另一个替换应用实例的架构。由于客户端设备通常会指派到物理上最近的数据中心，那些拥有备用应用实例的数据中心可能在地理上与终端用户有着更远的距离，所以，广域网的损耗，特别是延迟，对于用户来说比备用应用实例提供的服务延迟要更大。对 XaaS 接入网络和架构替换的损耗可能因服务提供商的不同而不同。当相同的 XaaS 提供商同时使用了主用和备用的云数据中心，那么提供商的服务质量缺陷可能相同。但是如果不同的 XaaS 服务提供商或者不同的服务提供者，它们的服务质量缺陷是不同的。同样，如果两个应用的配置和工作负载具有可比性，替代应用实例服务缺陷应该类似于主实例服务缺陷。需要注意的是，当终端用户正在恢复到备用点时，用户服务会因为极端重的负载（例如由于需要在备用站点重新注册）可能暂时退化，所以应该在稳定运行期间比较主用和备用之间的服务质量缺陷（例如服务恢复操作已完成）。

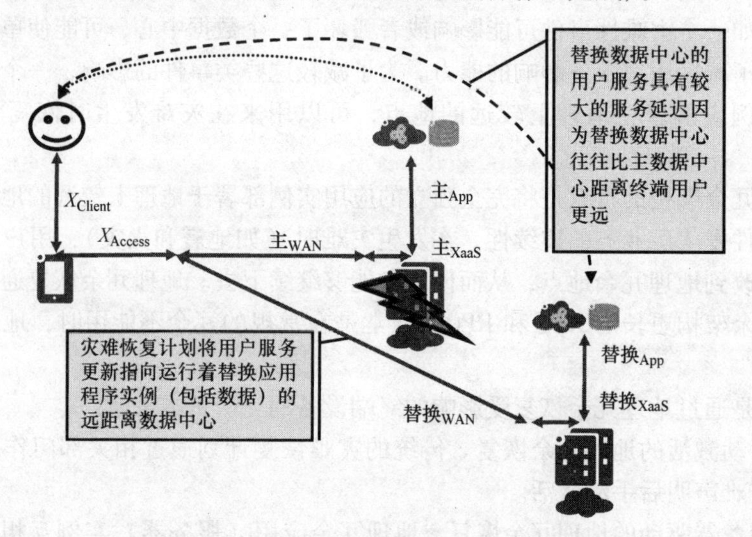

图 10.13 地理冗余的服务缺陷模型

10.5.4 恢复点考虑

由于成本和性能原因，动态应用和状态信息通常不通过 WAN 在地理冗余应用实例之间进行复制。幸运的是，在地理冗余（灾难）恢复方面，许多应用和用户会容忍数据波动较大的损失和部分的永久数据的损失。地理冗余服务恢复通常比传统冗余或并发冗余恢复的冗余架构有更多用户可见的影响。从最终用户的角度来看，对大多数故障事件，传统的高可用或冗余计算策略比地理冗余更受欢迎，包括那些与虚拟机有关的故障，特别是跟状态相关的应用。因为损失一些易失性数据，它们可能经历更大的服务中断。然而，地理冗余是一种常见的策略，能够非常有效地减轻灾难性事件的影响，包括全部的物理损失或是严重的网络资源退化等。

普通的数据复制策略如下：

- 主备之间同步数据复制：数据的变化，特别是挥发性数据（如状态数据）的变化，在主备之间是完全同步的。这意味着，请求不会被应用实例执行，直到成功地执行了数据的复制。
- 主备之间异步数据复制：在数据发生变化之后，更改的数据要在主备之间复制。不管主服务器的数据如何因为客户端请求而发生更改，主服务器向备用服务器发送更新，以便如果主服务器失效，备用服务器能够立刻接管服务并保持活动的请求。通常，主服务器会一直等待，直到请求已经达到一个相对稳定的状态或者在备份请求的状态数据之前，请求的长度已经超出了阈值。
- 数据存储在客户端：用户数据（如状态和上下文信息）被储存在客户端本身，所以如果主服务器失败，那么客户端会明确发出正确的数据到备份的服务器实例。如果客户端和服务器的接口是 HTTP（如 Web 服务器），那么服务器可以用 cookies 在客户端储存和找回数据（假设数据本身是被正确复制并且由服务器实例所共享）。
- 数据备份到网络存储：持久性数据可以备份到远程网络存储设备。可能会有从网络备份启动恢复的一个小的延迟，但网络存储设备的带宽将限制整个数据集被下载的速度，从而限制了 RTO。使用网络存储设备，备份可以更频繁，如每小时一次，对于某些应用程序，这足够快地支持了不稳定数据。
- 数据备份到物理介质：持久性数据的备份是周期性的（通常每天一次），存储在物理备份媒体。备份应在一个较远的地方，这样如果主服务器由于灾害而损失，数据仍然可以在另一个地点恢复。由于备份在物理媒介，本质上再从物理备份媒介传送到目标系统时会有延迟。
- 不备份：不稳定的数据不会被复制、同步或全部备份。对于应用，这一点是被普遍接受的，即过程短暂的请求可以重试，例如打印服务器的打印工作。备份所有的打印工作虽然在理论上是可能的，但其暂态特性和印刷过程本身的整体不可靠性（如卡纸和图像质量问题），意味着用户需要随时准备重新提交失败的任务或放弃打印任务，而不是期待那些任务从备份中恢复。

第 15.8 节“恢复点目标分析”给出了在设计一个应用程序的数据复制架构时非常有用的方法。

10.5.5　地理冗余和可用区域减轻灾难的影响

不可抗力事件（如飓风、地震、火灾）或灾变性事件（例如负载平衡配置错误）会影响在该物理区域内某些或所有的架构和设备。通过实施灾难恢复计划可以减轻灾难风险，将服务恢复到一个足够远，又有足够的资源的可替换的数据中心。可用区域是一个略轻的灾难恢复选择，是数据中心架构中完全独立的“分区”，被保存在一个单独的区域。通过在各自独立的分区中创建和维护独立的应用实例，应用可以控制严重的故障，不管可用区域是集中式的还是地理上分散在几个区域。理论上，火灾或类似事件的影响应该被限制在一个单一的可用区域域。然而，真正的不可抗力事件，如地震，可能会影响一个单一的数据中心的多个可用区域。因此，为了灾难恢复和业务连续性，企业应仔细权衡风险：是依靠处于同一地域的彼此隔离的可用区域，还是选择更多地分散在多个地域的地理冗余。

Ⅲ 建议

本部分包括以下内容：

- 第11章“服务质量的问责”，应用程序的面向资源服务边界对于架构和传统部署模式有所不同。本章系统地回顾了云部署的角色，职责和问责。
- 第12章“服务可用性度量”，最终用户可能期望基于云的应用和传统上部署的应用程序提供相同的服务质量。本章介绍的传统服务可用性度量可以应用于云部署。
- 第13章“应用程序服务质量需求”，严谨的体系，设计，和验证需要明确的和量化的服务质量要求，系统的分析和试验可以验证应用程序的面向用户服务期望是始终可以满足的、可行的和可能的。本章提供了基于云的应用程序服务质量需求的例子。
- 第14章“虚拟化架构度量与管理”，本章回顾了质量度量的机制，是由架构通过应用程序的面向资源服务边界传递的。本章同时介绍了减少虚拟化缺陷的高层策略。
- 第15章“基于云的应用程序分析”，本章介绍一套在应用程序设计期间能够严格识别和减轻服务质量风险的分析技术。
- 第16章“测试注意事项”，本章考虑基于云的应用程序测试，以确保服务质量的期望能够始终被满足，尽管虚拟化架构的缺陷不可避免。
- 第17章“关键点连接与总结”，本章讨论了如何在新的和演化的应用程序中使用第Ⅲ部分的建议。

第 11 章　服务质量问责

云消费者、云服务提供商、供应商以及最终用户，都希望能够最快最有效地解决服务中出现的缺陷或故障。快速有效的问题解决方法，需要迅速而精准地找出该问题的归属，这样能够查明真正的根本原因并且采取有效的纠正措施。相对于传统的资源配置，云部署能够巧妙地转换角色、职责和问责，因此，为了避免服务供应链中职责与问责差异问题的出现，需要对角色提前进行改进，重新考虑这一点的意义是非常重要的。本章中，在回顾传统部署问责机制的基础上，分析了云服务方式是如何影响那些传统问责机制的。

11.1　传统的问责

应用服务运行中断或出现其他缺陷的原因，通常可分为三大类：

1）归因于产品（或供应商）引起的中断，[TL_9000] 对其定义为“一种由于以下原因所引发的运行中断：

a. 系统的设计、硬件、软件、组件或系统中其他部分；

b. 系统的设计使得检修停机成为必需；

c. 由供应商执行或规定的支持活动，包括文件、训练、管理、命令、安装、维护、技术支持、软件或硬件的更换活动等；

d. 供应商所造成的程序上的错误；

e. 系统没能够提供必要信息进行最终根本原因的推断；

f. 以上的一个或多个”。

2）可归因于用户引起的中断，[TL_9000] 将其定义为“一种中断，主要归因于用户的设备或支持活动，由以下几点原因引发：

a. 用户程序上的错误；

b. 办公环境，例如功率、电流、接地、温度、湿度或安全性问题；

c. 以上一个或多个”。

3）可归因于外部原因导致的中断，[TL_9000] 将其定义为“由于自然灾害，例如龙卷风或洪水造成的中断，或者由与用户或供应商无关的第三方造成的中断，例如商业供电中断，承包商没有按供应商或用户的意图工作。”

服务质量缺陷问责是相对直接的。问题是由产品的供应商，客户（例如购买并操作设备的 IT 组织），或外部因素，都超出了供应商或是用户的控制范围。图 11.1展示了传统问责机制，依据扩展的 8i + 2d（8 个因素 + 数据 + 灾难）模型对这些中断原因进行了说明（参见［Bauer2］中关于扩展的 8i 模型的全面描述）。

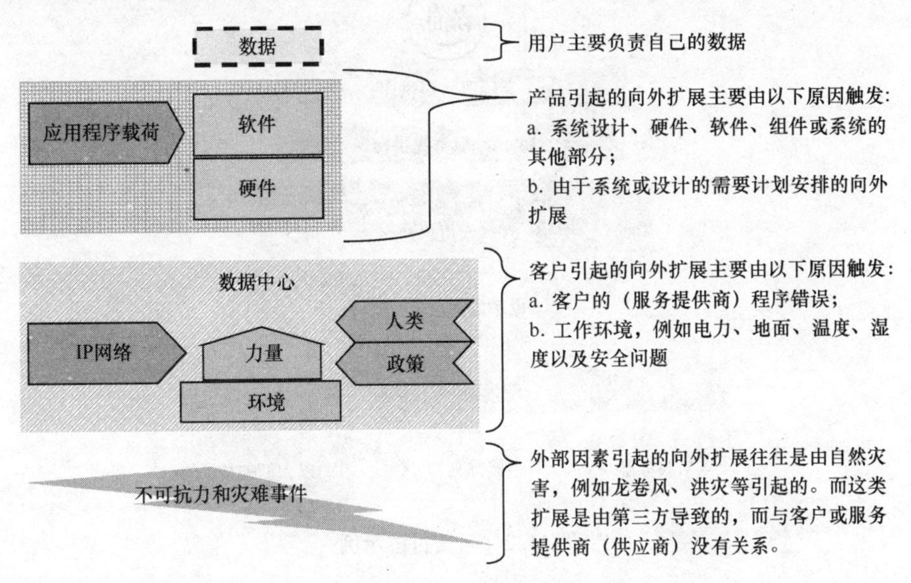

图 11.1　传统的三方问责划分：供应商、客户、外部因素

11.2　云服务交付路径

云计算通过明确地解耦应用软件与物理计算资源、内存、存储和网络架构，影响了第 11.1 节中的传统问责模型。问责被进一步混淆，应用的“客户”（应用供应商的客户，不是应用的最终用户），也会消费架构即服务（IaaS）和云服务供应商提供的其他服务（例如数据库即服务）。反过来，云服务提供商是架构设备供应商的客户。这种云用户和云服务提供商之间的传统的服务边界，以及云架构和平台服务之间的边界，增加了接口故障和问责失败的风险。

图 11.2 表示了简化的基于云应用的关键服务路径。在这种情况下，云消费者提供电子邮件服务给最终用户。云用户从供应商那里购买电子邮件应用软件，然后在虚拟机实例和虚拟化存储中进行配置。这些虚拟机实例和虚拟化存储是由云用户选择的 IaaS 提供商提供的。IaaS 提供商的服务在物理上是通过虚拟机服务器、存储阵列、以太网架构和 IaaS 提供商从设备提供商获得的其他设备来实现的。一些电子邮件服务的最终用户，访问云消费者的电子邮件应用实例，是通过无线服务供应商和一个或多个互联网服务供应商来实现的，它们在最终用户设备和云服务提供商的数据中心之间提供 IP 流量，而数据中心安装了云用户的应用软件实例。

图 11.2 的服务交付路径的例子可以概括为图 11.3。有七个逻辑服务边界在图 11.3 中，三个是产品/设备/应用程序供应商与拥有和操作这些产品的客户之间的边界，其他四个是服务消费者和服务提供者之间的边界。三个产品供应商与客户的

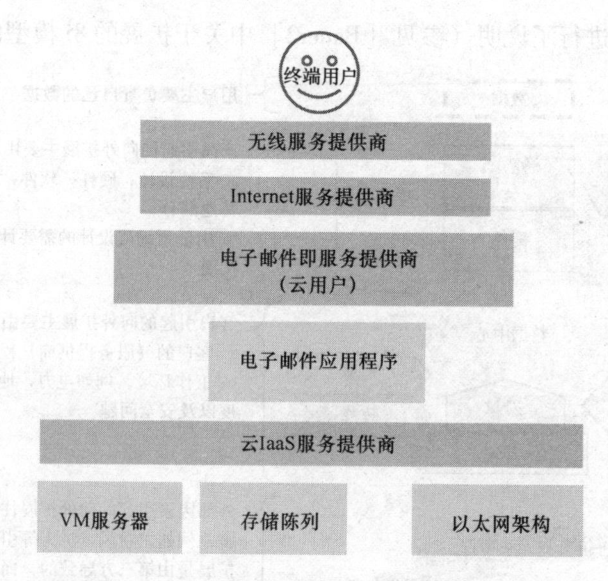

图 11.2 云交付链示例

接口（在图 11.3 中用虚线表示）如下：

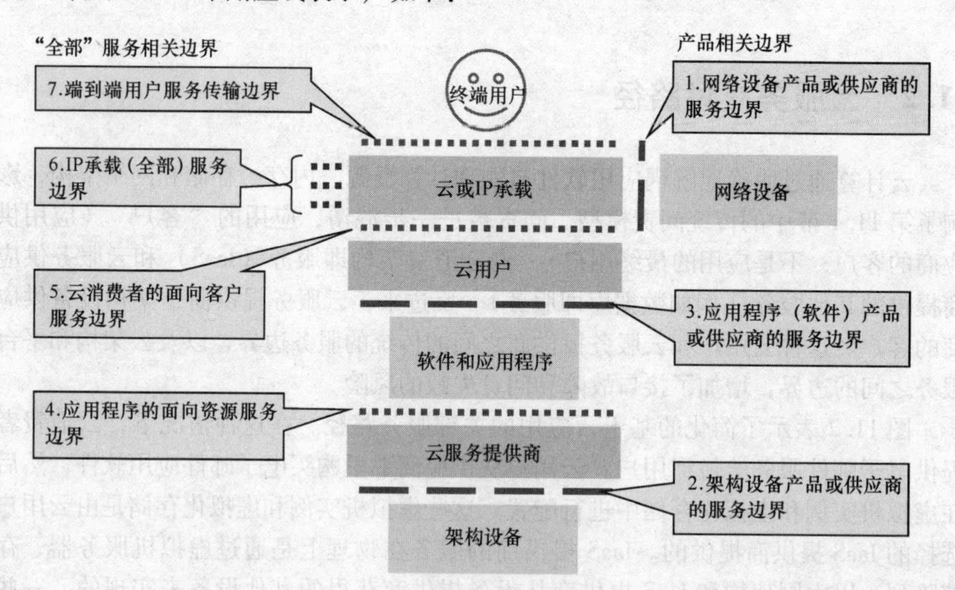

图 11.3 云交付链的服务边界

1）设备供应商与云运营商（例如销售网络架构与 IP 网络运营商）。目前对质量的度量依据 TL 9000 测量手册和产品类别规定。

2）设备供应商与云提供商（例如，出售虚拟机服务器和控制器给云服务提供商）。这应该是由 TL 9000 现有的和新的产品类别所覆盖。

3）应用供应商与云消费者。这是应用客户所面对的产品服务质量（例如，TL 9000产品服务的停机时间）。有四个服务提供者与服务消费者的接口（如图 11. 3 中点线所示）如下：

4）应用面向资源服务边界。这个边界的主要服务风险已经在第 4 章中讨论过了。

5）云消费者与云（IP）运营商。IP 流量通过云提供商的数据中心传给 IP 网络服务提供商，该提供商控制云消费者的通信。

6）IP 运营商服务边界。在数据包传输过程中，可能有多个 IP 网络服务提供商，包括无线服务提供商，因此这些提供者之间存在类似的服务分界线。

7）端到端的用户服务边界。这是基于云的服务和最终用户之间的逻辑分界线。这种划分取决于服务的细节，包括提供服务给最终用户设备的责任以及到达该设备的网络的责任。例如最终用户把他们的无线设备掉到了坚硬的地板上，摔坏了，这属于用户的责任。例如机顶盒故障，这属于将该机顶盒与电视进行绑定的服务提供商的责任。当然，电视服务提供商可能会有级联责任，因为它没能将机顶盒设置为设备提供商和云提供商（或消费者）的服务边界。

明确的、可测量的服务边界有利于消费者、供应商和整个供应链系统，原因如下：

1）标准的服务度量能够公平地对历史的服务性能和质量进行对照比较。尽管历史的行为不是未来性能的保证，但它的确能够提供可能的性能优良的估计。

2）简化了在复杂的多厂商解决方案间的故障隔离。

3）可以明确与其他产品和服务的接口。

4）能够对在全球部署的产品和服务进行有效的服务质量跟踪。

5）通过将焦点放在服务的定量性能水平上，而不是定义和协商服务度量自身，简化了服务水平协议（SLA）与客户的协商过程。

11.3 云问责

云部署系统的问责和在传统部署系统的服务质量问责完全不同。IaaS 云通过以下两种方式从根本上转变了传统的问责模式：

- 消费者（现在被称为“云消费者”）只需要从软件供应商购买或租用软件，而不是购买软件捆绑的物理硬件（例如嵌入式系统或与软件捆绑在一起的机架式服务器）。
- 客户（现在的云消费者）从 IaaS（或 XaaS）云服务提供商虚拟租赁使用计算、内存、存储和网络服务。IaaS 隐含地包括了托管虚拟架构的物理数据中心的各个方面，如电源、接地和环境控制。

因此，无论是应用供应商还是云消费者都不能直接控制或问责物理硬件架构，尽管他们的应用程序在上面执行。事实上，托管应用的物理架构可能是由一个或多个云服务供应商来控制的，供应商是和云消费者分开和有区别的，购买和运行应用软件的是云消费者。图 11.4 通过 8i +2d 模型对云应用的重要责任进行了说明［Bauer11］。

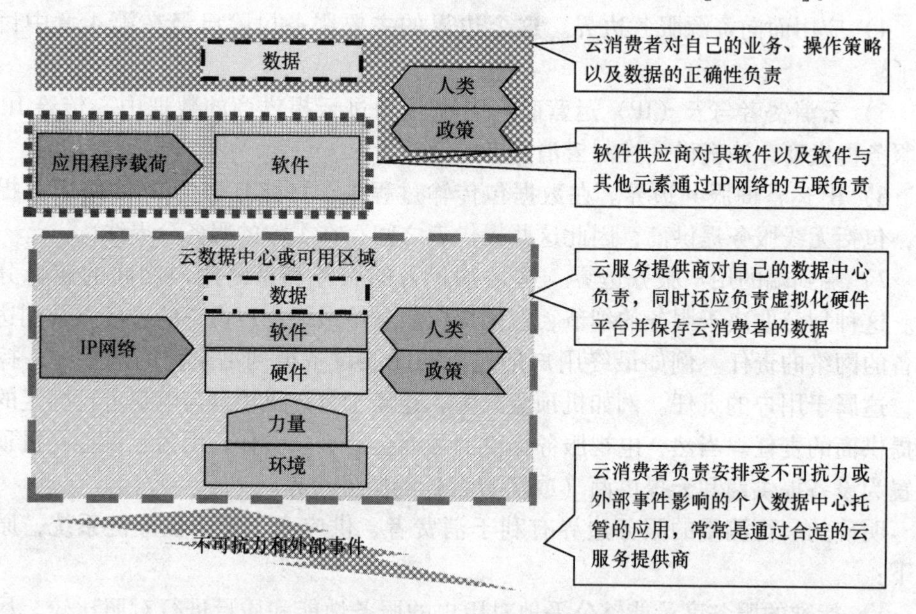

图 11.4 IaaS 应用程序部署的功能职责

- 云服务提供商负责物理硬件和支撑软件，支撑软件是支持虚拟化计算、内存、存储和网络服务的应用软件。云服务提供商还负责物理数据中心托管的硬件环境，包括维持可接受的温度（即冷却）、湿度、物理安全和其他环境参数。云服务提供商还负责 IP 网络在数据中心和与最终用户通信的云运营商互联。云服务提供商依赖于工作人员和操作策略，持续为托管的应用提供可接受的服务质量。具体来说，云服务提供商的职责任包括：
  - 持续提供高质量的虚拟化计算、内存、存储和网络资源给服务云消费者的应用；
  - 提供服务协调机制，动态地管理应用资源分配/释放的请求，接受云服务提供商的策略；这包括确定在哪里实例化虚拟机（例如在数据中心内还是在数据中心外）和如何平衡应用实例的负载。
  - 加强云消费者的关联性和反关联性/无单点故障原则；
  - 操作、管理、计费、维护、配置，以及所有架构硬件、固件、软件、设备和设施的费用。
- 应用软件供应商的职责包括：
  - 提供能够持续性满足功能性和非功能性需求的应用软件；
  - 为云消费者提供正确的安装、配置和操作指导；

  - ○提供应用程序的资源和配置信息（初始安装以及预期增长）给云消费者，包括推荐的关联性和反关联性/无单点故障原则；
  - ○ 提供应用故障检测机制和从程序错误、数据完整性问题、过程失败、协议错误中恢复的机制；
  - ○ 提供应用程序的维护操作步骤，如软件升级和灾难恢复；
  - ○ 支持对相关应用服务故障/中断的原因分析。
- 云消费者的职责包括：
  - ○ 定义业务需求、架构和应用方案设计；
  - ○ 选择应用供应商和产品；
  - ○ 选择云服务提供商；
  - ○ 缓解云服务提供商和应用软件供应商之间的间隙或重叠，降低其风险；
  - ○ 确保应用程序数据的正确性；
  - ○ 建立，正确执行，以及增强与管理、维护、应用服务提供相关的操作策略；
  - ○ 创建和维护灾难恢复计划，这往往依赖于一个或多个云服务提供商所提供的服务。

与“收缩包装”（Shrink-wrapped）技术组件相比，提供“即服务”的技术组件，通过平台即服务（PaaS）供应商（如负载均衡即服务（LBaaS）或数据库即服务），将责任稍微转移。从 PaaS 供应商来的“技术组件即服务”是一个完整的“收缩包装”技术组件的操作实例，由软件供应商负责提供和管理。实际上，大部分或全部的“客户程序错误”责任本应由客户承担，如果使用了“收缩包裹”技术组件，那么将由“技术组件即服务”的提供商和支持者承担。如果这些服务由技术组件供应商提供支持，这种责任可能扩展到涵盖技术组件的容量管理和发布管理。客户应仔细协商与“技术组件即服务”的提供商的责任，最小化由于没能正确理解 PaaS 和 IaaS 服务提供商和云消费者准确的角色和职责而带来的风险。

11.4　问责案例研究

商业交流电力基础设施已经非常成熟，相关标准完善，认定一起与电力相关的服务故障的责任非常简单。以电烤箱为例，北美住宅电气服务名义上是 120V 交流，很多家电设计为能够正常工作的交流电压范围从 110V 到 130V。因此，如果面包机不能正常地烤面包，而厨房的交流电压在 110V 和 130V 之间，那么可能是烤面包机故障。但如果厨房的交流电压是 90V，那么不能烤面包的原因可能是商业交流电服务问题、室内布线或插座问题。电力系统花费了很长时间来规范所有的物理和电气的期望值和责任，以能够迅速分离服务故障的责任方：或者是烤面包机，或者是内部布线（包括电器插座和家用线路开关）或者是当地的电力公司。云计算系统将不可避免地花费一定时间，在标准服务边界和期望值上达成一致，以能够快速而准确判定服务缺陷的责任。

考虑到在这些案例中，当事人的角色、职责和不同的问责，围绕它们的应用决定其责任是比较好的做法。毫无疑问的是，标准机构最终制定的责任规则与例子可能是不同的，这里提供的仅仅是说明性的例子。本节包括以下情况：

- 问责和技术组件（第 11.4.1 节）；
- 问责和弹性（第 11.4.2 节）。

11.4.1 问责和技术组件

云 PaaS（平台即服务）提供商将技术组件作为服务，与应用软件进行集成，然后交付给终端用户，如负载均衡器、安全设备和数据库。幸运的是，标准化质量度量规则（在 TL_9000 中有详细说明）使得基于技术组件所交付的主要功能，可以很容易地为服务故障建立起问责机制。考虑一个由云消费者操作的应用服务器（可能是一个 Web 服务器）被配置成使用云服务提供商的负载均衡器（即 LBaaS），为应用服务器组件的实例分配负载，如图 11.5 所示。应用服务器实例的主要功能（“S1”和“S2”）是服务于客户应用协议请求的（例如对于一个 Web 服务器的 HTTP 中的 GET 和 PUT），负载均衡器的主要功能（LBaaS）是基于业务规则，将客户端请求在应用服务器组件实例池中进行分配的。

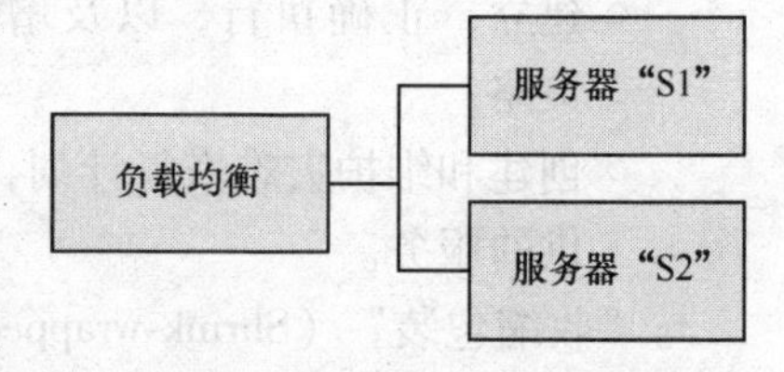

图 11.5 应用程序示例

图 11.6 展示了基于这种配置的简化的服务中断问责机制。

- 服务器应用程序供应商为其软件的应用组件实例（S1、S2）承担“基于产品属性”的服务中断责任。
- LBaaS 服务提供商为负载均衡技术组件承担“基于产品属性”的服务中断责任，包括负载均衡器软件应用本身的故障。负载均衡器的软件供应商需要承担基于产品属性的服务（提供给 LBaaS 服务提供商）故障责任，而 LBaaS 服务提供商需要为负载均衡组件对云消费者的所有操作负责。
- IaaS 云服务提供商为交付的虚拟化计算资源、内存、存储和网络服务（包括云消费者的应用软件和 LBaaS 的负载均衡器虚拟应用）负责。从逻辑上讲，这些架构服务一般都被打包为虚拟机，可以像传统的现场可替换单元（Field Replaceable Unit，FRU）[㊀]硬件那样被模型化。就像传统的 FRU 被期

㊀ ［TL_9000］中定义“现场可替换单元”为“一个被独立设计的部件，为了维持服务或服务调整的目的，而在使用现场进行替换”

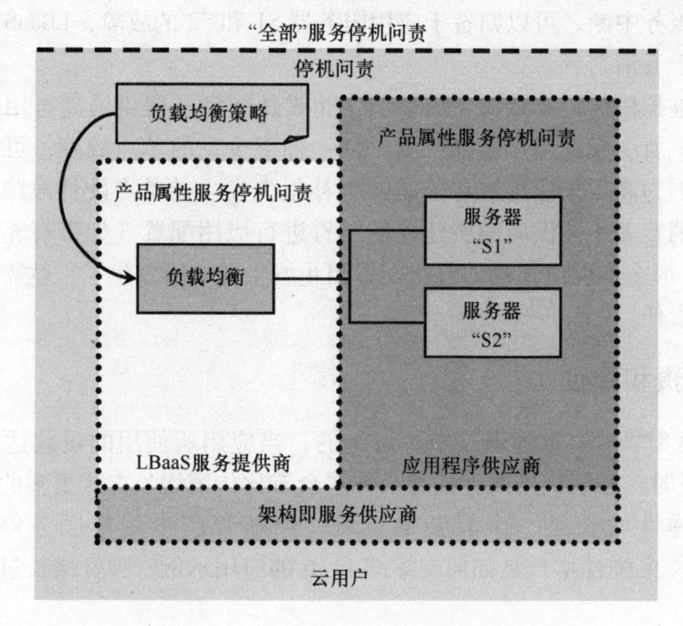

图 11.6　示例应用程序的服务停机问责

望有非零的故障率（由早期生命故障（早期回报指标）、工作生命故障（年回报率）和长期可靠性（长期回报率）计算而来）一样，虚拟机实例也应该有故障率指标。很明显，谈论故障虚拟机实例的回报率很愚蠢，因为虚拟机的修复不像修复故障电路板一样，追踪管理虚拟机故障率是很有意义的。虚拟机故障率在第 12.4 节中进行讨论。

- 云消费者会为由他们配置的负载均衡策略（通常由负载均衡技术组件实现）承担责任。

通过考虑多个服务故障场景的可能责任，这个示例问责模型的意义才能体现出来。

- 由服务实例 S1 或 S2 的软件故障所导致的用户服务中断，对于服务应用商，是一种产品属性服务中断。
- 虚拟计算资源、内存、存储或网络的大量故障而引起的用户服务中断，可能要归因于架构服务提供商。IaaS 提供商可能会让架构设备提供商为设备的大量故障负责。
- 假设 LBaaS 对自动故障检测和故障转移负责，那么由于单个应用服务实例（例如 S1，没有被快速检测，也没有通过将服务转移到冗余服务实例如 S2 而进行补救）的故障而引起的用户服务中断时间，应该可能归因于 LBaaS。
- 负载均衡器的故障所导致的用户服务中断是一种由 LBaaS 服务提供商引起的服务停机，LBaaS 服务提供商需要为负载均衡虚拟应用软件供应商负责。

- 用户服务中断，可以归咎于应用服务器 S1 和 S2 的故障，LBaaS 的中断可能归咎于云消费者。
- 由于虚拟机的计算资源、内存、存储或是网络（提供给高可用应用的）的故障，所引起的用户服务中断，是一种很少见的单点故障，可能归咎于应用，因为高可用应用被希望能够弥补很少发生的单点硬件故障。然而，如果云消费者不按供应商所建议的配置进行应用配置（如带有充足的在线冗余），那么本应由正确的应用配置阻止发生的故障发生了，就需要云消费者承担责任。

11.4.2 问责和弹性

正如在第 8 章“容量管理”中所讨论的，当应用所使用的负载达到或接近应用的在线容量时，在线应用的弹性增长方式会有比传统增长方式更多的风险。在线应用容量的弹性增长是一个复杂的过程，伴随着产生用户服务停机的风险。图 11.7中展示了 弹性增长是如何支撑图 11.6 的应用示例。弹性增长过程包括下面的逻辑步骤：

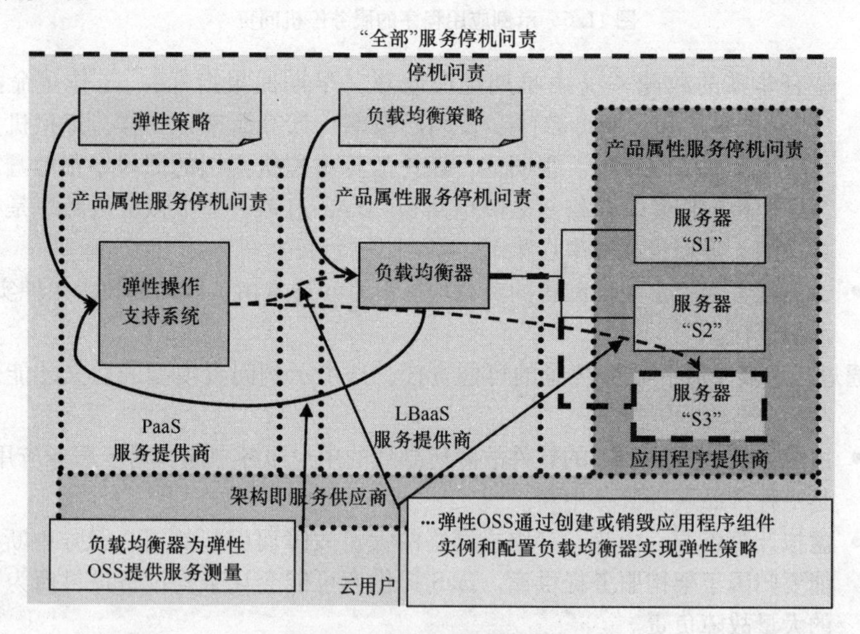

图 11.7 应用程序弹性配置

- 一些操作支持系统（OSS）积极监视应用实例的服务负载情况，如测量服务的延迟、吞吐量（由负载均衡组件报告的）。
- 当服务延迟、吞吐量或其他应用指标超出云消费者弹性策略定义的阈值时，OSS 就会弹性触发弹性管理功能，从而激活适当的弹性增长操作。
- 弹性管理功能（如弹性 OSS）：

1）代表云消费者的利益，从云服务提供商获取额外的资源；
2）配置新资源并初始化应用组件（S3）；
3）验证操作的正确性和新应用组件 S3 的准备程度（有时称为“热身”期间）；
4）当新应用组件（S3）已经为提供服务做好了准备，弹性管理功能会重新配置负载均衡器，在它的资源池中加入新的服务器 S3，以实现流量的正确分发。

- 弹性管理功能需要负责对这些步骤中的每一步进行故障检测并采用补救措施，例如重试失败的请求，清理丢失或僵死的资源。

由于角色和快速弹性增长的相关责任还没有标准化，不能提供通用的准则，这里为读者提供一个故障场景列表，当为特定的应用定义角色和责任时，可以参考。弹性增长失败场景示例如下：

- 云消费者的弹性增长触发有误；
- 性能测量机制有误（例如，没有正确报告资源使用情况）；
- IaaS 服务提供商不能提供所请求的资源；
- IaaS 服务提供商返回错误的资源（例如虚拟本地区域网络（VLAN）与所分配资源的连接没有被正确配置）；
- 应用没能与所分配的资源一起被正确地启动；
- 在热身阶段，应用组件测试失败；
- 弹性管理没能正确地配置负载均衡器以包括新的资源；
- 负载均衡器没能正确地将工作负载分配给新分配的组件（例如，服务器 S3）。

云消费者确保在它们的应用服务交付链中，各方的角色和职责清晰明确，这样，在不可避免的服务故障发生后，可以很快将故障隔离到正确的责任方，责任一方也可以快速地启动服务恢复过程。

11.5　服务质量差距模型

服务质量差距模型［Parasuraman］［Zeithami］提供了一个非常有用的框架，可以积极地分析服务，考虑服务质量如何形成和如何管理。图 11.8 使用服务质量差距模型来分离服务消费者、服务提供商的视角，并且突出强调了服务质量差距（在消费者所期望的服务与他们所体验到的服务）会出现在哪里。图 11.8 中展示了潜在的服务质量差距如下：

- 差距 1：客户期望与（提供商）管理感知水平的差距。尤其是服务提供商集中在大多数客户所关注的关键质量指标（KQI）。
- 差距 2：提供商管理感知水平与服务规范之间的差距。KQI 目标是否是由提供商按客户的期望来设定的？
- 差距 3：服务规范与服务交付之间的差距。提供商的服务设计是否能够满足

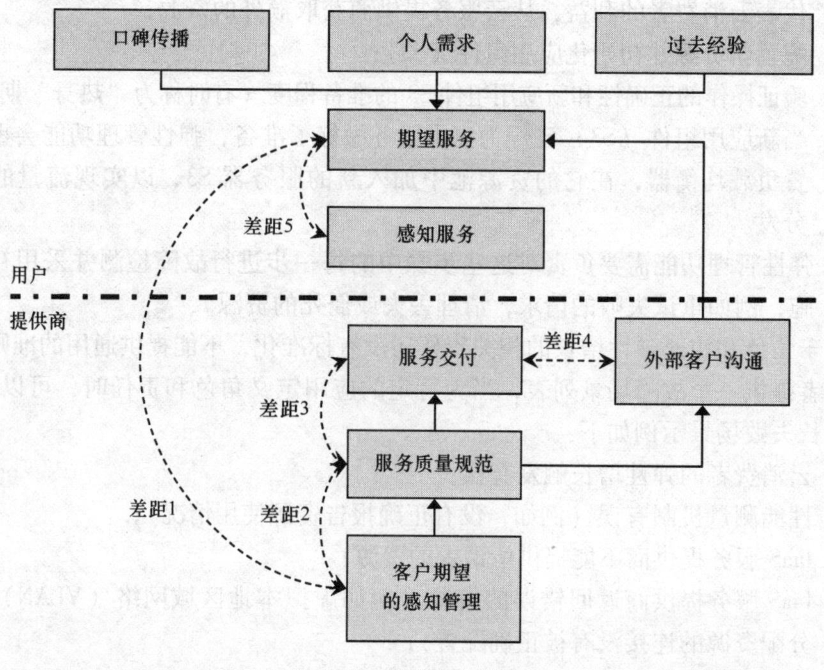

图 11.8 服务差距模型

KQI 的设计目标？

- 差距 4：服务交付与外部沟通之间的差距。服务提供商就服务质量期望已经与客户沟通过了么？
- 差距 5：客户期望与他们的服务体验之间的差距。客户体验到的服务能够满足他们的期望么？这是一个有关感知的关键差距，能够主导客户的服务质量体验。

所有服务提供商的目标应该是将交付的服务质量控制在客户的容忍范围内（如图 11.9 所示，即至少客户所收到的服务要有希望超出用户所期望的，尤其对于差距 5 更是如此）。

第 11.5.2 节采用服务差距模型对面向资源服务边界进行了分析，其中云服务提供商是“提供者”而云用户是“消费者”。

在第 11.5.2 节采用服务差距模型对应用的面向用户服务边界进行了分析，其中云消费者是提供者，而最终用户是消费者。

11.5.1 应用程序面向资源服务差距分析

云服务提供商向云消费者提供虚拟化的计算资源、内存、存储和网络服务，以及可能的技术组件（PaaS）服务。本节分析在云消费者和云服务之间潜在的服务差距，并通过图 11.10 中进行了展示。

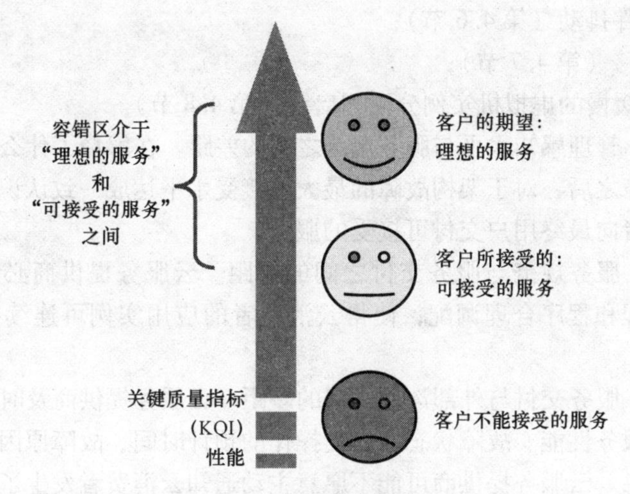

图 11.9　容错的服务质量区

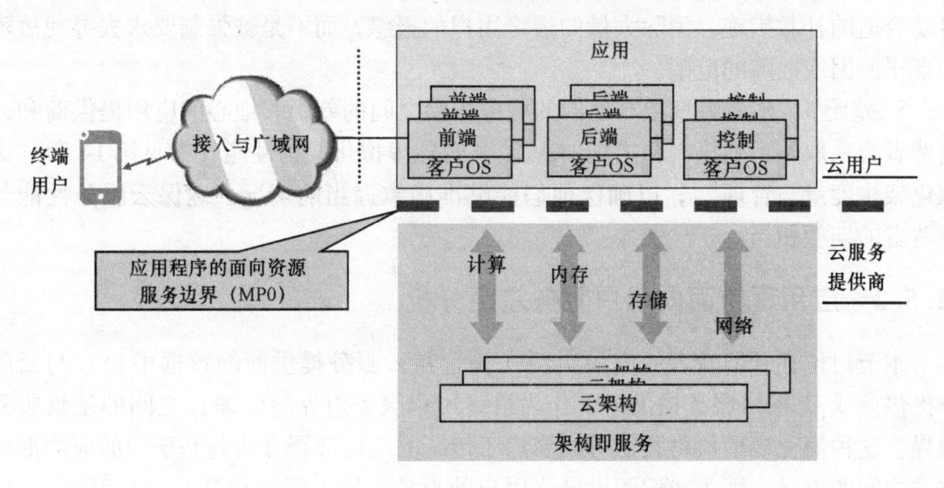

图 11.10　应用程序的面向资源服务边界

下面分别介绍 5 种差距：

1. 差距 1：客户的期望与管理感知水平的差距。基于云的应用依赖于虚拟化的计算资源、内存、存储和网络服务，这些资源由云提供商提供给执行软件的虚拟机实例，以满足消费者的各种需求。这样，云消费者和应用提供商会对虚拟化架构（由云服务商提供）的最大可容忍故障有所期望。典型缺陷在第 4 章"虚拟化架构缺陷"中讨论。

- 虚拟机故障（第 4.2 节）；
- 无法交付的虚拟机配置容量（第 4.3 节）；
- 交付退化的虚拟机容量（第 4.4 节）；
- 尾部延迟（第 4.5 节）；

- 时钟事件抖动（第4.6节）；
- 时钟飘移（第4.7节）；
- 失败或缓慢的虚拟机实例分配和启动（第4.8节）。

2. 差距2：管理感知水平与服务规范之间的差距。在解释了什么是云消费者最敏感的架构故障之后，对于架构故障的最大可接受水平达成一致认识非常重要，这会促使云消费者向最终用户交付可接受的服务。

3. 差距3：服务规范与服务交付之间的差距。云服务提供商必须将设施、设备、架构、过程和程序合理调配，使得云消费者的应用实例可连续接收到满意的服务。

4. 差距4：服务交付与外部沟通之间的差距。云服务提供商及时准确地提供给云消费者有关服务性能、故障状态、修复操作的预计时间、故障原因分析和正确的行动计划等信息。云服务提供商可能不愿意主动通知云消费者发生了服务故障，但是大多数消费者更希望由他们的云服务提供商发出明确的故障提示，这样他们可以启动合适的补救措施，消除大量的最终用户的报怨，而不是被强制要求去寻找故障的真正原因或故障的范围。

5. 差距5：消费者期望与他们的服务体验之间的差距。细心的应用提供商和云消费者会采取一系列机制和措施 来监测和管理虚拟化架构性能（参见第14章“虚拟化架构度量与管理”），以确保他们能够准确掌握当前情况，确保云服务性能与消费者的期望相当。

11.5.2 应用程序面向用户服务差距分析

本节讨论在云消费者的应用实例（托管在云服务提供商的数据中心）与云服务提供商或IP网络服务提供商（作为最终用户服务边界的代理）之间的逻辑服务边界。这种简化模型使得我们可以聚焦于传统的应用部署方式与基于云的应用部署方式之间的差异，因为我们假设最终用户的设备、接入网络和WAN是相同的，可以不予考虑。这个逻辑服务边界在图11.11中进行了说明。

对于用户面对的服务差异，主要有5个，分别是：

1. 差距1：客户的期望与管理感知水平之间的差距。正如在第2章“应用程序服务质量”中所讨论的，不同的应用有迥然不同的面向应用的关键服务质量指标，但是通常至少会包括下面几个中的一个：

- 服务可用性（第2.5.1节）；
- 服务延迟（ 第2.5.2节）；
- 服务可靠性（ 第2.5.3节）；
- 服务可访问性（ 第2.5.4节）；
- 服务可维持性（ 第2.5.5节）；
- 服务吞吐量（ 第2.5.6节）；

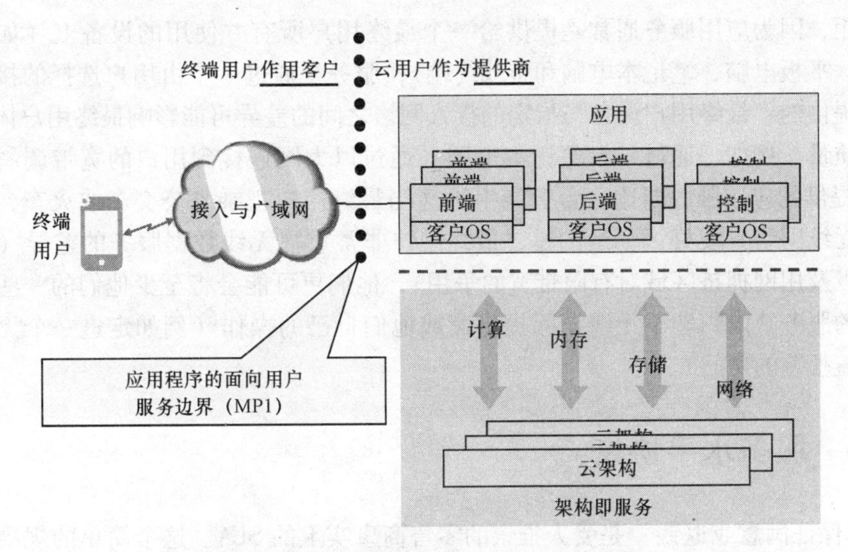

图11.11 应用程序的面向用户服务边界

- 服务时间戳精度（第2.5.7节）；
- 特定应用程序的服务质量度量（第2.5.8节）。

2. 差距2：管理感知水平与服务规范之间的差距。在选择了一套应用服务KQI之后，云消费者会量化和特征化最小可接受的服务质量KQI。理想情况下，云消费者会根据目标KQI值来调整提高最终用户对服务质量的满意程度。最佳的可行经验是对应用服务KQI做预算，至少在云消费者应用部署阶段，理想情况下是整个端到端的解决方案都要做预算（例如使用第10.2节“三层端到端服务模型”中的三层模型）。例如严格规定端到端服务延迟需求的服务（例如交互通信和游戏），通过精心仔细的设计，可以保证最终用户体验到的端到端延迟缺陷在可接受程度之内。

3. 差距3：服务规范与服务交付之间的差距。云消费者必须设计他们的解决方案来确保交付给最终用户的服务质量会持续满足或超出最小可接受KQI性能。为此，云消费者必须理解应用客户所面对的服务KQI性能与虚拟化的架构故障和其他用户服务交付路径上的故障（参见第10章“端到端考虑因素”）之间的敏感度。在为关键应用组件设置了KQI缺陷预算之后，云消费者（或应用提供商）应该特征化底层虚拟化架构的性能期望目标。当选择云服务提供商时，云消费者会使用这些性能目标。如果选择的云服务提供商不能连续保持这些性能目标，那么云消费者的架构必须被修改，最小化服务敏感度（避免虚拟化基础设施的损失一直处于高风险之中）。

4. 差距4：服务交付与外部沟通之间的差距。云消费者应该与最终用户就所期望的服务质量公开进行交流。

5. 差距5：客户期望与他们所体验到的服务之间的差异。分布式应用会伴有这类差距，因为应用服务通常是提供给一个最终用户所有并使用的设备上（如智能手机、平板电脑、笔记本电脑和游戏终端），服务是通过一个由用户选择的接入网络来提供的。最终用户设备与指定的接入网络之间的差异可能影响最终用户体验的服务质量。例如，通过一台笔记本电脑（通过以太网连接到用户的宽带调制解调器）提供的应用服务要比一台智能手机（当最终用户正乘坐公交车或火车，通过商业无线网络）要好。幸运的是，最终用户非常重视无线数据服务的差异（例如盲区以及用网拥挤区域对有限带宽的争用），他们更可能会将至少他们的一些可观察到的服务缺陷归咎于无线访问提供商或他们自己的操作（例如走进一个无线信号覆盖很差的房间）。

11.6 服务水平协议

“保证满意或退钱”是受人推崇的零售商事实上的 SLA。这个简单的规则适用于商业现货类产品（Commercial off the shelf，COTS），可以减少传统消费者“买或不买”决定的风险。但用户化的产品，如信息系统，一般不适于这样一个简单的买或不买的二元决定策略，对于消费者或供应商均是如此，因为“不买”决定将使消费者没有信息系统可用，也会让供应商没有一点收入。清晰明确的 SLA 让消费者和供应商针对会有什么样的服务质量预期，以及出现服务质量问题如何处理，提前达成协议，因此一个二元“买或不买”决定可以被避免。

有效的 SLA 会通过以下几点帮助供应商和消费者达成他们的业务目标：

1）定义服务的规模和性能预期；

2）明确定义供应商和消费者的期望和责任；

3）如果预期没有达到，例如定义补救措施，如对服务进行恢复或提前中止合同；

4）采用边界责任机制，这样消费者和供应商都会很好地管理他们的业务风险。

所达成的协议应该满足供应商和消费者的服务质量要求以及业务的需要。如果协议太严重地偏袒一方，那么他们的业务可能失败或者他们可能会由于业务原因而违约，这会将交易双方推入混乱的境地。正如“好的栅栏创造好的邻居”一样，供应商与消费者之间设计优良的 SLA 可以带来更多的满意，因为

- 可测量和可定量分析的关键服务质量指标被积极定义；
- 对 KQI 测量和报告的安排提前达成一致；
- 对 KQI 服务故障的问责前期有明确说明；
- 为满足 KQI 目标，对故障的修复事先达成一致意见，例如如果一个或多个故障导致无法持续；
- 提供约定的服务水平，那么对服务进行恢复的期望和问责要有非常明确的

约定。

单个 SLA 约定应该包括：

- 定义一个可量化的服务指标，例如采用第 4 章“虚拟化架构缺陷”或第 2.5 节“应用程序服务质量指标”提及的一个或多个服务度量方法；
- 定量的服务性能目标或对象，例如每百万中小于 50 个失败呼叫请求或每月小于一个由供应商引起的严重故障；
- 明确的度量责任和排除规则，例如谁对度量性能负责，以及故障如何被归一化；
- 修复故障以满足服务性能目标，例如 30 天内提供一个书面的根本原因分析报告，客户选择尽早终止合同。

SLA 通常会有以下几个生命周期阶段：

- 提供：服务提供商决定服务性能目标，并确保能够提供给消费者；
- 发现：消费者对由各个提供商提供的服务水平进行了解；
- 选择：消费者选择由哪个特定提供商提供所需服务；
- 协商：服务提供商与消费者就指定的服务项目达成一致；
- 配置：由服务提供商对消费者的服务进行配置并启动；
- 使用：消费者在约定的时间内使用服务；
- 终止：最终，约定的服务时间结束或者协议被中止。

传统上，这一生命周期会由人来执行，每隔几周、几个月或几年就执行一次。由于云系统的成熟，以及服务度量、条款和条件都被标准化了，服务水平管理可能会更自动化。

请记住，SLA 的业务机制旨在降低风险；它们没有质量控制机制，只有质量控制机制才能从根本上提高实现所承诺的服务水平的可能性和可行性。SLA 不能替代在选择提供商之前，进行认真仔细的考虑。这在成本上可能会有所扩大，但如果所选择的供应商证明不能持续提供可接受的服务质量，不得不改变供应商，这种代价就更为巨大。

云服务 SLA 已经成为标准化组织、学术研究、贸易出版的一个热门主题，读者可以参考这些经验和智慧（例如 [ODCA_SUoM]，[ODCA_CIaaS]，[TMF_TR197]）。

第12章　服务可用性度量

设计良好的服务度量技术可以从一代发展到另一代。网络应用的服务可用性是一个严格的服务度量标准，已经从传统部署方式发展到云计算方式。本章列出了服务可用性度量发展过程如下：

- 服务度量概述（第12.1节）：介绍了设计良好的服务度量在重大技术上的变革。
- 传统服务可用性度量（第12.2节）：电信行业的TL 9000“SO”服务中断度量标准作为传统服务可用性度量的一个例子。其他行业的服务可用性度量可能是类似于电信行业的服务可用性度量，虽然也许不会那么严格。
- 服务可用性度量演化（第12.3节）：提供了一个简单、集约的传统服务可用性度量（第12.2节中一个基于云的应用程序示例）的改进。
- 硬件可靠性度量演化（第12.4节）：由于硬件故障可以直接影响用户服务，企业对于传统上会采取严格的度量和管理手段应对硬件故障。本节描述传统硬件可靠性度量，以及如何将其发展应用于虚拟机实例。
- 弹性服务可用性度量演化（第12.5节）：传统应用支持手动容量增长和逆增长过程。本节详细介绍了服务可用性度量的传统增长和逆增长过程，以及基于云应用的弹性容量管理。
- 发布管理服务可用性度量演化（第12.6节）：传统应用程序支持传统的软件升级过程。本节介绍传统软件升级过程的服务可用性度量，以及基于云应用的软件升级服务可用性度量。
- 服务度量展望（第12.7节）：本节评估了基于云应用的服务度量相比传统服务度量更为广阔的发展前景。

12.1　服务度量概述

明确定义的服务度量往往独立于技术，因此可以让供应商、客户和最终用户更多地关注实际技术的性能以及供应商的选择。最终用户、客户和供应商通常是选择应用现有的最好的服务度量，而不需要发明替代现有的服务度量，甚至根本不用对服务度量太过操心。类似的例子如旅客运输：旅行时间和相关计划是服务质量的关键指标。旅行时间和计划显然并不只适用于航空旅行，而且还适用于铁路、城际公共交通出行。旅行时间和计划当然不是新提出的，可以想象得到，以前轮船和马车的乘客关心的这两个服务质量和现在的旅行者一样的。

随着技术的进步，人们经常要改进服务度量细节以使其更精确，但基本的服务度量理念是不变的。例如，火车、汽车、轮船、飞机和马车的“出发时间”和“到达时间”就很明显。飞机旅行意味着“出发”和“到达”这些传统通用的感官概念变得模糊。具体地说，飞机“出发”可能适用于以下任何一个事件：

a. 当登机口关闭；

b. 当飞机舱门关闭；

c. 当飞机从登机口推出；

d. 当飞机升空（即所有车轮离开地面）；

e. 当飞机已成功收起起落架。

由于这些事件之间也就几分钟时间（飞机飞行时间通常以小时和分钟计算），所以最好的方法是旅客、航空公司和业界统一定义哪些事件是“起飞时间”，“到达时间”和“飞行时间”，这样各方可以公平比较服务性能在不同的航空公司和飞行线路差别。通过标准化这些度量信息，终端用户可以很容易地比较不同航空公司的性能。此外，旅客也可以根据旅行时间和旅途安排对选用飞机出行还是火车出行有明智的决定。

需要注意的是，服务度量（如旅行时间和相关计划）不同于服务的期望，期望可以从一种技术转移到另一种技术。就拿航空旅行和铁路出行相比较：长途旅行者更愿意接受飞行时间短的航空旅行，虽然航空旅行对天气条件要求比较严格，存在一定风险。然而，短途旅行者、商务旅行者则更喜欢城际铁路旅行，因为旅途中可以有极好的时间安排。同样，绝大多数最终用户接受无线电话低的声音质量，把它当作是移动性的代价，而有线数字电视和 IP-TV 更长的电视频道切换时间（与模拟有线电视相比）则是有更多的频道可以选择而付出的代价。因此，如果一个基于云的应用带来的实际好处（如给用户提供免费服务）超越了传统部署，那么用户则可以接受较低的服务质量，否则用户通常会希望基于云的应用的服务质量性能必须至少等效于本地服务质量性能。

12.2　传统服务可用性度量

“服务影响停机时间”度量方法（[TL_9000] SO2 和 SO4），在电信业的使用比其他行业更严格的，同样的度量准则有可能应用于数不清的应用的服务可用性，包括所有企业、组织，因此可以作为非常有用的分析示例。虽然一些企业会使用用户的实际数量（如度量故障事件为“1234min 用户服务影响”或“影响 5678 个用户会话），这些绝对指标使它更难把握服务影响的上下文。例如，1234min 用户服务影响在 1 个月度量周期的表现是出色还是灾难性的？由于许多企业会部署特定应用的多个实例，而每个实例又服务多个用户，一个规范化的服务可用性度量应能够更好地描述总体服务所受的影响。通常情况下，服务可用性会按每年每个实例进行规一化，部分容量损失会按比例分摊。例如，“5 个 9”服务可用性意味着每个系统每一年按比例分配的用户服务受影响的停机时间为 5. 26min。

图 12. 1 给出了一个简化的应用操作时间表的三个阶段：

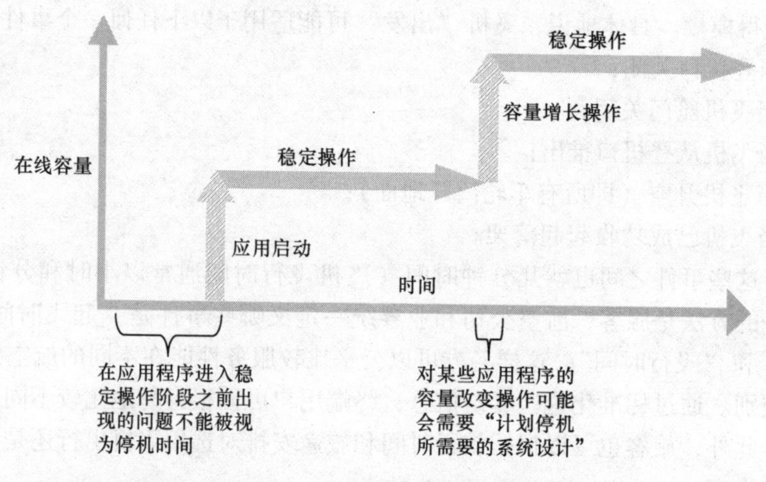

图 12. 1 传统服务操作时间表

1）服务中断度量只适用于在应用程序已进入稳定运行之后。故障导致的应用实例无法为最终用户进行初始安装、启动并提供可接受的服务，通常被认为是安装问题，而不是归因于服务中断度量。

2）服务中断度量适用于正常运行中（即运行稳定）。

3）随着时间的变化，在线容量，配置和软件的版本都会发生改变。这个改变可以在应用实例脱机（例如作为“计划内的停机时间”用于维护）或在应用实例处于联机状态下完成。如果这个事件发生在应用实例服务于用户的联机时间，那么维护操作过程中任何对用户服务的影响都可能潜在地导致停机。

在稳定运行阶段服务的可用性度量在第 12. 3 节进行阐述，在容量管理事件发生期间的可用性度量在 12. 5 节中阐述。发布管理事件主要包括执行例行补丁、更新、升级或改造应用软件或底层客户操作系统。发布管理事件的服务可用性度量在第 12. 6 节讨论。

12. 3 服务可用性度量演化

图 12. 2 所示为一个部署在云中的应用实例，它根据业务规则执行应用逻辑模块，将企业数据发送给最终用户。该应用包括应用逻辑组件池中一对用于分发用户负载的负载均衡组件和由一对数据库服务器支持的应用逻辑组件。负载均衡组件由一对安全设备保护，所有的软件组件都托管在虚拟机实例中，虚拟机实例由架构提供商提供。

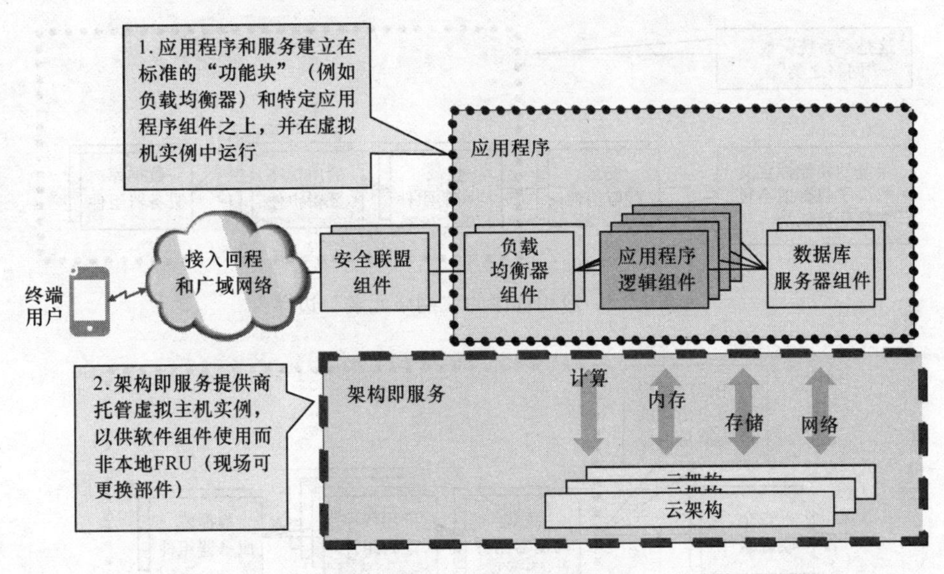

图 12.2　云应用程序部署示例

对于图 12.2 的示例应用，传统的服务可用性度量的第一步是定义“应用实例”的边界，而应用服务的可用性度量需要覆盖到这个边界。TL 9000 中通过典型的网络元素或系统，对服务中断度量进行归一化，其定义为

- 网络元素：“系统设备，实体或节点，包括所有相关的硬件和/或分布在某个位置上的软件组件。网络元素必须包括能够实现该类产品主要功能的所有组件。如果需要多个 FRU，设备和/或软件组件需要为网络元素提供该类产品的主要功能。所有这些单一组件不可以被认为自己就是一个网络元素。所有这些组件的总合被认为是一个单一的网络元素［TL_9000］。
- 系统：“硬件和/或软件的集合，被分配到一个或多个物理位置，所包含的所有项目都需要适当的操作，没有单一项目能够独立运作”［TL_9000］。

由于保护应用免受非法流量，DDoS 攻击和其他外部安全威胁，并不是应用的主要功能，所以一个单独的安全设备被添加进来以保护应用不受外部攻击。安全设备是独立于应用本身的，部署在应用边界的外面，如图 12.3 所示。这样，应用的服务可用性应该度量提交给最终用户（在应用逻辑的边缘）的性能。在这种情况下，应用实例的面向用户服务边界不在负载均衡器组件的前面，而是在安全设备之后，如图 12.4 所示。安全设备保护应用的服务可用性和质量效果应该被度量，但这些度量应该是对安全设备本身，而不应被汇总到对受保护的应用实例的服务度量里。

12.3.1　应用演化分析

可靠性框图（Reliability Block Diagram，RBD）是一个用来分析理解应用程序

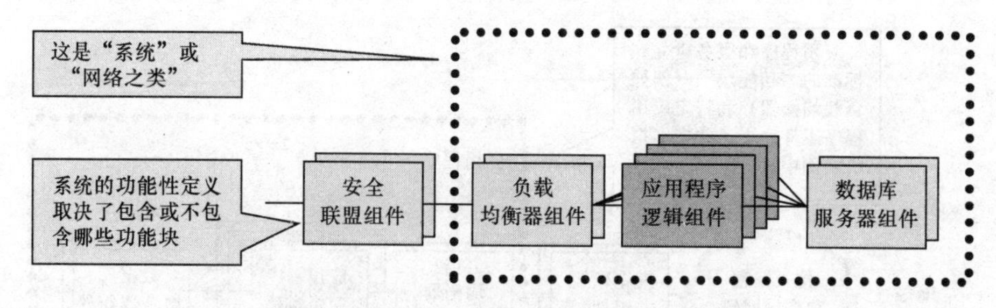

图 12.3　应用程序的“网络元素”边界

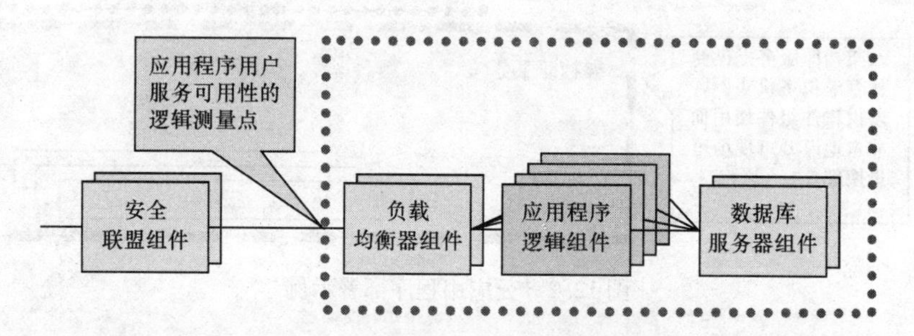

图 12.4　应用程序可用性的服务测量点

服务可用性风险和行为的可视化图表。图 12.5 给出了图 12.2 所示的示例应用被部署到传统硬件架构的 RBD。每个应用组件实例（如前端负载均衡器，应用逻辑，数据库管理系统）被部署到一个单独的计算刀片或机架式服务器中，所有刀片和服务器是安装在机柜或机架中，通过 IP 互联，连同一起的还有供电系统、冷却系统（一起被标记为“通用机架模块）。

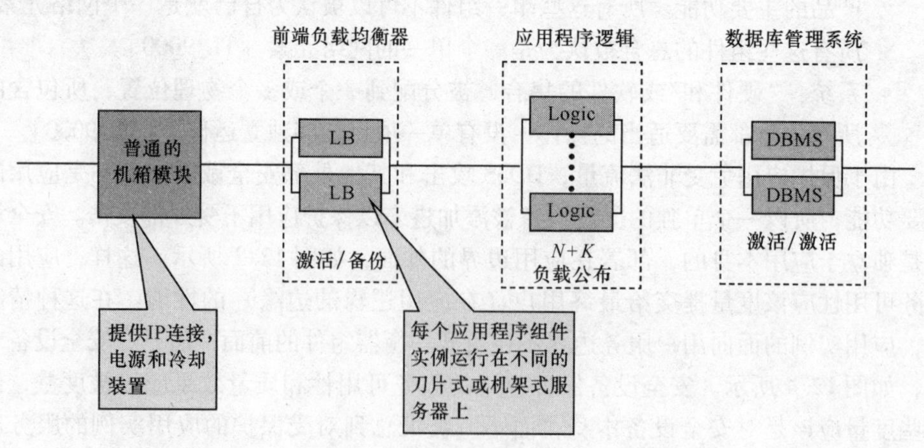

图 12.5　示例应用程序的可靠性框图（传统部署）

图 12.6 展示了图 12.5 的 RBD 如何映射到云：

- 托管应用组件实例的每个计算刀片或机架被虚拟机实例所替换。

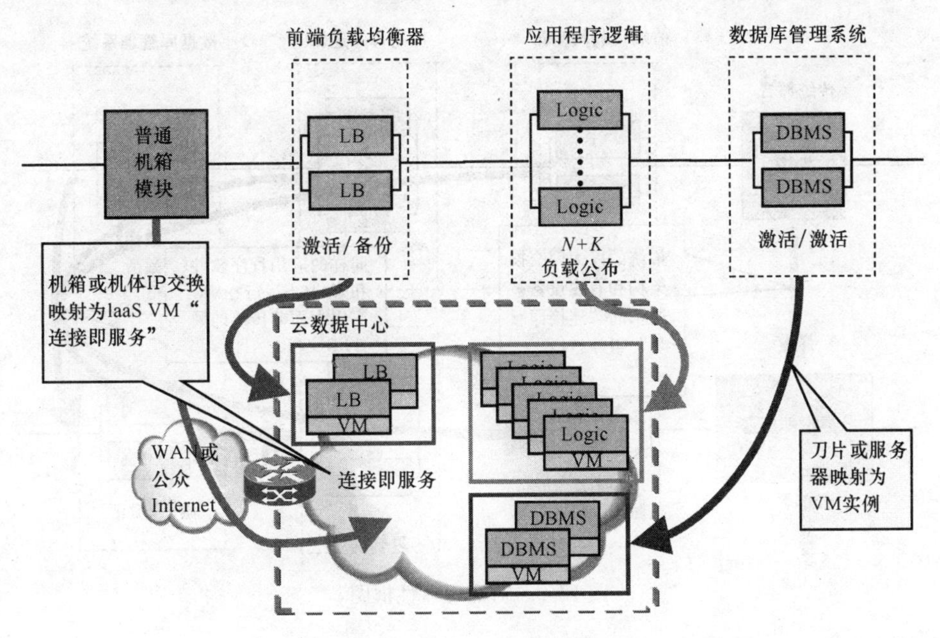

图 12.6　示例应用程序演化到云上

- 其中每个虚拟机实例之间的 IP 连通性是由架构作为一种服务来提供的，可以被视为一个叫作“连接即服务”的逻辑元素。

如图 12.7 所示，图 12.5 的示例应用的 RBD 无法将传统的机柜或机架式以太网交换架构替换为虚拟机实例之间的“连接即服务”，也不能替换机架电源分配和云冷却架构。

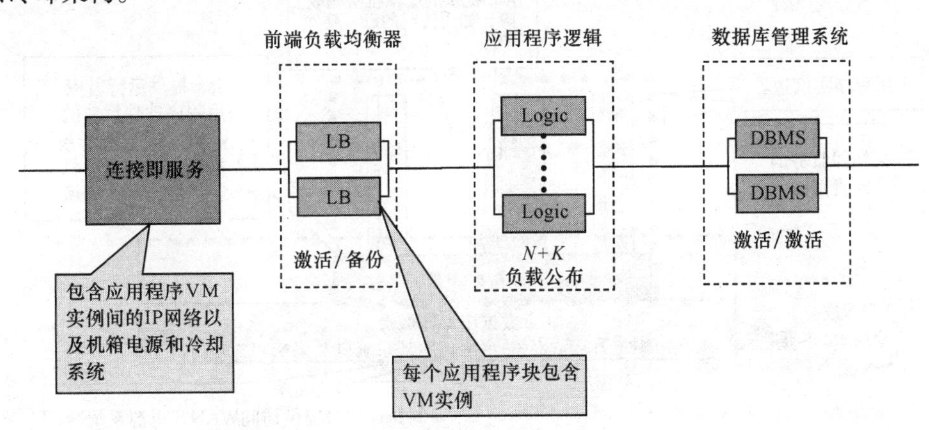

图 12.7　云上的示例应用程序可靠性框图

图 12.8 显示了传统和云部署模式下的示例应用 RBD。

正如在 11 章“服务质量问责”中所解释的那样，云部署的复杂职责和潜在损害，归因于云消费者（客户），应用软件供应商或 XaaS 云服务提供商的服务缺陷。

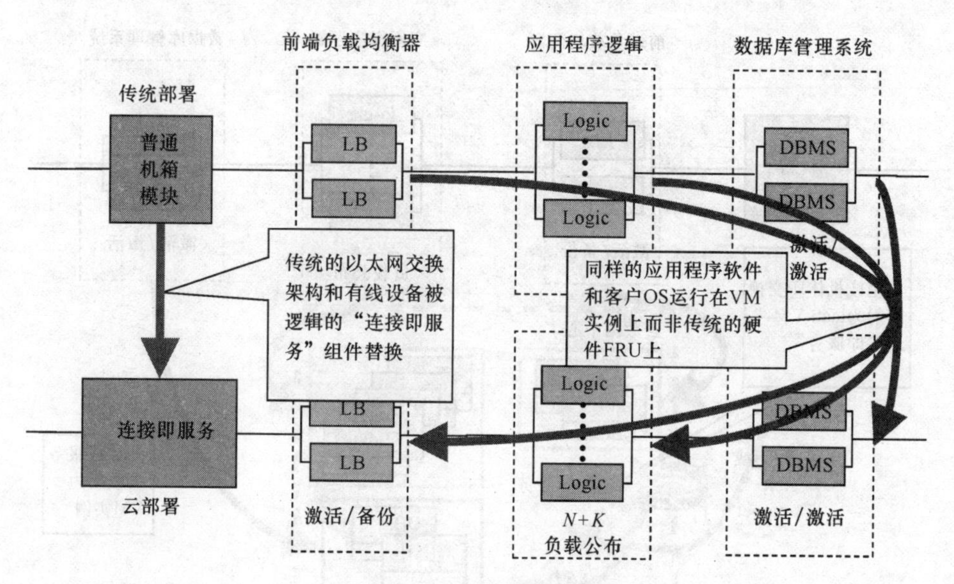

图 12.8　对照可靠性框图

图 12.9 给出了一个部署在云端的示例应用，可以明确连接本章讨论的度量和第 11 章讨论的问责。图 12.9 虚线框的显示了示例应用的逻辑边界，传统上，这是机柜（托管所有的应用刀片）的服务范围。与传统的系统架构相比，该边界包含一套应用程序组件（如，负载均衡器，应用程序逻辑模块和数据库服务器组件），每个组件实例在不同的虚拟机上执行。所有这些虚拟机实例通过一个逻辑上的“连接即

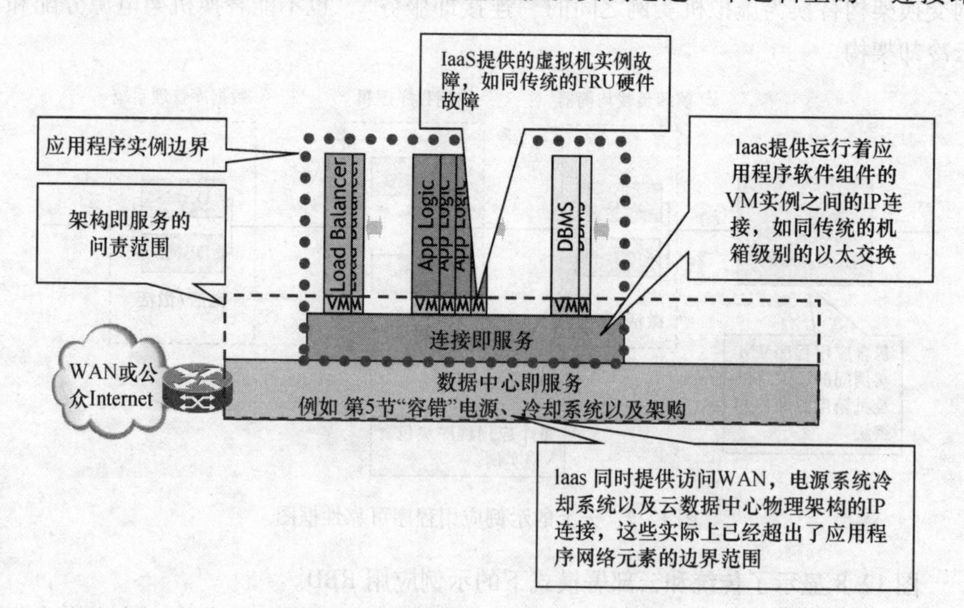

图 12.9　基于云的应用程序示例问责

服务”的方式建立连接（模拟 IP 架构，传统上连接刀片或机架式服务器与一个传统的应用实例）。应用实例物理上存在于一个 IaaS 数据中心中。

图 12.9 中的虚线框表示了在示例应用程序的上下文中，IaaS 供应商的责任边界：

- 托管应用程序组件实例的虚拟机实例。这些虚拟机实例托管应用软件和客户操作系统的所有应用程序组件。不可避免的是，这些虚拟机实例偶尔会遇到故障（如，虚拟机可靠性缺陷，见第 12.4 节）。硬件供应商需要去分析他们的设备，以确定故障的真正根源，并部署适当的纠正措施，不断提高他们的硬件产品的可靠性。高品质的 IaaS 提供商应该确保虚拟机的故障被进行适当分析，以及纠正措施被部署到虚拟机实例，以提高虚拟机实例的可靠性。
- “连接即服务”为虚拟机托管的应用组件实例提供了 IP 连接。这模拟了传统上的 IP 交换设备（传统上的机柜或机架，使应用程序组件之间可以高可靠、高可用、低延迟地通信）。正如设计传统的工程应用配置一样，以最小的 IP 交换设备和设施来最大化提高应用的性能和质量，IaaS 提供商采用关联性规则和智能资源配置逻辑，来确保所有应用的虚拟机实例和资源在物理上接近且又不违反相关的反关联性规则。连接即服务会捕获应用在虚拟机实例之间的 IP 连接逻辑抽象。如图 12.10 所示，连接即服务，也可看作是一个逻辑上由 Iaas 提供的纳米级 VPN 连接，连接了在虚拟专用网络上的每一个虚拟机应用实例，根本不用去关心每个虚拟机实例的实际放置位置。

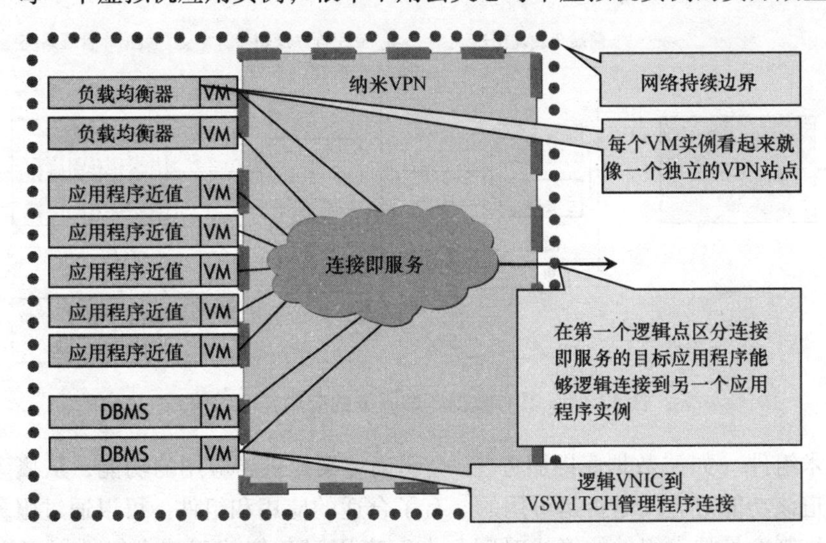

图 12.10　连接即服务作为纳米级别的 VPN

- 逻辑上的“数据中心即服务”，提供了一个安全的环境受控的物理空间，来承载托管应用的虚拟机实例、主机的虚拟机服务器，并提供电力、冷却和广域IP连接。通常，对数据中心即服务的可用性预期的设定是基于正常运行时间，分为四层：第一，基础层；第二，冗余组件层；第三，并发维护层；第四、容错层。数据中心即服务的服务中断通常被排除在传统应用服务的可用性评估和度量之外，由此往往也会被排除在云部署的服务可用性估计和度量之外。从逻辑上讲，连接即服务支持在应用实例边界范围内的IP通信，而数据中心即服务提供了应用实例边界到区分点（IaaS服务提供商与云运营商之间）之间的IP通信，包括服务交付路径上到任何其他应用实例的连接（如图12.2中的安全设备与应用的负载均衡器组件的连接）。

12.3.2 技术组件

平台即服务提供了一些应用可以使用的技术组件或功能模块：

- 缩短产品上市时间，因为已经具备；
- 提高质量，因为应该是成熟和稳定的；
- 简化操作，因为PaaS提供商会处理技术组件的运营和维护。

负载均衡和数据库管理系统都是提供"即服务"的技术组件。让我们考虑数据库即服务（DBaaS）在图12.2示例应用中的情况。在结构上，如图12.5所示的应用的两个活动的数据库系统管理组件可以用一个黑盒替代，该黑盒表示图12.11所示的"数据库即服务"。这种黑盒抽象是合理的，因为该DBaaS提供商明确地隐藏了所有从云消费者到应用供应商的所有结构上、实现上和操作上的细节，所以DBaaS是一个不透明的盒子或是黑盒。

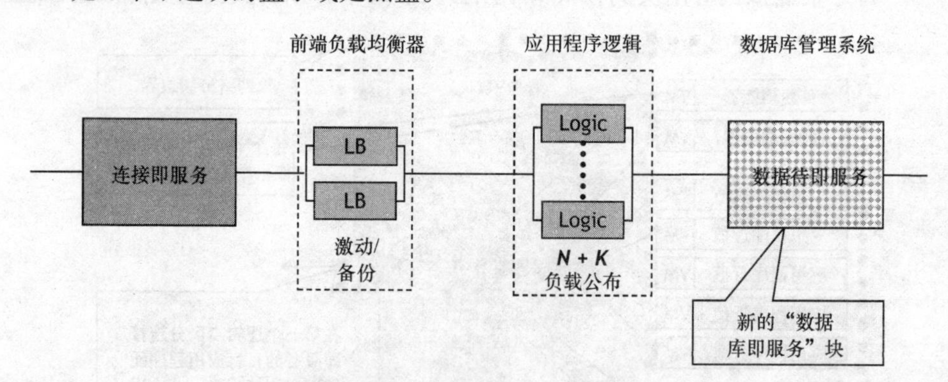

图12.11 具有数据库即服务的应用程序示例

技术组件（如"数据库即服务"）会明确定义提供给应用的功能，从概念上很容易知道该功能对应用是否是可用的。有了合适的应用和组件，可以通过服务探针或其他机制度量技术组件的停机时间。由于应用服务依赖于技术组件（已融入体系结构中），所包含的技术组件的服务停机时间会直接关联影响到应用的用户服务停机时间。用DBaaS替换应用的DBMS组件，会改变如图12.9、图12.10、

图 12.11、图 12.12 所示的责任主体。应用提供商可以合理地预算传统技术组件的停机时间（例如基于 PaaS 提供商提供的可用性预测技术组件），但过量的由技术组件引起的服务中断，通常会归咎于技术组件的 PaaS 提供商而不是应用供应商。

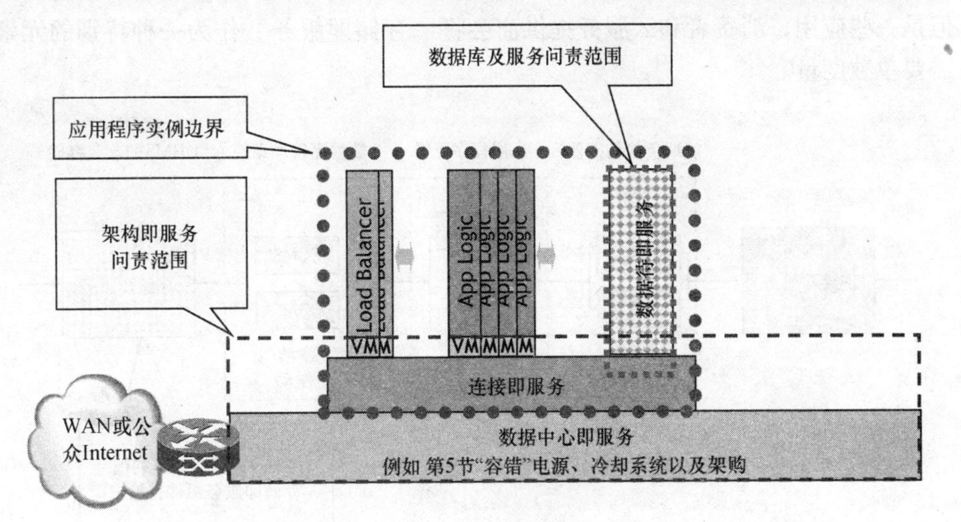

图 12.12　数据库即服务应用程序示例的问责

12.3.3　存储即服务的使用

物理服务器或计算刀片，以及虚拟机实例，通常通过使用本地硬盘实现对许多应用组件实例的海量存储。然而，对于一些应用架构，最好是依靠高度可靠的共享的大容量存储来保存应用数据。例如，对于应用程序数据，在本地应用部署中通常会被存储在一个 RAID 阵列上，而现在通常会被配置到“存储即服务”上。为了存储应用数据，添加“外置” RAID 存储阵列，扩展如图 12.7 ~ 图 12.13 所示的示例应用 RBD。

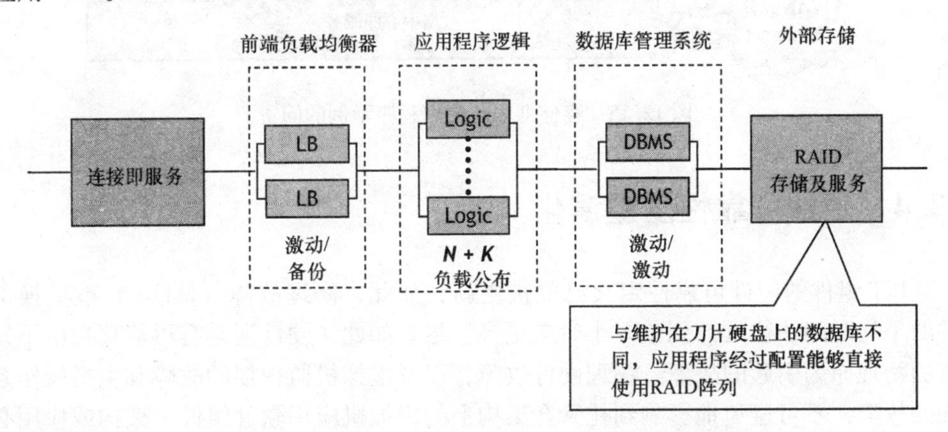

图 12.13　具有外部 RAID 存储阵列的应用程序示例

当示例应用部署到云中，图 12.13 的外置 RAID 存储阵列可以被“存储即服务”所取代，如图 12.14 所示。为了包括“存储即服务”，图 12.15 修改了图 12.9 的问责图表。需要注意的是，图 12.15 显示的“存储即服务”在应用实例边界内，但是一些应用，消费者和云服务提供商会将“存储即服务”作为一种特别的元素，需要单独度量。

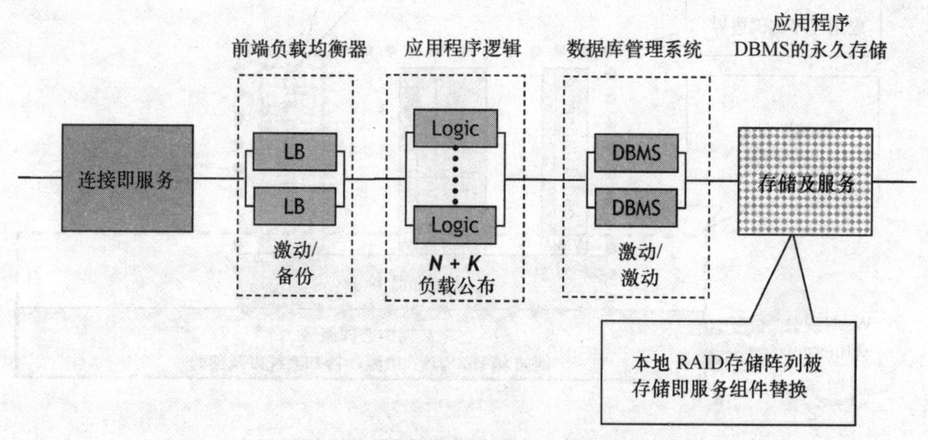

图 12.14 存储即服务应用程序示例

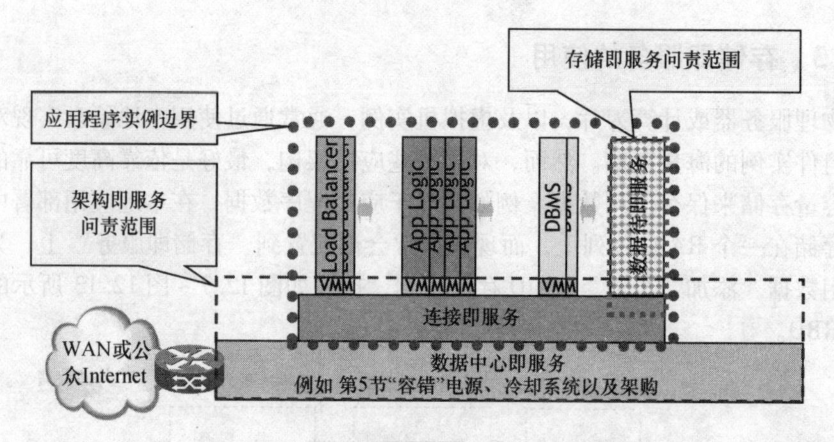

图 12.15 存储即服务应用程序示例的问责

12.4 硬件可靠性度量演化

ICT 组件的硬件可靠性定义已经被更新，如此，修理故障（MTBF）或更换部件的平均时间往往延伸到数万小时或更多。尽管如此，硬件还是有可能存在由不知名的物理原因引起的故障。物理硬件故障，以及虚拟机监视器的故障和主机操作系统的故障，不可避免地影响到托管在架构上的虚拟机应用软件组件。架构或应用必须检测底层硬件故障，并且采取补救措施，如通过重定向工作负载到冗余的应用组件，分配和配置替换虚拟机实例来恢复整个应用的服务能力。故障事件本身、对故障的检测以及恢复操作，都会影响用户体验到的服务质量。虚拟机故障事件，应该被度量，从而促使采用补救措施来管理和减少用户服务质量下降的风险。

12.4.1　虚拟机故障生命周期

传统系统软件被托管在硬件现场可更换单元（FRU）上，FRU 被定义为“一个完全独立设计的部分，为达到使用维护或服务调整的目的，可以在使用它的现场进行替换”。虚拟化应用组件在虚拟机实例中执行，可以有效地虚拟化 FRU。正如硬件故障操作触发高可用软件来恢复服务到一个冗余 FRU，而一个虚拟机实例故障通常触发恢复到一个冗余的虚拟机实例。故障虚拟机实例可能通过一个新的虚拟机实例被“修复”，其中新虚拟机实例是作为原虚拟机实例的一个替代备份，由一个自动的“修复即服务”机制或自愈机制负责进行管理和配置，参见 5.3 节。发生故障的虚拟机实例很可能最终被完全破坏，不能像硬件 FRU 一样返修。

虚拟化技术和 IaaS 运营策略应解耦虚拟机实例故障模式与传统硬件可靠性生命周期，这样，基于传统硬件可靠性生命阶段的度量方法可以直接采用。例如，目前任意一个刚被分配给云消费者的虚拟机实例，其底层的基础物理硬件不会像硬件生命周期的早期阶段，会有较高的故障率，而是像生命周期的正常使用阶段，只有较低的稳态故障率。因此，这里建议一个简化的虚拟机故障度量模型，如图 12.16 所示。

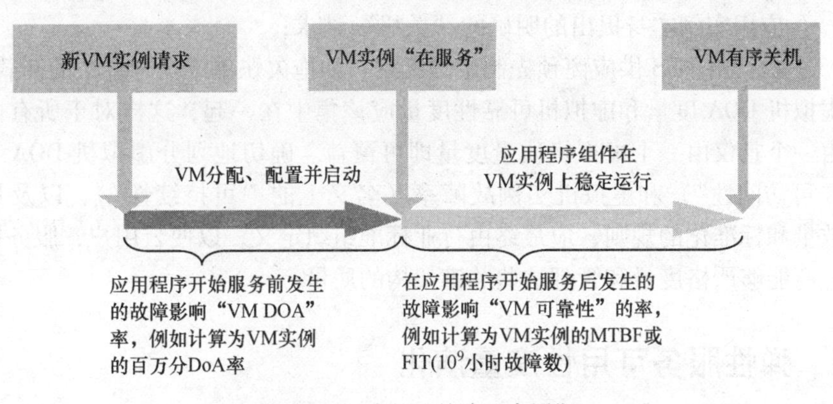

图 12.16　虚拟机故障生命周期

让我们认真地考虑图 12.16 所示的这两种度量技术：

- 虚拟机“到达即死”（Dead on Arrival，DOA）。DOA 是指“一个新被生产出来的硬件，在交货或安装时发现有缺陷（使用时间 = 0）。正如硬件的 FRU 操作，偶尔出现非功能性故障（又名“开箱即用”失败），当第一次从工厂包装盒中取出进行安装，偶尔会出现因为被错误配置或是因为其他非功能性原因导致的新创建的虚拟机实例不启动或不能正常工作。虚拟机的 DOA 可以表示为每百万的虚拟机分配请求（DPM）的故障数（即 DOA

事件)，也可以被简单地表示为虚拟机分配请求的比例。虚拟机 DOA 明确度量这种情况：IaaS 提供一个虚拟机实例给应用，但是被错误配置（例如 VLAN 设置不正确，软件加载错误，以及应用的持久性数据无法访问等)，所以应用组件实例名义上托管在 DOA 虚拟机中，无法开始服务，也无法为用户提供可接受的服务质量。虚拟机 DOA 有可能需要延长时间，以完成容量的弹性增长（因为 DOA 虚拟机必须被检测到，并从应用以及替换虚拟机实例的分配和配置中脱离出来)。最大限度地减少虚拟机 DOA 率，应该提高可预见性和弹性增长操作的一致性。

- 虚拟机可靠性。在应用组件已成功启动并交付服务之后发生的故障被视为虚拟机实例故障。虚拟机实例故障率可以表示为平均故障间隔时间（MTBF）或归一化为传统硬件故障率的表示方法，即每十亿小时操作（FIT）出现的故障。虚拟机的可靠性应明确包括虚拟机监控器的故障和底层硬件以及架构的故障。例如，一个架构故障破坏了虚拟机实例的网络连通性，被当做虚拟机的可靠性故障，因为由应用组件实例提供的服务会受到影响。正如在 4.2 节“虚拟机故障”中所讨论的，任何事件如果导致一个虚拟机实例的停止运行时间超过了最大虚拟机中断时间，则被视为一个虚拟机可靠性故障，除非该事件被归结为以下原因之一：
    - 云消费者的明确请求（如通过自助服务 GUI 提出要求)；
    - 应用实例本身提出的明确的“关机”请求；
    - 执行由 IaaS 供应商预先制定的策略，如拖欠账单或执行合法的卸载操作。

虚拟机 DOA 度量和虚拟机可靠性度量应该集中在一起，这样对于所有虚拟机故障由一个且仅由一个虚拟机质量度量即可覆盖。确切地划分虚拟机 DOA（名义上的“可访问性”）和虚拟机实例故障率（名义上的“可持续性”)，以及具体的故障数量和标准化的规则，应最终由行业标准组织定义，以便云用户，服务提供商和供应商能够严格度量和管理这些关键架构的质量。

12.5　弹性服务可用性度量演化

传统上系统容量的增长是由长期容量使用的预测来驱动，而不是用来支持短期的流量的尖峰。在短期内增加流量是通过过载控制机制来实现，它会减少或者拒绝超过应用容量的流量，直到负载回落到所设计的容量范围之内。如果工作负载超过了应用的设计容量，流量会被拒绝或丢弃，不会产生由于产品属性导致的中断，因为应用是参照设计规范执行的，即“超出设计规格地使用产品，属于客户操作错误，即使造成中断停机也将被列为客户滥用的责任。”[TL_9000]

云计算系统提供弹性动态增长（和逆增长）的能力，并且因此可以被用来添加或删除虚拟机实例，管理在线服务容量来应对流量的增加（或减少)。虽然弹性增长可以实现自动化和由策略触发（例如，提供的负载超过一定的容量阈值），但弹性增长既不是瞬间完成也不是无损的，因此并不排除需要过载控制机制来管理流量的可能，直到增加的虚拟机已经被激活并集成到系统中。

如第 3.5.2 节中所解释的，云弹性增长操作是利用一段有限的时间（T_{Grow}）来添加一部分有限的应用容量（C_{Grow}）。图 12.17 突出显示，与传统的容量增长操作相比，弹性增加的容量不会立即被认为是“可用的”，直到其通过弹性增长容量的验收测试，确认新的 IaaS 容量不是 DOA（见第 12.4 节），并且该容量已正确激活并整合到应用实例中，并且已经完全准备好为用户提供质量可接受的服务。需要注意的是，如果云消费者选择把弹性增长转化为服务，但没有完成推荐的验收检测，那么由于服务容量增加失败形成的任何影响都归因于客户，就像对于传统的手动系统容量的增长过程一样，如果客户选择忽略推荐的测试，责任也是由客户自己承担。如果虚拟机实例的增长速度太慢或失败，并且不能减轻工作量，那说明它已超过设计能力，这时过载控制机制应该继续管理流量，就像传统的系统一样。

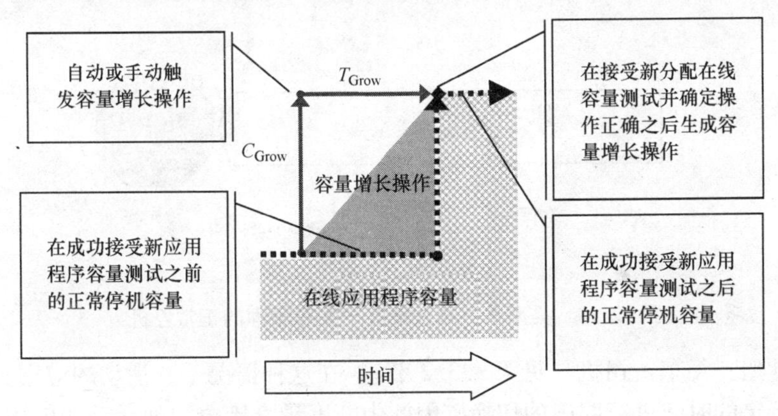

图 12.17　弹性容量增长时间表

12.6　发布管理服务可用性度量演化

与容量增长一样，软件发布管理（包括软件补丁、更新、升级和改造），被认为是一个有计划的维护活动，任何需要停机的时间都需要在规划或计划之内。有些客户要求其关键应用软件升级需要在没有停机或影响用户服务的情况下完成。如果软件升级操作失败，并导致服务影响或超过商定的计划停机时间，服务停机时间可能会延长。基于云应用的发布管理导致对用户服务的影响，将同样作用于最终用户身上，相同的服务中断度量规则同样适用。

在发布管理过程中，对用户服务影响事件的标准化会受到发布管理模型的影响。第 9 章“发布管理”将基于云的发布管理措施分为两大类：

- Ⅰ型：街区聚会（参见 9.3.1 节）。新旧版本的软件可以同时运行在虚拟机上，服务于用户流量，理论上可以继续这样持续下去。有些用户使用新版本提供的服务，有些用户则使用旧版本提供的服务。如图 12.18（图 9.4 的修改版）所示，每个版本（例如版本“N”和版本“N + I”）显示为不同的、独立的应用实例，在对版本“N+ I”成功完成验收测试后，会根据每个应用实例的配置容量，为每一个应用实例分别设置标准化的服务中断时间。需要注意的是，有经验的客户一般会将新的版本放到一个足够较小的用户组中进行“浸泡”测试，这样有害版本不会产生影响巨大的中断事件。

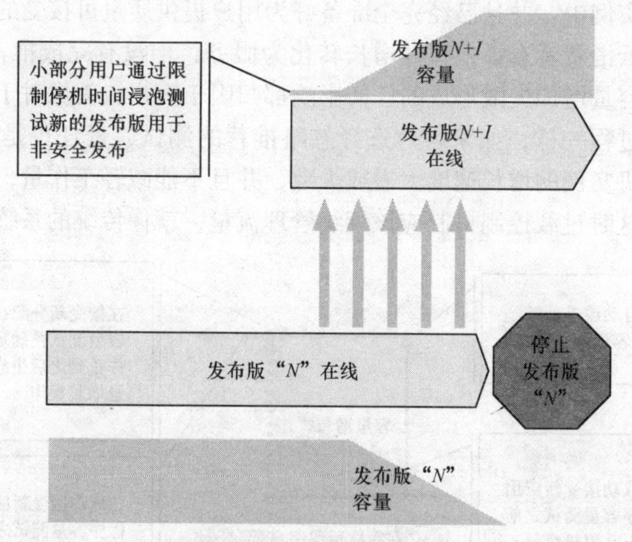

图 12.18 类型Ⅰ“街区聚会”发布管理的正常停机

- Ⅱ型：每车一司机（见第 9.3.2 节）。在这种情况下，活动的应用实例是在特定的时间进行明确的切换，因此中断度量直接叠加到活动的应用实例上。如图 12.19 所示，在任何时间瞬间，名义上只有一个版本在服务（就像传

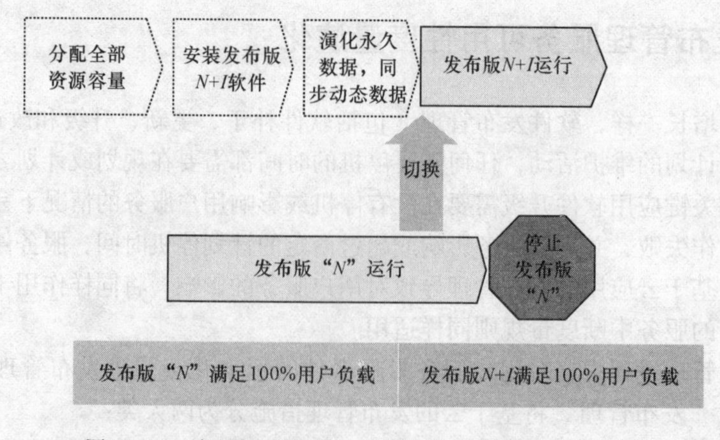

图 12.19 类型Ⅱ“每年一司机”发布管理的正常停机

统的部署)，所以中断事件可以像传统应用部署一样进行规范化。

12.7　服务度量展望

传统的服务可用性度量可以被改造，以覆盖运行在云计算基础架构上的现有的应用。传统应用服务的可靠性、时延性、可访问性和持久性度量也可应用于云部署模式。将传统的服务度量应用到基于云的应用，会使最终用户，客户和供应商能够轻松地比较服务性能，分析和纠正传统服务和云部署的根本差距，从而有利于促使云部署满足或超越传统应用部署的服务质量。对软件版本的跟踪和分析服务度量，能够深入了解每个版本的开发、检验和部署过程。同样，对应用实例（由不同的云服务提供商提供，由不同的操作团队支持）的跟踪和分析服务度量，可以进行比较。

第 13 章 应用程序服务质量需求

对关键服务性能特征的严格定义和量化，使得可以系统地采用分析，设计和验证等方法，来保证需求具有持续满足的可行性和可能性。针对目标应用的关键服务质量的需求，应该有明确的定义，明确的度量和量化的最低期望。最高级别的服务质量需求，应能描述最终用户的体验，而不是仅关注各个组件的行为或是 API。对于第 2.5 节“应用程序服务质量”中的应用实例，最根本的应用服务质量性能需求被认为是：

- 服务可用性需求（第 13.1 节）；
- 服务延迟需求（第 13.2 节）；
- 服务可靠性需求（第 13.3 节）；
- 服务可访问性需求（第 13.4 节）；
- 服务可持续性需求（第 13.5 节）；
- 服务吞吐量需求（第 13.6 节）；
- 时间戳精度需求（第 13.7 节）。

下列需求也应被考虑：

- 弹性需求（第 13.8 节）；
- 发布管理需求（第 13.9 节）。

13.1 服务可用性需求

服务可用性是最根本的质量需求，因为如果应用无法提供服务给用户，也就没有别的事情可做。对应用主要功能的识别很关键，因为一旦失去了这个主要功能，那么整个系统被认为中断，而非主要功能的故障仅仅不过是出了一个问题而已，不会波及整个系统，尽管也许是一个严重问题。主要功能通常是特定的最高级别的需求和产品文件，应确定应用的哪些功能被认为是主要的。服务的可用性需求。

除了包含对应用的主要功能进行指定之外，服务可用性需求还应该包括：

1）最大可接受的服务中断：不同的应用，特别是当通过不同的客户端访问，可能使应用服务中断有所不同。例如，流媒体解码器通常包括丢失的数据包隐藏算法，如重播以前的音频数据包，而不是静音一段时间，这样偶尔的数据包延迟，丢失或损坏，可以不让最终用户感觉到。一个更极端的例子是流媒体客户端，包括巨大的缓冲区能够预取 10s 以上的内容，这使客户端能够自动检测和恢复大量应用和网络问题，而不影响用户的服务。最大可容忍服务中断时间指定了应用服务提供到客户端设备的影响时间，超出该时间就有可能创建一个不可接受的服务体验。应用、架构和配置（例如，定时器的设置及最大重试次数的设置）都被设计成在最大可接受服务窗口内能够成功交付服务。如果受故障影响的服务在这一最大可接受服务中断时间内不能被检测并恢复，该服务被认为是“不好”的，并且服务的指标性能也会被影响。例如，［TL_9000］中规定：“全部中断应该这样计算：导致全部或部分系统的主要功能完全丧失，且持续至少 15s 以上的时间。”注意，该最大可接受的服务延迟对于独立事务经常会缩短一些，因为服务中断，需要一个以上的故障的事务。读者会在网页浏览中非常熟悉这种体验：一个被“卡”或挂掉的网页一般会提示“取消”和“刷新”页面。如果第一或者第二次刷新成功，那么失败的页面加载算作故障事务，会影响网站的服务可靠性评价。但是，如果重新刷新，在可接受的最大服务中断时间内没有成功，那么该网站被认为是不可用的（至少对于用户来说），如图 13.1 所示。

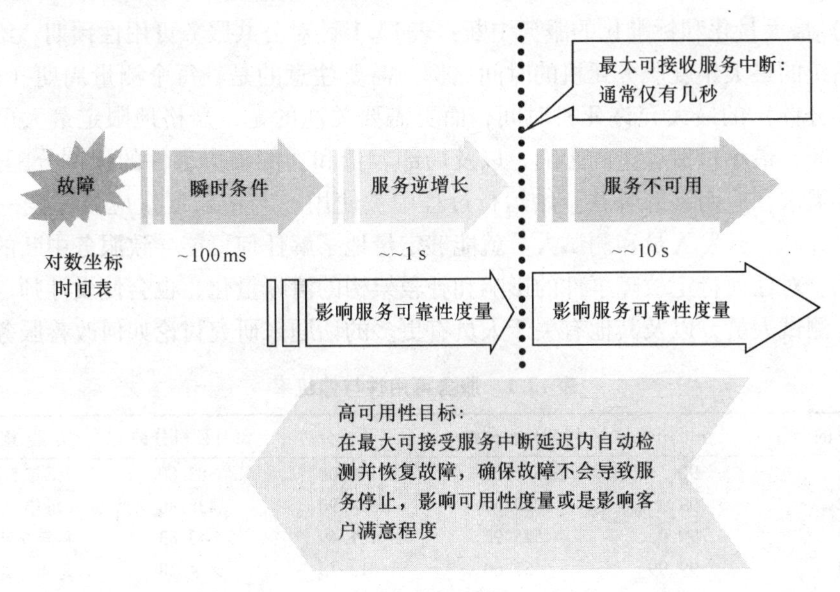

图 13.1　最大可接受的服务中断

2）按比例损失部分容量：庞大而复杂的多用户应用有大量的故障模式，往往对用户的服务能力产生不同的影响。一个影响所有用户的关键故障被认为是一个总中断，如果一个事件只影响单个用户，而其他几十，几百或几千个用户仍能正常访问应用，那么通常不被认为是服务中断。例如，缓慢地提供网页给一小部分用户，可能不足以作为一项关键服务中断，但它可能导致受影响用户放弃该网站而转向竞争对手。问题是在该事件被认为是部分容量损失服务中断之前，有多少用户服务容量被影响。习惯上，通过用户影响的百分比按比例去分配部分容量损失中断。在实践中，采用这种计算通常是相当复杂的，特别是当应用支持弹性容量，预先约定局部容量损失比例是非常有用的。例如，应用服务供应商可能有关于事故的报告和管理的操作策略，例如，事件影响至少10000个用户，会引起总经理的关注；事件影响50~9999个用户，会引起直接主管的注意；事件影响10~49用户，会引起监督员的关注；事件影响1~9个用户，会直接由维修工程师使用普通优先级进行处理。这一政策鼓励故障被包含到不超过9个用户，然后是不超过49个用户，然后是不超过9999个用户。

3）按比例损失部分功能：故障往往影响部分系统功能。例如，Netflix公司的“兰博架构”［Netflix］中明确被设计成能够继续提供至少主要功能给最终用户，尽管出现故障。因此，事先约定如果部分功能损失了如何收取费用是非常有用的。例如，下面是传统部分功能比例原则［TL_9000］，主要包括：

a. 一个或一个以上的操作、管理和维护功能的总损失（默认权重为5%）

b. 网元管理系统（EMS）可见的总损失（默认权重为10%）。

4）最大量化和标准化的服务中断：表13.1针对公共服务可用性预期，给出了每个系统的最大年度服务死机的时间比例。需要注意的是，每个测量周期（例如，每月几分钟）的最大允许死机时间，而更需要关注的是，严格地限定最大可接受服务中断，最小付费容量的影响，以及局部容量和功能损失事件的比例分配规则。可用性需求在应用被部署并开始运行过程中被使用（与中断度量应该完全一致），这样设计师，开发人员和测试人员就能够定量地了解任何可能导致服务中断的故障的影响。对任何特定故障事件的影响和补救架构的清晰量化，也会使设计师、开发人员、测试人员，以及其他有关于人员有更多的话题来研究讨论如何改善服务。

表13.1 服务可用性与停机率

压“9”的个数	服务可用性	年度死机分钟	季度死机分钟	每月死机分钟	实践意义
1	90	52596.00	13149.00	4383.00	每年5周
2	99	5259.60	1314.90	438.30	每年4天
3	99.9	525.96	131.49	43.83	每年9小时
4	99.99	52.60	13.15	4.38	每年1小时
5	99.999	5.26	1.31	0.44	每年5分钟
6	99.9999	0.53	0.13	0.04	每年30秒
7	99.99999	0.05	0.01	—	每年3秒

由于实际测试活动是不太可能使用某一版本的应用测试足够长的时间，以获得较高统计置信度的每个系统每年的服务中断时间，为此，数学建模通常被引入来验证服务的高可用性需求。通常情况下，基于架构的可用性模型会考虑系统故障率、服务补救的成功率、服务恢复时间，以及其他因素，从而估计系统的长期服务可用性的可行性和可能性。虽然构建基于体系架构的服务可用性模型超出了本书讨论的范围，但基于架构的模型能够反映关键行为和系统特性，所以至少针对一些关键应用特性，有可能构造可量化和可验证的需求。这些关键应用特征例如：

- 应用程序启动和重启时间；
- 故障检测延迟；
- 服务恢复操作延时（例如，切换和故障迁移）；
- 成功完成切换或故障迁移的概率。

由于许多关键应用的特点在构架和设计阶段不是非常明确，开发团队会经常会为所有输入参数估算初始值，然后在测试期间测量实际值，并更新基于架构的可用性模型的输入参数的实际值，从而在测试结束前得到一个更好的可用性预测值。最佳做法是为关键可用性输入参数设定定量需求，以保证每一个值是认真在测试过程中测得的，但是不是很严格的方法也可能被接受。

13.2　服务延迟需求

通常最终用户在某一时间只会使用一个应用处理一个事务（如网页单击、通话建立、信道改变），在用户操作与应用服务的响应之间的延迟是一个重要的服务质量特征。最大可以接受的事务服务延迟会规定上限，超出这一上限许多或大多数用户将放弃请求（例如可取消网页加载）。如果事务完成慢于这个最大可接受的延迟，将被认为是失败的，因此这也会被算作服务的可靠性缺陷（在第 13.3 节“服务可靠性需求”中讨论）。

正如在第 4.1 节“服务延迟、虚拟化和云”中所讨论的，服务延迟最好被认为是一个统计分布，而不是一个单一的可以明确测量的值。一个简单的规格技术是通过两个指标来说明服务延迟的分布要求，例如最大可接受的延迟在 90%（最慢的占 1/10）和 99.999%（最慢的占百万分之一）。这些要求可以通过延迟 CCDF 进行检验，以验证该分布不超过 10^{-1}（即 90%）或 10^{-5}（即 99.999%）。

13.3　服务可靠性需求

服务可靠性的需求是指一个逻辑上，语法上和语义上正确的服务请求在最大可接受的服务延迟（见第 13.2 节，“服务延迟需求”）时间内产生正确响应的概率。服务可靠性需求可以非常方便简单地指定为每百万次（DPM）尝试中失效（或故障）操作的次数。传统上，一些方法使用若干个 9 来表示服务的可靠性，但这种格式对大多数人来说操作和评估都很困难，所以这里建议使用 DPM。此外，还应该指定最大可接受事务延迟，超过了该最大延迟，事务被视为失败，因为用户很可能会取消或放弃慢的事务。常见的基于百分比的服务可靠性值可以很容易映射到 DPM 值，如下所示：

99.9% 的服务可靠性 = 每百万中有 1000 个失效操作（DPM）

99.99% 的服务可靠性 = 100DPM

99.999%的服务可靠性=10DPM

99.9999%的服务可靠性=1DPM。

如式（13.1）（通过尝试操作和成功操作计 DPM），式（13.2）（通过尝试操作和失败操作计算 DPM）和式（13.3）（通过成功操作和失败操作计算 DPM）所示，DPM 很容易计算以下中的任意两个：尝试操作次数，成功操作次数和失败操作次数。

$$\text{DPM}=\frac{(\text{操作尝试}-\text{操作成功})}{\text{操作尝试}}\times 10^6 \tag{13.1}$$

$$\text{DPM}=\frac{\text{操作失败}}{\text{操作尝试}}\times 10^6 \tag{13.2}$$

$$\text{DPM}=\frac{\text{操作失败}}{(\text{操作成功}+\text{操作失败})}\times 10^6 \tag{13.3}$$

请注意，不同的事务类型可能有不同的 DPM 和最大事务等待时间要求，即使是相同的应用程序。例如，用户可能希望简单的查询操作是快速和可靠的（例如，500ms 内小于 10 DPM），登录操作时间较慢但可以忍受（例如在 5s 以内小于 50 DPM），而像配置新的应用用户这样的复杂事务，由于更大的复杂性，可能需要有更宽松的要求（例如，20s 内小于 <100DPM）。

13.4 服务可访问性需求

服务可用性需求主要考虑影响大量用户的事件所造成的影响，服务的可访问性指标主要考虑任何单一用户可以成功获得所需服务的概率。服务可访问性需求被定义为 DPM 的最大值，并且服务可访问性需求应能保证有一个以上的可访问场景，例如：

- 成功地登录到一个服务的能力，并有正确的主页面显示（如用户登录之后主页面应在 10s 以内显示出来），且 DPM 不要多于 100。
- 开启一个电影流媒体，且具有可接受的音视频质量的能力（如视频和音频将开始播放给最终用户）应在用户按下“PLAY”键 5s 以内，且 DPM 不要超过 50。
- 建立电话呼叫和接收回话的能力（如回话应在按下“发送”键 4s 内发出且不超过 20DPM）。

13.5 服务可持续性需求

服务的可持续性是面向会话应用的特定指标，如流媒体电影从开始播放到结束没有察觉到音视频中断的概率，或是可以连续提供可接受的服务质量的电话呼叫，直到通话一方明确挂断。出于实用目的的考虑，名义上可以指定一个测试用例（例如两小时的流媒体电影或持有三分钟的电话通话）。服务可持续性需求可以被量化为每百万（DPM）应用会话中被提前终止或经历服务损失（质量不可接受）的会话数量。

请注意，可访问性和可持续性能力对于面向会话的服务往往是背靠背指标，因此，应用安装失败一般认为是可访问性服务质量问题，而在服务正常建立之后的服务质量问题通常认为是可持续性问题。因此，在考虑应用的可访问性需求时，应该一并考虑可持续性需求，并确保所有这些服务需求能够充分定义最终用户所期望的服务质量体验。

13.6 服务吞吐量需求

吞吐量需求通常是指每秒能够完成的事务处理的最小比率或每小时批量完成的事务处理的最小比率。最好的做法是，将服务吞吐量需求与服务可靠性需求并列，例如“在每小时 5 千个操作、小于 100DPM 情况下，应用每小时交付的最小吞吐量”。

13.7 时间戳精度需求

时间戳精度需求通常是指所记录的时间戳与世界时间（UTC，事件实际发生时间）之间最大可以接受的差异（如毫秒或微秒）。例如，“在每百万个时间戳中，不准确程度超过 100ms 的时间戳，不要超过 50 个”。

13.8 弹性需求

应用的弹性架构、体系设计、性能分析（见第 8 章“容量管理“和第 15.6 节“弹性分析”），应该根据应用弹性指标（见第 3.5 节“弹性度量”）由可验证的服务需求来驱动：

- 密度（第 3.5.1 节，“密度”）。密度需求是指由一个特定的资源配置服务的最大用户工作负载，且可以持续不断地满足所有应用的服务质量需求。密度会随云服务提供商的架构性能特征而发生变化，因此为每个虚拟机实例指定一个通用的密度需求是不现实的。根据 IaaS 资源的费用支出来直接指定一个应用密度需求也是不现实的（例如，每月 IaaS 向 Y 个订购服务的用户收取费用 X 元）。密度需求通常可以通过下列中的一个或两个来实现：

1）当应用程序依据一个特定的 IaaS 配置执行时，可以指定密度。例如“最大的用户密度是每个虚拟机实例中至少有 X 个活动用户”。

2）指定服务质量标准，以确定最大可接受密度。例如“每个虚拟机实例最大的用户工作量可以配置为：在不超过100ms 的 10^6 个查询操作中最慢的一个”。

- 扩展（见第3.5.4 节 向上或向下扩展）。最大的应用实例名义上的容量应该被指定，例如最大并发用户会话数或待处理业务数量。
- 敏捷（见第3.5.6 节）。容量增长和逆增长的名义上的单位应该被指定。
- 配置间隔（见第3.5.2 节）。对于所有弹性增长操作，最大配置间隔时间应该被指定，通常是指超出云服务提供商完成分配操作所需时间而增加的时间。
- 转换速率（见第3.5.7 节）。持续的容量增长的预期速率应该被指定。例如“应用应该弹性增加服务容量，按每小时至少5000 个用户速度从最小扩展到最大”。
- 弹性加速（见第3.5.8）。应用的体系设计文档应说明弹性加速是否支持，以及如何支持的。

如果支持弹性加速，则最小可接受加速应被指定，连同加速带来的好处（即，作为增加资源消耗的函数）。释放间隔名义上是不需要的资源从应用实例中被释放速度的下限。资源的费用一般是廉价的，通常按小时收取，释放间隔时间（见第3.5.3 节）通常不是一个重要的关键质量指标，所以一般不定量指定发布间隔需求是可以接受的。

13.9 发布管理需求

应用发布管理需求通常指定下列内容：

- 执行软件升级或数据迁移所需的总时间间隔（如 <4h）
- 服务死机的允许时间，如果有的话，要为每一个版本管理事件指定允许死机时间（例如，<15s）。
- 对新的和现有的会话服务的影响（如保持所有稳定的会话）
- 在浸泡测试中，引导流量到一个特定版本的比率
- 应用或虚拟机实例升级的依赖关系或顺序

服务中断指标和会话被终止的数量指示应被统一起来，以证明符合所规定的具体要求。

13.10 灾难恢复需求

应用的恢复时间目标应该被量化，例如恢复完成的准确时间可以量化为：90%的受影响的用户已成功恢复。应用的恢复目标点可以定量地指定为可接受数据丢失

的最大窗口尺寸。

如果任何持久性应用或用户数据不能被灾难恢复机制保护，那么这些数据的潜在损失应明确规定（例如在服务水平协议 SLA 中），以确保灾难恢复存在的限制被充分理解。

第 14 章　虚拟化架构度量与管理

服务缺陷的及时识别和准确定位，对于迅速恢复可接受的用户服务质量和采取正确措施纠正问题根源是很有必要的。找到影响服务的真正故障原因并加以改正，是持续提高服务质量的核心。为了能够及时识别虚拟化架构的缺陷，云用户和应用供应商应确保对虚拟化架构服务质量进行充分的服务度量。本章主要讨论通过 MP0 服务边界进行服务质量的度量（MP0 见第 10.1 节“端到端服务环境”）。如图 14.1所示，由云服务提供商通过应用程序面向资源服务边界（MP0）交付给应用组件实例（运行于虚拟机中）的虚拟化计算资源，内存，存储器和网络资源的性能，直接影响应用交付给最终用户的服务质量。应用面向资源服务边界 MP0 的服务性能，可能会被度量成低于架构服务提供商所面对边界的服务性能，其中存在的风险在第 14.1 节中讨论。架构的 MP0 服务性能也可通过应用进行度量，这将在第 14.2 节云消费者度量选项里讨论。第 14.3 节“缺陷度量策略”讨论每一个在第 4 章中涉及的虚拟化架构缺陷的度量技术。第 14.4 节“管理虚拟化架构缺陷”回顾了如果架构的性能低于预期，云消费者可以采取的技术和策略措施。

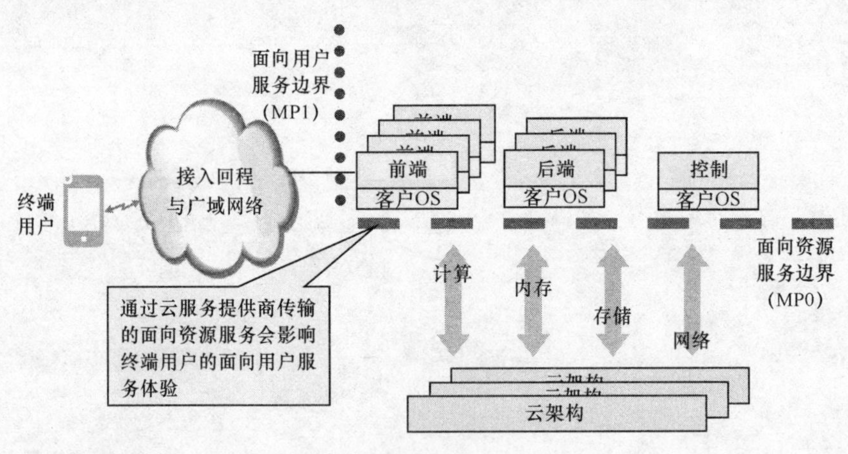

图 14.1　架构缺陷和应用缺陷

14.1　架构服务质量度量的业务环境

云服务提供商应该可以利用从虚拟机监视器和其他在虚拟机上运行的应用实例的资源组件得到详细性能数据。云服务供应商可能不愿意与云消费者分享性能/质量信息的细节，原因包括：

- **保护专有的业务信息**。正如很少有零售商自愿向他们的客户和竞争对手公开详细的成本和销售数据一样，云服务供应商通常不愿意暴露个人和特定的虚拟机实例性能的详细数据。
- **最大限度地降低 SLA 责任**。云服务提供商必须知道，只有云消费者明确报告性能损失且明确请求 SLA 补救措施，架构性能（违反了 SLA 所约定的性能要求）、金融救济措施（例如服务信用）才有可能被触发。由于云消费者可能没有意识到违反 SLA 事件的影响和持续时间，主动提供性能的详细数据就可能触发服务提供商采取比消费者所请求的更大的补救措施。
- **非标准度量**。因为虚拟化架构故障尚未量化成行业标准，云服务提供商可用的度量手段很可能只是基于对产品特性的说明，因此可能很难整合汇集成有关性能的清晰准确的描述，具体描述出什么性能被实际交付给单独的虚拟机实例。例如，不同的虚拟机监视器提供商会给云服务提供商提供不同的性能管理数据。出现的新问题就是，架构元素可能不会跟随性能特征来指定云消费者、应用或虚拟机实例组件，因此，从虚拟机实例组件映射性能数据回到单独的虚拟机实例（指定了特定的云消费者应用实例）可能会很困难。

因此，云服务提供商可能无法定期提供足够详尽的性能管理数据，使云消费者准确地描述虚拟化资源的真实表现，以便积极地实施应用程序性能管理。对于云用户和它们的应用实例，替代方案是监测虚拟化架构资源传递给每个虚拟机实例的性能，同时监测对每个应用组件实例进行记录和分析的其他性能管理数据。

理想情况下，这些数据将会是足够丰富，能够明确区分应用服务的性能缺陷。这些缺陷是由于云服务提供商的虚拟化架构，因为应用软件组件实例问题或其他问题，而没有达到预期的性能要求。一旦知道了服务缺陷的根本原因，采取适当的行动来纠正缺陷的真正根源，从而使该应用更强大，足以应对未来的故障事件。

14.2　云消费者的度量选择

云消费者有两个基本选择可以保证云服务提供商给他们的应用组件实例提供可接受的架构服务性能。

1）**依靠（IaaS）云服务提供商的尽力服务**。云消费者可以简单地信任云服务提供商会真诚地尽最大努力提供服务，而不用想尽办法地去度量实际传递给他们应用软件的虚拟资源服务。简而言之，是依靠信任而不需要去验证云服务提供商。

2）**加强能够度量实际架构性能的应用软件**。复杂的应用通常配备性能监控机制，该机制被耦合到管理和控制架构中，这样能实现应用实例的外部可视化和可控性。此功能可以进一步增强，从而可以通过实例基础应用软件，直接或间接地度量一个应用组件实例的虚拟机和可视化架构的性能。实例基础应用软件可以部署多个度量策略：

- **查询虚拟机监视器和架构的度量方法**。可以通过虚拟机监视器和/或云服务提供商提供有用的性能度量数据。不幸的是，即使特定的性能数据（连同访问数据的编程接口），被提供给应用和云消费者，但这些性能数据会随云服务提供商以及虚拟机监视器的不同而不同。
- **主动服务探测**。应用或中间件软件可以主动探测架构的性能，如通过在应用虚拟机实例中定期执行性能检测基准程序（benchmark）。主动地进行服务探测应该进行优化配置，以便其增加到目标应用的工作负载不会太大，这样探测本身不实质性地影响应用软件享有的服务性能。例如，如果网络吞吐量通过运行一个网络性能基准程序来进行主动探测，如果基准程序大量使用网络 I/O，那么同一个虚拟机实例中的应用组件就只会分有很少一部分网络容量。需要注意的是，主动服务探测可以被配置成当应用本身空闲或轻负载时再运行，从而减少对应用服务的影响，但是这可能不能精准的表征应用在有负载时架构的性能。
- **回环机制**。回环机制（见图 14.2）可以深入了解虚拟化组件的行为，其通过度量一个请求实际到达目标虚拟化组件实例的延迟，以及对比往返延迟和连续性延迟来实现。通过回环机制，可用深入了解虚拟化架构对总服务延迟和服务一致性的影响。

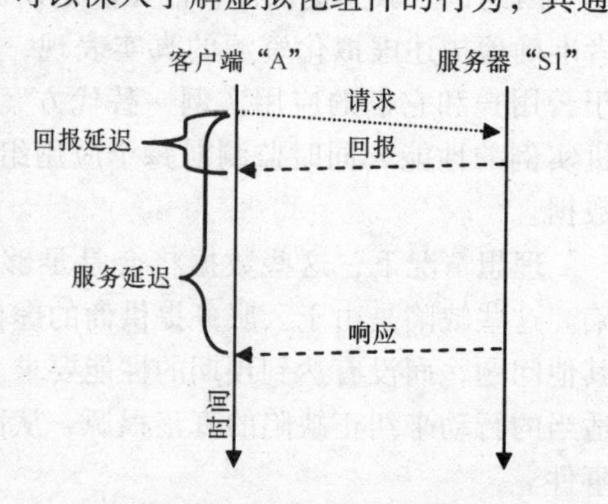

图 14.2 回报与服务延迟

- **最小侵入（虚拟机实例）监测**。应用程序、中间件和/或客户操作系统软件可以进一步增强，从而可以直接或间接地获知交付给指定组件实例的虚拟化架构的性能。例如，时钟抖动事件可以这样进行度量，即把常规时钟事件设置成计算事件应该被触发的时间和事件实际触发时间。通过对比预期和实际的事件发生时间，可以获知时钟事件抖动情况。
- **重新利用传统的度量方式**。传统的操作系统，实用工具和应用程序通常为本地的部署设计了丰富的性能度量方法。尤其是一些传统的度量方法可以深入了解虚拟化架构的真实表现。因为虚拟机监视器可以有效地屏蔽客户操作系统的全部虚拟化效果，这些度量方法通常不能得到直接有用的信息，所以谨慎分析和关联传统度量方法，可能才会有用。

14.3 缺陷度量策略

在第 4 章已经给出度量每个虚拟化架构缺陷的策略，本节分别讨论：

- 虚拟机故障度量（第 14.3.1 节）
- 无法交付的虚拟机配置容量度量（第 14.3.2 节）
- 交付退化的虚拟机容量度量（第 14.3.3 节）
- 尾部延迟度量（第 14.3.4 节）
- 时钟事件抖动度量（第 14.3.5 节）
- 时钟漂移度量（第 14.3.6 节）
- 失败或缓慢的虚拟机实例分配和启动度量（第 14.3.7 节）

性能管理数据通常每 15min 记录一次，虚拟化架构的故障数据应单独记录在每个虚拟机实例上。减少实际记录的性能管理数据是非常重要的，这样可以避免有待分析和存储的数据量大规模地增加。

14.3.1 虚拟机故障度量

第 12.4 节“硬件可靠性度量演化”引入了虚拟机实例可靠性度量中的概念，即 MTBF 和 FIT。依靠失败的虚拟机实例来可靠地记录自身故障事件是不可行的，复杂的应用通常包括监测和控制机制。该机制可以用于配置管理系统的高可用性，完成各种操作，以及对各组件实例的管理，并且这个机制通常用于监视应用组件的运行状况。应用的监视和控制组件与单一的应用组件之间交换的心跳信息，不能可靠地表征虚拟机实例的故障率，因为应用或客户操作系统软件的严重故障可以阻止正确心跳消息的获取。在考虑准确识别虚拟机故障事件时，必须排除这些因素。虚拟机故障可以从无法交付的虚拟机配置容量事件来加以区分，例如通过适当配置定时器和最大重试心跳次数，完成虚拟机实例的动态迁移。灾难性的应用操作系统软件故障，可以从底层虚拟机故障进行推断：

1）在正常关闭虚拟机之前，要求应用实例明确有序地记录请求虚拟机终止的请求事件。

2）探测虚拟机实例操作系统的可用性（例如通过 ping 命令）。

3）通过云服务提供商提供的机制（如 API），检查托管无应答应用组件实例的虚拟机实例的状态，以确认是否虚拟机实例是可以运行的。

应用通常会希望单个虚拟机实例可以保持几个小时，几天，几周甚至更长的时间，因此，虚拟机不成熟的版本发布率必须包括一个时间组件，来获得任意一个虚拟机在一个固定时间周期内持续交付可接受服务的概率。硬件故障率历来被归一化为 10^9h 内的故障数（又名 FIT），所以这里建议虚拟机故障率被归一化为 10^9h 内不成熟的虚拟机版本数（即 VM FIT）。式（14.1）给出了如何计算 VM FIT：

$$VM\_FITs = \frac{NumPrematureVMReleases}{HoursVMInServiceTime} \times 10^9 \quad (14.1)$$

- NumPrematureVMReleases 是虚拟机故障或异常中断的总数，不包括在第 4.2 节“虚拟机故障”中给出的三个正常触发器所触发的中断。为了读者方便起见，这里再重复说明一下：

1）由云消费者提交的明确请求（例如通过自助服务 GUI 发出的请求）

2）由应用程序实例自身提交的明确“关机”请求。

3）由 Iaas 提供商基于预先制定的策略而明确执行的指令，如不支付账单或者执行合法的终止命令。

- HoursVMInServiceTime 是在整个度量周期中虚拟机实例处在服务状态中的总时间。名义上，虚拟机“处在服务中”的时间起始于虚拟机配置和初始化稳定后，但也可以提前到接收到该虚拟机分配请求的时刻开始。虚拟机实例暂停的时间不会被计算到“处在服务中”的时间，因为这时虚拟机是没有执行的，因此不应该很容易受到破坏。

FIT 可以通过式（14.2）很容易地转化为以小时为单位的平均故障间隔时间（MTBF）：

$$MTBF_{Hours} = \frac{10^9}{VM\_FITs} \quad (14.2)$$

该指标每个月都应该进行计算。

14.3.2 无法交付的虚拟机配置容量度量

如果虚拟机 CPU 容量未能交付，可以通过像 jHiccup［jHiccup］这类工具来进行度量。比较高频定期事件的时间戳，可以让应用很容易隔离虚拟机没有运行的时间间隙。网络容量未交付问题可以通过比较输出队列与发送数据的统计结果来度量。队列深度的增加而没有相应地增加发送的比特位，或许就是一个网络未送达状态的指标。如果队列和 I/O 的统计数据可用于存储设备，那么类似的技术就可以应用到存储领域。

14.3.3 交付退化的虚拟机容量度量

对资源容量不足问题的查觉是很难的，因为虚拟机管理器会明确地让虚拟机实例相信它们对底层物理资源有完全的使用权。当提供的负载容量保持稳定时，增长的工作队列表明虚拟化架构所能提供的资源容量越来越少。同样地，IP 包的重传或丢失意味着云网络架构也许遭遇拥塞并因此数据包被丢弃。分析客户操作系统或虚拟机管理器的性能计数器，可以深入洞察云服务提供商交付的架构服务质量。

14.3.4 尾部延迟度量

正如在 4.1 节所讨论的，虚拟化和云架构事实上受制于较长的对资源访问

(如 CPU) 的尾部延迟, 从而导致用户服务的响应时间存在严重尾部延迟。在应用程序面向资源服务边界, 应用可以间接地度量应用服务资源到架构延迟 (如磁盘 I/O 延迟) 的均值和方差。传统的监控和表征服务延迟的方式是建立延迟性能互补累计分布函数 (CCDF) 或直方图 (见第 2.5.2.2 节)。通过直方图或 CCDF 可以对延迟行为进行深入解析, 它们为每个被追踪的延迟度量指标, 在每个度量间隔建立 10 个, 20 个或更多组度量点。确定度量点的最佳尺寸会不得不面对一个更大的挑战, 即实际行为过于复杂以致很难提前配置。原因已在第 4.1 节 "服务延迟, 虚拟化和云计算" 中详述。云计算使延迟有更多的不确定性, 所以定期地监视延迟 (例如, 每 5min 或 15min), 记录结果并进行离线分析是非常重要的。不幸的是, 直方图通常需要相当大的数据组。然而幸运地是, 延迟可以用平均延迟 (如平均延迟时间) 和一些方差 (如延迟平方的平均值的平方根) 来表征。一阶统计量 (平均延迟时间) 和二阶统计量 (延迟平方的平均值的平方根) 简洁地表征了服务延迟性能, 包括尾部延迟。为了优化, 经常可以采用抽样方法 (例如, 每隔 N 个样本度量和记录一次), 以减少度量开销的增加。

14.3.5 时钟事件抖动度量

实时应用通常依赖于时钟事件中断来周期性地进行时间同步, 例如用于视频会议的交互式流媒体。通常, 这些应用会包括实时组件, 实时组件依赖于定时器每隔几毫秒产生的时间中断, 从而确保流量能够在延迟允许范围内迅速地交付给应用。在这种情况下, 可以度量每个时钟事件从被触发开始到定时器服务例程实际执行完毕的时间的平均值和方差值。时钟事件的抖动, 也可以使用软件进行度量, 软件只需要周期性触发事件, 并度量响应延迟, 类似的如 RealFeel (http://elinux.org/Realtime_Testing_Best_Practices#RealFeel)。

14.3.6 时钟漂移度量

从概念上讲, 在虚拟机中实例的时钟漂移是很容易通过度量虚拟机时钟与基准时钟 (例如 time.nist.gov) 重新同步的周期性校正时间来获得, 例如比较普遍的网络时间协议 [NTP RFC 5905] 或精密时间协议 [PTP IEEE 1588]。时间同步程序, 如 NTP 守护进程, 可以配置成对它们的时钟调节操作进行记录。分析这些调节记录, 可以了解每个虚拟机实例的时钟驱动的性质和幅度。

14.3.7 失败或缓慢的虚拟机实例分配和启动度量

从被分配和启动的虚拟机实例自身是不可能了解它的分配和启动是缓慢或者是有错误的, 必须通过其他实例来进行监测, 比如已经运行的虚拟机实例。如果应用的监视和控制组件明确地为应用的启动和容量增长进行虚拟机实例分配操作, 那么监测和控制组件可以度量虚拟机实例的分配和启动的响应延迟和状态。对于每个虚拟机的分配请求，至少记录以下细节信息是非常有用的：

- 分配请求的时间；
- 被请求的虚拟机的特征（如 CPU 的数量和分配到的 RAM）；
- 分配响应时间；
- 分配请求的最终状态（如成功或者返回错误码）。

每个虚拟机分配请求应该记录这些信息，它可以离线分析从而了解 Iaas 性能的整体特征。

14.3.8 度量总结

严重的架构缺陷，如许多虚拟机实例同时出现故障，可能会相对比较容易诊断，缓慢的用户服务质量缺陷（造成在每百个、千个或者更多的事务或会话中有几个事务或者会话失败），通常很难发现真正的问题根源。对虚拟化架构性能的适当监控可以帮助确定用户的服务质量缺陷是否归属于应用程序、虚拟化架构、终端到终端网络，或是这些或其他因素的组合。

图 14.3 展示了对云消费者架构缺陷进行度量的策略：

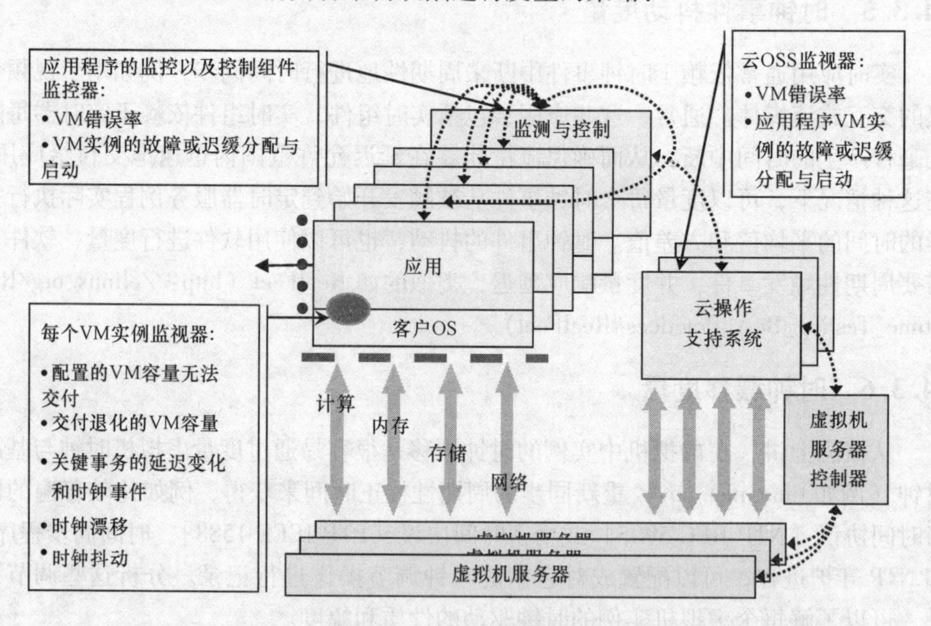

图 14.3 简化的度量架构

- 应用的虚拟机实例软件监测：无法交付的虚拟机配置容量；交付退化的虚拟机容量；尾部延迟；时钟事件抖动和时钟漂移。
- 应用的管理和控制功能监测：虚拟机故障率；虚拟机实例启动和分配操作故障或缓慢。
- 云 OSS 监测：虚拟机故障率；虚拟机实例启动和分配操作故障或缓慢；其

他架构和技术组件故障和服务缺陷。

可以配置阈值警报，当架构的性能低于特定的目标阈值时，提醒云消费者，而且这些数据可以积累几天，几个星期和几个月来分析 IaaS 服务质量。

14.4　管理虚拟化架构缺陷

如果虚拟化基础架构的性能低于预期，那么云计算消费者可以通过技术和商业的结合来减轻受到的损失。能够短期缓解架构性能欠佳的技术包括以下一种或几种：

- 最小化应用程序对架构缺陷的敏感度（第 14.4.1 节）；
- 虚拟机级拥塞检测与控制（第 14.4.2 节）；
- 分配更多虚拟资源容量（第 14.4.3 节）；
- 终止性能欠佳的虚拟机实例（第 14.4.4 节）。

慢性架构服务缺陷可能需要非技术方式来缓解，例如：

- 接受性能退化（第 14.4.5 节）；
- 积极主动的供应商管理（第 14.4.6 节）；
- 重新设定最终用户服务质量期望（第 14.4.7 节）；
- SLA 注意事项（第 14.4.8 节）；
- 更换云服务提供商（第 14.4.9 节）。

14.4.1　最小化应用程序对架构缺陷的敏感度

认识到虚拟化架构很容易发生服务故障，超出了在本地硬件上的应用体验，所以架构师应该在设计他们的应用时，最大限度地降低应用对架构缺陷的敏感度。IaaS 缺陷影响分析（见第 15.2 节）应该能完全表征敏感度，利用该敏感度可以在架构上进行缓解或为虚拟化架构服务设定最低性能期望。一些缓解措施非常简单，通过调整配置参数，来忍受更大范围架构性能波动，例如扩大故障/报警事件的时间窗口。更深远的架构改变，如部署并发冗余（参见第 5.5 节“顺序冗余和并发冗余”），要求从根本上减少应用对架构故障的敏感度。

14.4.2　虚拟机级拥塞检测与控制

相比传统上的本地部署，云部署引入了更多性能可变性。本地部署的应用组件有相对一致的性能表现，可以使应用能够在某些样本点上度量负载水平，然后估计所有应用组件的负载水平。云计算可能非常不同，因为即使应用统一为各个组件实例分配负载，云服务提供商也不会为每个托管这些应用组件的虚拟机实例统一调度虚拟化计算资源、内存、存储和网络资源，所以这些应用组件实例的吞吐量和应用服务的性能可能会有显著的差异。因此，拥塞控制必须分别地评估每个应用虚拟机实例的吞吐量和积压量。我们都知道，一个虚拟机实例拥塞应该引起应用组件激活拥塞控制机制，触发应用或者解决机制来转移工作量到一个或者多个包含高质量备用架构容量的组件或应用实例上。如第6章中所讨论的，代理负载均衡器可以有效地通过服务组件池分配工作量，这样可以有效地缓解虚拟化架构缺陷。非代理负载均衡器（例如DNS）经常被用来分发跨应用组件的工作量，但非代理机制不提供与代理负载均衡器相同程度的性能监控和负载分发控制，因为它们不处在服务交付的关键路径上。

14.4.3 分配更多虚拟资源容量

如果虚拟化资源分配给一个或多个应用组件实例是不可接受的，那么应用可以水平地扩展另一个应用组件实例，通过一个很大的由较差性能的虚拟机实例组成的资源池来完成工作，同时提供可接受的服务质量。如果该应用实例是处在或接近最大设计容量，或者架构缺陷影响了多个应用组件，则应用可以扩展一个新的程序实例，用来作为另一个可用的分区或数据中心。

14.4.4 终止性能欠佳的虚拟机实例

如果一个虚拟机实例持续一段时间都只能提供不可接受的服务，那么可以适当简单地终止性能欠佳的虚拟机实例，可以依靠应用的高可用性机制来恢复对用户的服务影响。需要注意的是，当架构缺陷不能简单地隔离到独立的虚拟机实例时，终止虚拟机实例是不合适的。毕竟，更大范围的架构故障事件导致的更大可能性是：用于恢复服务的冗余虚拟机组件实例同样也受到故障影响。

14.4.5 接受性能退化

在某些情况下，最终用户将暂时接受退化的应用服务质量。例如，如果是由于灾难事件或其他外部事件，应用的服务质量被降低了，超出了云消费者的合理控制范围，那么，客户可能不会质疑云消费者作为高质量应用服务供应商的信誉。

14.4.6 积极主动的供应商管理

云消费者可以与它们的云服务提供商合作以了解最让人头痛的架构缺陷，并为服务提供商提供必要的数据以协助找到导致缺陷的真正原因，同时确保适当的纠正措施被及时部署。

14.4.7 重新设定最终用户服务质量期望

如果虚拟化架构缺陷影响到了实现最终用户所期望的服务质量的可行性和可能性，那么云消费者可以尝试降低最终用户的期望。服务质量的期望通常是某一品牌产品或服务体验的核心属性，重置该品牌的期望到较低的水平可能是应当慎重管理的复杂的商务问题。

14.4.8　SLA 注意事项

如果云消费与云服务提供商有架构服务质量 SLA 约定（服务水平协议），那么经济或非经济的补救措施可能作为对性能缺陷的补偿。通常，这些 SLA 是以适度的服务信用的形式存在（例如，对于云消费者未能交付可接受服务质量的信用成本），因此可能不包括经济和非经济形式的补救措施的成本，云消费者有义务通过 SLA 将补救措施提供给最终用户。毕竟不像保险产品，SLA 并不意味着每个故障事件都要将“全部”消费者都包括进来。

14.4.9　更换云服务提供商

对于不可接受的虚拟化架构的性能表现，最终的商业缓解办法就是更换云服务提供商。云消费者应要求，如果服务提供商交付的架构的性能未能达到指定的服务水平，那么与云服务提供商的合同应该包括可以让他们选择提前终止与云服务供应商的合同关系。云消费者更换云服务提供商通常是一个昂贵和耗时的事情，明智的做法是认真研究潜在的服务提供商，并且选择最有可能持续提供可接受的架构服务质量的服务提供商。需要注意的是，使用标准的而不是专有的云接口和服务，将使企业更容易更换云服务提供商，从而使更换云服务提供商的决定更加可行。

第15章　基于云的应用程序分析

为关键应用进行可靠性设计，包括采用可靠性框图（RBD）、故障模式影响分析（FMEA）、单点故障分析，以及基于架构的可用性（停机）建模。正如在第4章“虚拟化架构故障”中所讨论的，以及在整个第Ⅱ部分“分析”中所展示的虚拟化和云部署对应用服务质量的新挑战，因此，在进行可靠性设计时，必要确保应用程序架构可以减轻这些新挑战带来的对用户服务的影响。本章提供了以下分析方法来考虑当应用被部署在虚拟化的云平台上时的情况：

- 可靠性框图和参照分析（第15.1节）；
- IaaS 缺陷影响分析（第15.2节）；
- PaaS 故障影响分析（第15.3节）；
- 工作负载分配分析（第15.4节）；
- 反关联性分析（第15.5节）；
- 弹性分析（第15.6节）；
- 发布管理影响效应分析（第15.7节）；
- 恢复点目标分析（第15.8节）；
- 恢复时间目标分析（第15.9节）。

15.1　可靠性框图和参照分析

可靠性框图（RBD）是一种用来分析应用的服务可靠性风险和冗余缓解效果的非常便捷实用的技术。新的云应用的可靠性框图可以重新创建，当改进现有应用或者构建新的应用（RBD 会在云上和本地硬件上均运行）时，进行本地（传统）部署和云部署的参照分析是很有用的。正如在第12章“服务可用性度量”中所讨论的，参照分析开始于本地（传统）部署和云部署的可靠性框图，这些框图实际上并列放在一起，如图15.1所示（或见图12.8）。任何存在于一个 RBD 中而不在另外一个 RBD 中的组件，或者在 RBD 中存在差异的组件，都会加以说明。应用的云部署架构实际上可能与传统架构是完全不同的，尤其是在“技术组件即服务”或其他云中心架构被使用的时候。然而，当分析服务风险、设定性能目标时，一个传统部署和云部署的参照比较是非常有用的。

如果将 PaaS 的技术组件取代传统组件，那么它会在参照分析中突出显示，例如在图15.1中，传统部署中的常规机柜式模块组件在逻辑上被云部署的“连接即服务”所取代。如果云部署和传统部署在功能支持上进行比较时存在差异（因为

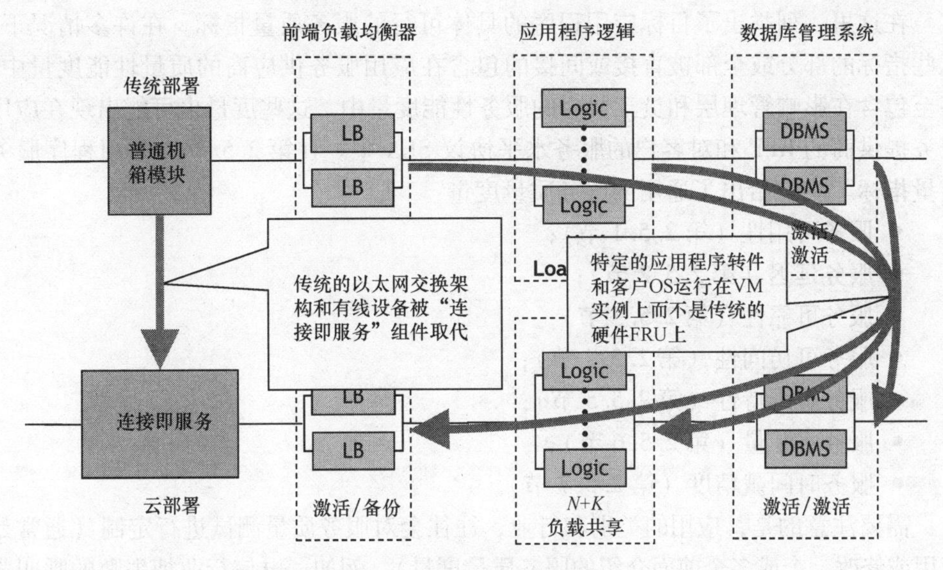

图 15.1　并行可靠性框图示例

相对于本地技术组件，更多功能的 PaaS 技术组件被应用在云部署中)，那么也会突出显示。

由于基于架构的服务可用性模型通常结合可靠性框图，所以对该模型的架构进行 RBD 参照分析应该是很简单的。这里，给出一个从基于架构的数学模型中得来的参照服务可用性预测，可以用于为每一个应用模块和技术组件进行宕机目标和预算的参照分析。单个技术组件的中断预算（如在第 12.3.2 节“技术组件”中所讨论的“数据库即服务”）在选择一个 PaaS 供应商时可以用于设置需求。

15.2　IaaS 缺陷影响分析

应用团队和决策制定者应该关心的最根本的服务质量问题是：云架构上部署的应用是否能始终如一的满足服务质量需求。“架构即服务”的影响分析（IIEA）对实现应用服务质量需求的质量风险进行识别。这方面的认知可以使应用团队和决策者采取行动，以减轻已确定的风险。从逻辑上讲，这一分析是一个矩阵，在该矩阵中，应用的关键服务质量指标（第2.5 节“应用程序服务质量指标”）作为行，虚拟化架构缺陷（见第4 章）作为列，其中的单元格显示应用的敏感度。在设计中确定了最敏感的节点后，设计师可以专注于应用上的补救措施（如改进冗余设置及重传/重试策略）和架构上的补救措施（如对 IaaS 供应商的评估、IaaS 性能监控，以及对 IaaS 供应商进行积极的管理）。

IIEA 方法步骤如下：

1）列举可用的应用服务质量指标

在这里，列举出了目标应用程序的具体可行的服务质量指标。在许多情况下，这些指标的部分或全部被直接或间接的包含在应用服务供应商的质量性能度量中，甚至包含在影响管理层和员工奖金的服务性能度量中。这些度量也可能出现在应用服务提供商的 RFP 和对客户的服务水平协议 SLA 中。在第 2.5 节“应用程序服务质量指标”中，给出了通用的服务质量度量：

- 服务可用性（第 2.5.1 节）；
- 服务延迟（第 2.5.2 节）；
- 服务可靠性（第 2.5.3 节）；
- 服务可访问性（第 2.5.4 节）；
- 服务可维持性（第 2.5.5 节）；
- 服务吞吐量（第 2.5.6 节）；
- 服务时间戳精度（第 2.5.7 节）。

需要注意的是，应用的类别和行业，往往会对服务质量测试进行定制（通常是使用或修改一个或多个前面介绍的服务质量度量）。例如，电信行业把失败的呼叫尝试作为主要服务可访问性指标，以及把通话掉线率作为主要服务可维持性指标。

2）基于服务质量指标特征化虚拟架构缺陷的灵敏度。单独考虑对每个应用服务测试可能的影响，应该从虚拟化架构缺陷（第 4 章“虚拟化架构缺陷”）的第 1 步开始考虑：

- 虚拟机故障（第 4.2 节）；
- 无法交付的虚拟机配置容量（第 4.3 节）；
- 交付退化的虚拟机容量（第 4.4 节）；
- 尾部延迟（第 4.5 节）；
- 时钟事件抖动（第 4.6 节）；
- 时钟漂移（第 4.7 节）；
- 失败或缓慢的虚拟机实例分配和启动（第 4.8 节）。

操作上，我们可以考虑每个虚拟化架构缺陷对应用使用的虚拟机实例的类型的影响（如前端组件，后端组件，以及管理和控制组件）。一些虚拟架构故障可能只有微不足道的影响（如时钟飘移对不使用时间戳的应用组件是不重要的），其他故障（如无法按配置交付虚拟机容量）对应用服务质量可能会有复杂的影响。需要注意的是，这里我们着重描述对用户服务的影响，对应用服务的影响进行排序和分类则是下一步的工作。

3）总结架构缺陷的影响

第 2 步详细描述了由 IaaS 服务故障引起的对用户预期服务的影响。需要注意的是，这些影响可能是非线性的，例如当“无法交付的虚拟机配置容量”问题持续时间很久，客户端重试机制将超时，然后会返回一个故障指示给客户端。服务脆弱性评估是指当目标架构能够提供最低限度可接受的服务（即最大化可接受的架构故障）的情况下，应用的目标服务质量需求不会持续得到满足的可能性。高脆弱性意味着当架构受损时，应用的服务质量需求不太可能被满足。为了让应用团队和决策者从第 2 步得到的复杂结果中理解风险以及纠正措施的优先级，影响可以被归类总结为颜色编码热点图，其中应用服务指标作为行，虚拟化架构缺陷作为列，单元格则依据风险进行着色：

- 高风险（红色），应用服务质量指标非常容易受到 IaaS 服务缺陷的影响；
- 中等风险（黄色），应用服务质量需求比较容易受到 IaaS 服务缺陷的影响；
- 低风险（绿色），应用服务质量需求不会受到 IaaS 服务缺陷的影响

4）大规模检测。如果验证机制存在，那么当应用被扩大到最高配置时，若缺陷只影响单个虚拟机实例，那么出现故障的虚拟机实例就可以被迅速识别出来。

5）推荐补救措施。项目团队和决策者应该认真考虑将高风险（高度脆弱）和中等风险（有点脆弱）转化为低风险（不脆弱）的补救措施。项目团队可以创建一个特殊计划，这个计划可能映射每一个推荐措施到相应的应用中去使用。

需要注意的是，当计划的应用服务质量、可靠性和延迟测试用例，被用在最脆弱的架构（如步骤 3 中的高风险/红色、中等风险/红色）上时，应用测试团队应该使用 IIEA 作为输入。

15.3　PaaS 故障影响分析

除了利用虚拟机“架构即服务”，基于云的应用还可以利用“平台即服务”这一技术组件，如负载均衡、数据库，安全设备等等。在第 15.2 节中我们讨论了 IaaS 故障或缺陷对应用服务的影响，这一部分我们考虑 PaaS 技术故障对应用服务的影响。“平台即服务”的故障影响分析（Platform-as-a-Service Failure Effects Analysis，PFEA）步骤如下：

1）列举应用使用的 PaaS 技术组件。在用户服务交付路径中，应用直接或间接使用的所有 PaaS 技术组件都应该被列举出来。

2）描述应用如何检测 PaaS 技术组件故障或不可用问题。像任何其他软件对象一样，技术组件可以缓慢静默地发生故障，也可能快速直接地出现故障，因此应用应该做好对一系列技术组件出现故障的检测和补救措施。

3）明确技术组件不可用造成的影响。什么是 PaaS 技术组件不可用性的用户服务影响？例如，如果一个特定组件每年有 5min 是不可用的，那么在这段时间里用户服务是否也不能使用？

4）明确技术组件故障转移的影响。虽然 PaaS 服务供应商提供的技术组件可能具有高可用性，但技术组件实例将不可避免的失败然后需要重新恢复服务。技术组件出现故障后，虽然可以成功恢复，但这会对用户服务产生什么可能的影响？

5）明确技术组件软件发布管理和计划维护的影响。软件组件不可避免地需要

进行修补、更新和升级，服务提供商不可能通知云用户每一个技术组件维护的计划安排。技术组件的维护操作对应用用户有什么可能的影响？

6）总结技术组件故障影响分析。PFEA 被概括为一张表：每一行表示一个技术组件，其中一列表示技术组件故障转移，另一列表示对技术组件的维护。每一个单元格描述应用服务所受的影响。从本质上讲，用于 IIEA 的三个风险分类同样可以用于 PFEA：

- 高风险（红色），应用服务质量指标非常容易受到 PaaS 技术组件故障的影响；
- 中等风险（黄色），应用服务质量需求比较容易受到 PaaS 技术组件故障的影响；
- 低风险（绿色），应用服务质量需求不会受到 PaaS 技术组件故障的影响

7）推荐的补救措施。能够将所有高风险（高度影响）项目和中等风险（有点影响）项目转化成为低风险（不影响）项目的特定操作，应该提供给项目团队和决策者考虑。

15.4　工作负载分配分析

正如第 6 章所讨论的，在云上进行负载分配变得很复杂。负载分配功能必须足够健壮，并且能够积极地为应用服务质量提供支持，这一点是非常重要的。工作负载分配分析，包含对负载均衡机制和策略进行审查，以确保它们满足应用的期望。对应用所使用的代理负载均衡器进行负载分配分析，应该包含以下内容：

- 服务质量分析（第 15.4.1 节）；
- 过载控制分析（第 15.4.2 节）。

如果分析表明实现应用对负载分配的期望是不可能的，或者对用户服务可能的影响被认为是不可接受的，那么应用的架构和/或负载均衡策略将会重新开始工作，然后重新进行分析，直到结果令人满意为止。

15.4.1　服务质量分析

服务质量分析应包含以下步骤：

1）描述代理负载均衡器如何支持服务可用性和服务可访问性：

○ 负载均衡器如何监控和检测应用组件实例的故障？

○ 负载均衡器在失败的基础上如何再次平衡工作负载？

○ 故障检测和流量再分配的间隔时间是多长？

○ 故障检测和流量再分配比最小付费停机时间短，因此在组件发生故障时不会有付费停机的事情？

○ 负载均衡器是否缓存或重新发送基于服务器实例可用性的消息？

2）描述代理均衡器如何支持服务延迟：

○ 在应用组件实例服务延迟时，代理负载均衡器收集什么数据？

○ 负载均衡器在负载分配决策时，如何使用性能数据来管理用户服务延迟？

3）描述负载均衡器如何支持服务可靠性：

○ 代理负载均衡器如何监控和检测应用组件实例的服务可靠性性能？

○ 代理负载均衡器如何基于服务的可靠性性能数据改变负载分配？

○ 负载均衡器如何迅速地修改负载分配？

4）描述代理负载均衡器如何支持服务可持续性

○ 如果服务组件所处理的会话在会话完成之前失败了，如何请求重定向？

5）评估所描述的方法和技术是否会符合应用的用户服务质量需求。如果分析表明，需求不可能得到满足，那么建议用补救措施来解决差异。

15.4.2　过载控制分析

为了分析管理过载应用实例的服务质量风险，我们应该：

- 描述负载代理均衡器如何检测单个应用服务器组件的过载情况；
- 描述负载分配策略在发生单个服务器组件过载故障时如何改变；
- 描述负载均衡器如何判断单个应用服务器组件实例过载事件已排除，或是如何决定启用一个新的应用服务组件实例去替换出现故障的过载组件；
- 描述负载均衡器会采用什么样的措施来减轻大部分或所有的服务器组件池过载情况；
- 描述负载均衡器如何确定组件池的过载情况已排除。

在评估和过载测试过程中发现的任何功能上的差异，都应该通过工作项或新的特征和手段被正确调整到满足产品服务的需求上来。

15.5　反关联性分析

为了提高性能，IaaS 供应商试图将一个应用的所有虚拟机实例整合到相同的虚拟主机、相同的机架设备上，从而使应用的交互组件之间的延迟最小化，同时还使云数据中心内的带宽使用率最小化。IaaS 提供商甚至试图将一个应用的所有虚拟机实例整合到一个机柜或单个虚拟服务器中，但是这会使得虚拟机服务器的单点故障影响总的应用服务能力。

为了防止 IaaS 提供商在配置虚拟机时太过激进，以致将应用的高可用性机制放入相同的故障组，导致高可用性机制失效（如主用和备用组件运行在同一虚拟机服务器中），反关联性规则（见第 7.2.3 节）被用来指导 IaaS 哪些虚拟机不应该被放进同一组中。反关联性分析的目的是在架构故障之后尽快恢复服务。反关联性分析步骤如下：

1）创建一个应用虚拟机实例的可靠性框图。在RBD中每一个块都映射为应用虚拟机实例的一个类型

2）确定能够满足应用反关联性规则的虚拟机服务器主机的最小数目。从逻辑上讲，一开始假设应用的所有的虚拟机实例被整合到单个的无限大的虚拟机服务器中，然后应用反关联性规则，使得最小数量的虚拟机实例从虚拟机服务器中转移到最小数量的备用虚拟机服务器主机上去。

3）为从步骤2中确定的最小数目的每个虚拟机服务器设置颜色或其他标识。例如，如果虚拟机服务器被期望用来支持最小应用配置而且提示满足反关联性规则的最小数目是3，那么我们可以分别用红色、蓝色、绿色去标识它们。

4）对步骤1中的RBD块使用步骤3的颜色进行着色，并且只对反关联性规则明确指定的块进行着色。没有由反关联性规则明确指定的块（即虚拟机实例）是不能着色的。如果步骤2的虚拟机服务器主机的最小数目是不正确的，那么可能定义额外的颜色。

5）假设所有未着色的虚拟机实例被分配给其中的一个颜色组（如红色组），需要考虑：

A. 该颜色组（如红色）出现故障对用户服务的影响是否可以接受（即不违反应用服务质量需求）？

B. 一个备用颜色组（如蓝色）的故障对用户服务的影响是否可以接受？

C. 在每一个颜色的虚拟机服务器主机出现故障后，在最大可接受服务恢复时间内，用户服务是否能自动恢复？

6）重复步骤5，将所有未着色的虚拟机实例分配到其他颜色组中。

7）推荐的补救措施。如果步骤5和步骤6的故障太大，则需要重做反关联性规则。如果按步骤4和步骤5中对虚拟机的整合管理会占用自动应用恢复机制太长时间，那么需要细化反关联性规则，使得应用恢复机制更加健壮。重复分析是必要的。需要注意的是，Chaos Monkey（混乱猴子，能通过随机关闭服务的方式来模仿小规模的服务中断故障）可以用来延长恢复时间，以便确定服务延迟的影响。

由于复杂的反关联规则难以明确规定，云服务提供商因此会面临重重挑战，并可能过度约束应用部署，因此我们需要限制使用反关联性规则。需要注意的是，应用的反关联性规则旨在减少可能存在的单点故障（VM服务器主机），或对更极端的多点故障通过灾难恢复机制来减轻损失（如出现故障的服务将被转移到不同可用区或数据中心的一个或多个备用的应用实例中去）。因此，当一个虚拟机服务器出现了大量的应用实例故障时，应用架构师应该计划启动灾难恢复计划。

15.6 弹性分析

云应用的快速弹性特点引入了新的服务风险，这些风险在结构和设计阶段应进

行认真分析和管理。两个通常的弹性分析应该被执行：

- 在线服务容量弹性分析。在线服务容量弹性分析首先为应用所支持的弹性服务容量增长操作（见第 15.6.1 节）进行登记。每个增长操作所具有的服务风险将在第 15.6.2 节中介绍。容量逆增长的风险将在第 15.6.3 节中讨论。
- 存储容量弹性分析。存储容量弹性分析首先为应用所支持的存储容量增长操作（见第 15.6.4 节“存储容量增长场景”）进行登记。然后，每个登记的操作所具有的服务风险将根据支持存储容量增长操作（见第 15.6.5 节“在线存储容量增长操作分析”）和支持存储容量逆增长操作（见第 15.6.6 节“在线存储容量逆增长操作分析”）两种情况分别进行考虑。

如果分析表明，实现应用的弹性期望或需求（见第 13.8 节“弹性需求”）既不可行也不可能，或者可能造成的对用户服务的影响被认为是无法接受的，那么可以对该应用的设计进行再加工和重复分析，直到结果令人满意为止。这一分析结果可以作为弹性测试用例的输入（见第 16.4.5 节“应用程序弹性测试”）。

15.6.1　服务容量增长场景

以下列举支持容量增长策略的应用弹性架构：

1）如果支持服务容量的水平增长，则：

- 什么是水平容量增长的单位，如虚拟机实例？
- 什么是最小水平规模配置和服务容量？
- 什么是最大水平规模配置和服务容量？

2）如果支持服务容量的垂直增长，则：

- 什么是垂直服务容量增长的单位？
- 什么是最小垂直规模？
- 什么是最大垂直规模？

3）关于服务容量的向外增长：

- 如果支持创建一个独立应用实例，则独立应用实例如何联合？
- 如果支持对现有应用实例进行资源整合，则如何进行整合？

15.6.2　服务容量增长操作分析

在确定了应用所支持的在线服务容量的具体增长操作之后，接下来应该考虑每个操作的下列问题：

1）**配置间隔分析**。建立一个时间表来估计在线弹性能力增长操作可能的配置时间间隔，包括来运行测试流量的浸泡间隔的时间。

2）**与过载控制机制解耦**。验证应用的过载控制机制不会影响弹性增长行为。例如，弹性的操作不会因为应用实例的“TOO BUSY”错误或其他过载控制机制而失效。

3）**在降级的架构平台进行健壮性操作**。验证弹性增长操作是健壮的，当执行弹性增长操作时，对于虚拟化架构资源和其他应用组件（因为弹性增长操作的执行而变得严重过载）性能的降低不会太敏感。

4）**与过载控制触发机制的整合**。检验过载控制触发器，在额外的服务容量被在线添加后，能够及时重新评估容量。这样在额外的应用容量联机后，流量就不会被拥塞机制所拒绝。

5）**并发控制**。验证并发控制机制的健壮性。在增长操作完成之后，增长或逆增长请求不会被立即受理，弹性管理功能会在容量变化完成之后考虑所预期的容量，以避免容量过度。

6）**雨天分析**。验证如果第8.11节中的任何弹性故障情况发生时，应用是否能在当前容量下继续运行（当然要激活过载控制）。

15.6.3 服务容量逆增长操作分析

为了分析每个弹性容量减少操作带来的服务质量风险，我们应该做以下几点：

1）描述逆增长过程，包括从被回收的资源中调整用户流量；

2）确认目标资源流量逐渐流失带来的服务影响；

3）描述目标资源流失用户流量的过程。如果流失不够快，则需要确认强行减少流量对用户服务的影响；

4）估计可能和最快的情况下资源释放间隔；

5）当一个版本发布操作正在等待执行时，服务容量增长操作该怎么办？

任何未辅以匹配的弹性逆增长操作的弹性增长操作，应该被格外注意，并且简要说明为什么不支持弹性逆增长操作。

15.6.4 存储容量增长场景

除了进行在线应用容量的弹性分析，架构设计师还应该考虑所有持久性存储的弹性。架构设计师应该把所有持久性数据归为以下三种类型之一：

- **在线弹性存储**。这些数据存储可以与应用实例一样在线弹性增长，并提供服务给最终用户。
- **脱机可重构存储**。这些数据存储的大小可以通过脱机维护工作进行重新配置。如重新启动或重新安装应用实例。脱机弹性操作对用户服务的影响应该进行总结（就像安装一个新软件版本对服务所造成的影响）。
- **非弹性存储**。这个数据存储的大小不能改变。非弹性存储分配的限制条件（或缓解措施）应该被明确说明，比如要求创建另一个应用程序实例找出耗尽这种非弹性资源的最可能（也许是极端的）的情况，以及资源耗尽会带来什么样的用户可见的服务影响。

15.6.5　在线存储容量增长操作分析

对于每个在线弹性存储增长操作，我们应该：

1）描述增长特征，如水平增长，垂直增长；

2）给出存储增长的单位，以及最小规模和最大规模的约束条件；

3）描述存储增长过程；

4）评估典型的配置时间；

5）总结成功存储增长操作对用户服务的影响；

6）如果存储容量增长操作会被自动触发，那么什么是可能的触发条件和规则？

7）解释弹性存储增长故障的检测及恢复策略。

15.6.6　在线存储容量逆增长操作分析

对于每个在线弹性存储增长情况，应该解释是否支持对应的逆增长操作。如果对应的逆增长操作不被支持，那么应该解释为什么不被支持。为了支持在线逆增长操作，我们应该：

1）解释存储容量逆增长过程；

2）评估典型事件资源回收时间间隔；

3）如果存储容量逆增长操作期望能被自动触发，那么什么是可能的触发条件和规则？

4）解释在版本发布间隙，弹性存储容量增长操作如何处理？

15.7　发布管理影响效应分析

对于支持在线发布管理的应用，当执行补丁、更新、升级或改造操作时，我们有必要分析并最小化对在线用户的服务影响。

15.7.1　服务可用性影响

为了评估发布管理操作对服务可用性的影响：

1）**描述软件升级的过程**，包括完成每项任务所需的时间。在一个成功的软件升级过程中（如流量从旧版本重定向到新版本时），客户服务不可用的时间间隔是多久？是否要做检查以确保新发布的实例有足够的资源可以使用？

2）**描述丢弃或回滚一个软件版本的过程**，包括数据库模式和内容回滚。在一个成功的丢弃/回滚过程中，客户服务不可用（如流量从新版本重定向到旧版本时）的时间间隔是多久？

15.7.2 服务可靠性影响

验证数据记录和其他资源完全是可用的，以便没有服务请求因为“资源暂时不可用”情况而被拒绝。如果在发布管理过程的任何时间点有任何请求不能成功，那么准确记录服务性质和服务受影响的持续时间。

15.7.3 服务可访问性影响

如果不能持续在整个发布管理过程中提供服务给用户，那么描述服务不可访问的可能持续时间和性质。

15.7.4 服务可维持性影响

如果任何现有用户会话在发布管理过程中出现中断或掉线，则描述可能受到的服务影响。验证在流量减少过程中，能够有效保留用户会话直到其被正式终止。

15.7.5 服务吞吐量影响

数据的增加通常对应用数据库产生很大的负载，而这额外的工作量可能会影响服务吞吐量。如果数据增长或发布管理的任何方面能够影响服务吞吐量，那么需要分析和描述这一影响的性质和持续时间。

15.8 恢复点目标分析

恢复点目标（Recovery Point Objective，RPO）分析需要考虑：恢复的数据是否过时或什么是数据丢失的最大窗口？例如，有多少秒/分钟/小时/天的用户操作、库存变化、销售或其他事务操作可能在灾难恢复中丢失？

如图15.2所示，最坏恢复情况是在一个定期备份完成之前发生灾难性故障，所以必须恢复到最后一次完全备份，以下是需要注意的方面：

a. 定期备份间隔（T_{Periodic}），如每天24h备份时间加上成功执行所需时间。

b. 备份到一个地理位置相对遥远的站点的时间（T_{Archive}）。最好的情况RPO（见图15.3）是在备份到一个地理位置遥远的站点之后灾难性事件才发生。

RPO分析包括以下步骤：

1）列举所有已备份的持久性数据的数据库，定期更新到一个地理位置遥远的数据中心，并将以下内容作为灾难恢复过程的一部分：

- 库存数据库；
- 销售数据库；
- 配置数据库；
- 安全日志；

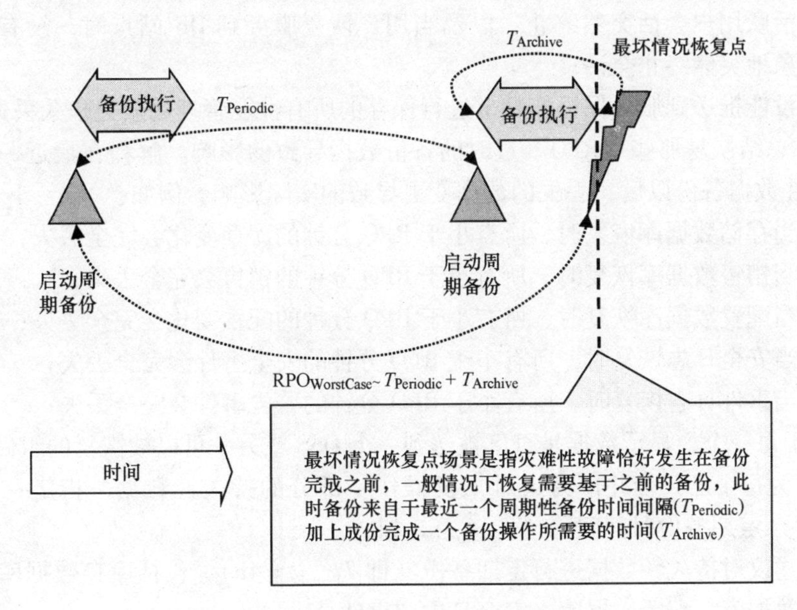

图 15.2　最坏情况恢复点场景

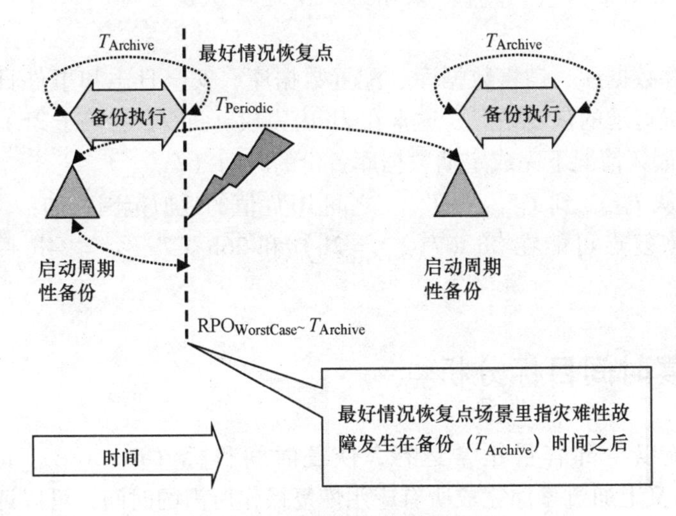

图 15.3　最好情况恢复点场景

- 事件日志。

2）列举那些未备份到地理位置遥远的数据中心，并因此在灾难恢复中丢失的易失性和持久性数据，如：

- 活动的用户会话，以及所有与活动会话相关的被挂起的事务；
- 性能管理数据。

3）当未备份数据突然丢失时（如发生以下意外灾难事件），总结恢复服务对用户和整体的影响，如：

- 活跃用户会话突然终止，以及当用户恢复服务到 DR 站点时，没有任何迹象地突然终止会话；
- 没能推送到服务保证产品上进行保存的所有性能管理数据会永久丢失。

4）总结恢复那些“RPO”过时的备份数据导致的影响。解释在最近一次为每个持久性数据备份以后，丢失的数据变更导致的实际影响，例如：

- 当存储数据库恢复时，所有小于 RPO 分钟的库存变化会完全丢失；
- 当销售数据库恢复时，所有小于 RPO 分钟的销售会完全丢失；
- 当配置数据库恢复时，所有小于 RPO 分钟的配置变化会完全丢失；
- 当安全日志恢复时，所有小于 RPO 分钟的安全事件会完全丢失；
- 当事件日志恢复时，所有小于 RPO 分钟的警告事件会完全丢失；

对于每一个，显示数据是否已被送到一个 OSS 或另一可以被恢复的组件上。

5）为每个已归档并作为灾难恢复操作一部分的持久性数据，指定一个默认（或推荐）定期备份时间间隔（$T_{Periodic}$），如：

- 建议对持久性数据进行定期备份（即 $T_{Periodic}=4h$），包括库存数据库、销售数据库、配置数据库、安全日志和事件日志。

6）估计定期备份（$T_{Archive}$）数据到一个地理位置遥远的数据中心的典型时间，如：

- 将库存数据库、销售数据库、配置数据库、安全日志和事件日志备份到地理位置遥远的恢复站点，通常在 2h 内完成（即 $T_{Archive}$ 等于 2h）

7）估计最坏情况下完成定期数据库备份的时间（$T_{Archive}$）。

8）总结从 $T_{Periodic}$ 到 $T_{Periodic}+T_{Archive}$ 之间 RPO 值的近似范围，如：

- 实际恢复点可能在 2h（$T_{Archive}=2h$）和 26h（$T_{Periodic}=24h+T_{Archive}=2h$）之间。

15.9 恢复时间目标分析

如果系统以全部容量正常运行，恢复时间目标（Recovery Time Objective，RTO）分析名义上通过累加完成所有应用恢复操作所需的时间，可以评估实际的恢复时间。

1）**灾难检测时间**。为了自动激活灾难恢复机制，该时间必须包括一些离线系统确认灾难确实发生并激活灾难恢复机制的时间。对于手动激活灾难恢复机制，发表正式的灾难声明并激活灾难恢复机制的时间应该被包含在恢复时间评估中。

2）**选择灾难恢复站点**。一些灾难恢复机制将所有被影响的工作交由一个单一恢复站点；其他灾难恢复机制把受影响的工作分发给 2 个或多个恢复站点。站点选择决策需要考虑分配给用来收集必要的数据，选择灾难恢复站点，以及与选择的所有适合站点和系统进行通信的时间。通知选择灾难恢复站点和支持人员的时间，以及其他相关恢复操作的时间，也应该被包含在考虑范围内。

3）**分配和上线足够的虚拟化资源给恢复站点上被影响的工作**。如果没有收集到足够的备用容量并保持上线，那么额外的虚拟机、网络、存储等其他架构资源必须被分配、配置和激活。

4）**从最近的恢复点定位和恢复应用数据**。受影响站点保留的数据应该被恢复或重新同步到应用实例上。根据数据备份/复制策略，可能需要导入一个或多个数据库备份，然后在最近的恢复点应用一系列的增量更新方法去重建应用数据的可用图像。如果归档数据存储在一个地方，而不是恢复站点，那么在归档站点和恢复站点之间的大量额外的 WAN 容量可能会缩短检索归档数据所需的时间。考虑到备份数据的大小、不同数据集的数量，以及备份数据存储的位置（例如配置和恢复应用实例在地理上是分离的），从持久性存储库读取数据、将其压缩用于传输、在广域网发送数据以及在恢复站点解压它，这些可能需要大量的时间。

5）**恢复足够的用户服务能力**。编写良好的 RTO 需求可以明确地指定受影响用户的比例。身份验证和面向会话的应用可能会经历异常高的登录量，因为所有受影响的用户自动尝试快速恢复服务。同时登录流量的激增，可能远远高于应用提供的正常登录和认证工作负载。毕竟，在正常的一天，用户可能会在一个时间段（例如业务系统的平日的上午 7：30 ~ 9：30）尝试访问该系统，但灾难事件可能会因同时影响站点而影响所有用户，因此，当恢复站点上线时，所有用户几乎会同时尝试启动恢复操作。所有受影响的客户端同时进行恢复可能会让恢复应用实例过载，因此拥塞控制机制或退避算法可能被激活，以确保受影响的用户能够进行身份验证和以一种有序的方式提供服务。根据恢复应用实例的上线容量，应用的拥塞控制机制的效率以及客户重试机制的配置，可能需要几十分钟或更长时间按比例地为受影响的用户完全服务恢复。

注意事项：

a. 基于灾难恢复设计和备用站点的就绪程度，一些恢复活动可以考虑省略掉。

b. 实际恢复时间可能受到在灾难事件期间（或恢复时间）活动的用户数量的影响。例如，在下午 3 点为成千上万的用户重新验证和重建会话要比在凌晨为极少数用户重新验证和重建会话明显需要更长时间。因此，在估计恢复时间时，通常会设定一个忙时的工作负载而不是最少工作负载。

最实际的做法是，编写一个文档一步步描述灾难恢复过程，包括为每一步骤估计完成时间，然后通过测试进行验证。

第16章　测试注意事项

由于在虚拟化架构下服务交付的缺陷（见第4章“虚拟化架构缺陷”）和云操作的特点，例如快速弹性（见第3章“云模型”），使得在云架构下部署应用程序存在着服务质量的风险。本章认为，适当的增量测试可以确保应用程序服务质量满足在云架构下部署的要求。本章首先概述了测试环境的主要内容，之后对测试策略进行探讨，并介绍了虚拟化架构下存在的缺陷以及测试计划。

16.1　测试环境

应用程序服务质量测试是ISO 9000研究的质量认证过程“展示满足特定要求的能力”[ISO_9000]。验证是指“通过客观证据来验证是否特定的需求已执行”[ISO_9000]并且回答“**是否已经正确建立了这个系统**”。确认是指“通过客观证据确认用户或应用程序的特定需求是否已执行”[ISO_9000]并且回答“是否已经建立了正确的系统?”本章的重点是验证服务质量的需求是否正确实施；而确认已经开发了“正确”系统并不在本章涵盖的范畴。

通过以下典型方法进行验证：

- 测试，是指“通过程序来确定一个或多个特性”[ISO_9000]。
- 检查，是指“通过观察和评估并进行适当的测量、测试或计量得到的一致性评价”[ISO_9000]。
- 评价，是指“采取活动来确定主题的适宜性、充分性和有效性以实现既定目标”[ISO_9000]。

应用程序可能是衡量资源使用情况一个重要的因素，这将直接影响云用户的运营开支（OPEX），应用程序的资源使用特征并不在本章的讨论范畴。

16.2　测试策略

云计算明确将应用软件从底层硬件架构中分离出来，因为运营和维护云架构的云服务提供商往往从组织上与操作应用软件的云用户分离开了。应用程序共同驻留的虚拟机（VM）服务器、共享存储阵列和网络架构的VM实例是可以变化的，容量的弹性增长和逆增长使得应用程序的特定设置会随着时间改变。因此，要求应用程序能够在“精确”的部署架构下测试服务质量是不现实的，不管应用提供商还是云用户都不能通过云服务供应商的物理架构严格控制应用程序组件的实际位置，并且精确的配置往往是随着时间变化的。结果是，应用程序提供商必须使应用程序能够容忍通过不同的云服务供应商时可能遇到的变化，其物理配置和虚拟化资源的质量在不同的时间对应用程序的虚拟机实例可用程度不同，正如将整个数据中心的工作负载转移与云服务提供商的运营和维护操作所需的时间不同一样。这种配置的变化要求在制定服务质量的测试计划时应考虑几点：

- 如何选择云平台作为测试平台（第 16.2.1 节“云测试平台”）；
- 应该使用多少云测试平台的容量进行测试（第 16.2.2 节“用于测试的容量”）；
- 执行多少事务方可充分表征服务质量和延迟（第 16.2.3 节“统计置信度”）；
- 如何测量服务中断时间（第 16.2.4 节“服务中断时间”）。

16.2.1 云测试平台

当考虑验证基于云的应用程序时，最根本的测试问题是能否将应用程序在目标云架构产品或一些具有参考价值的、便捷的（如最具经济效益的）云架构上进行验证。如果一个应用程序开发就是为了适应单一的云服务架构，那么在这个云服务提供商的架构上进行测试就没有太大意义。但是，如果一个应用程序将被部署到多个云服务提供商的架构上，那么选择一个“参考”云环境测试或者简单的挑选出最符合成本效益的云架构进行测试就十分必要了。云测试相对传统配置而言，具有灵活的优势，因为不需要验证具体部署环境。商业上的考虑可能会建议采用混合的测试计划，其中大部分的测试采用参考或便利的云环境来完成，部分测试活动（例如验证服务质量表现）在特定的用户云服务架构上进行。云的选择对普通功能测试的影响可能不大，但服务质量测试结果由于正常操作和在特定的云架构上的典型操作，会产生较大的影响。因此，相对实际测试而言，在云平台上执行服务质量测试可能难以准确的推断应用程序的服务质量特性。为了控制不同云平台上应用程序性能存在差异带来的风险，测试应该模拟应用程序最典型的架构缺陷。由于不同的管理程序具有不同的操作特征，至少一些测试应该在由支持不同管理程序的应用软件来执行。

作为持续交付的一部分，构造版软件可以实例化，并且为了测试真实环境下的服务质量可以向小部分用户提供使用。这种方式收集来的数据可以用来确定是否需要对应用程序进行修改或者该版本在增加业务负荷时是否足够稳定。

16.2.2 用于测试的容量

传统应用程序测试经常受到资金约束的限制，开发组织用有限的资金测试平台的硬件、软件许可以及用户负载的容量。因此，测试团队能够用于系统测试的最大工作负载实际上经常受限于资金的预算。正如云计算可以将资本支出（CAPEX）变为云用户的运营开支（OPEX），测试机构也可以重新设计自己的运营，将潜在的约束从资本支出转变为运营开支。不必购买基础设施来承载测试所需的应用配置和用户负载模拟器，测试机构可以在公有云配置自己的测试平台（包括用户负载模拟器），这就有足够的基础设施资源用来支持应用程序配置以及模拟大用户负载。然而，由于这种云容量会基于使用情况定价，每个测试运行的运营开支（OPEX）变得更加具体，因此测试运行 50000 个模拟用户很可比测试运行 5000 个模拟用户成本略高，并且持续数天可能是十亿次的续航测试运行，比测试运行几小时也许就百万次的成本更高。

更有趣的是，这种灵活性可能会允许测试人员重新设计测试活动，使大规模的云计算试验台的基础设施资源联机缩短测试执行时间。随着用户工作负载和云容量测试的自动化，可以通过同时并行执行多个独立的云测试平台测试计划来缩短执行应用程序测试活动所需要的时间。实际上，同时并行所有的测试计划是不切实际的，因为极少数的错误或配置不当就可能会导致大量的测试用例失败，每个失败的测试用例需要分析和判断根本原因，因此合理使用并行测试（例如日常回归测试）可以缩短应用程序的整体周期。

16.2.3 统计置信度

服务的可靠性、时延、可访问性性、可维持性性和吞吐量是基础统计特性：数十万、上百万甚至上亿的操作达到可信的验证统计要求。为了替代实施严格的数学分析来计算测试用例的迭代次数，实现量化统计的置信度要求，测试人员应设计足够的迭代次数，确保具备统计学上显著的效果。实际上，这就意味着缺陷比成功要求的迭代次数更多，应包含至少一个数量级以上的迭代，因此如果请求失败不超过十万分之一（10DPM［每百万缺陷］），那么测试至少应该执行 1000000 次（10 × 100000）。

16.2.4 服务中断时间

正如第 5 章“应用程序冗余和云计算”中所述，不同的应用程序架构、超时保护和最大重试次数带来的故障可以产生不同的用户服务影响。为了准确的表征高性能顺序、并行及混合冗余体系结构对用户服务的影响，需要适当的高精度测试工具。

图 16.1 说明了由于应用“B”失败引起的客户端“A”服务中断延迟的测量概念。通常客户端“A”将请求发送到“B”，而“B”迅速地发出回应。健壮性测试用例导致“B”的某些组件产生严重故障，这就阻止了“B”在一定时间内的响应请求（中断延迟），要求期间产生 2 ~ 6 次故障后，在第 7 次成功的时候“B”迅速对客户端“A”的请求返回正确的响应。

图 16.2 说明了如何量化客户端之间中断延迟的请求时间，因为服务延迟可以通过计算发送请求和接受答复之间的时间进行精确测量，当系统停止成功响应服务请求以及恢复服务请求时，就必须计算服务中断时间。因而，为了更准确地表征服

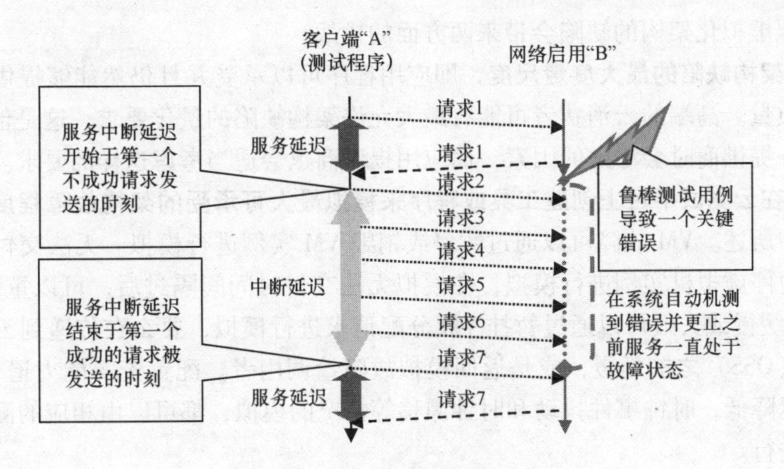

图 16.1 测量服务中断延迟

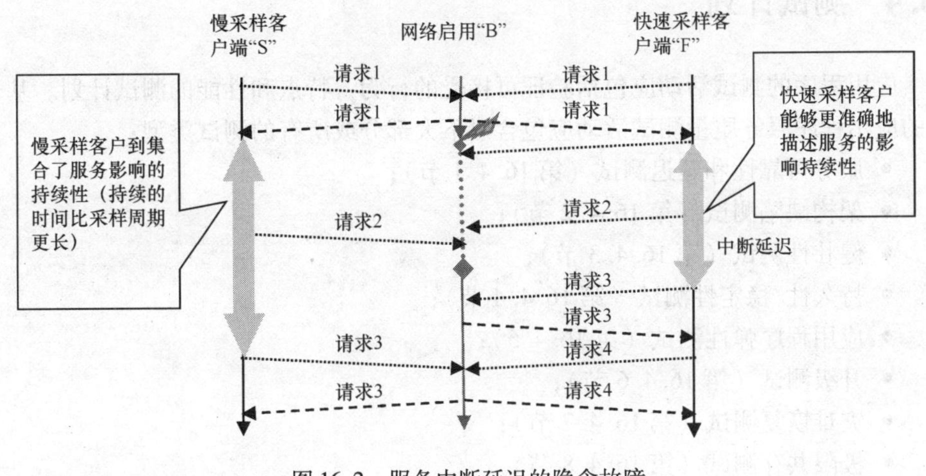

图 16.2 服务中断延迟的隐含故障

务影响的持续时间，采样服务探测时间应不超过 1/10 的最大可接受服务中断持续时间。

16.3 模拟架构缺陷

正如第 4 章“虚拟化架构缺陷”所述，虚拟化引入了能够影响基于云的应用程序用户服务质量上的架构缺陷。基于云的应用程序测试应当验证应用程序服务质量是否仍是可接受的，或是应用程序实例是否会降低架构性能。根据需要模拟架构缺陷的程度，能够测试应用程序服务质量对云故障的敏感性特点。第 15.2 节“IaaS 故障影响分析”能够让架构师和测试人员确定最可能影响服务质量的故障，因此对那些故障的模拟机制在生产系统为环境中应当是优先的。

模拟虚拟化架构的缺陷会带来两方面的挑战：

1）**架构缺陷的最大度量尺度**，即应用程序可以承受并且仍然能够提供可接受的服务质量。高端的云消费者可能有最大允许架构缺陷的量化要求，这是他们在选择云服务提供商时会考虑的因素，而应用提供商也会适当考虑这样的要求。

2）**在云测试平台上创建工具或程序来模拟最大可承受的架构故障程度**，正如在本节中所述。VM 故障可以通过暂停或销毁 VM 实例进行模拟。无法交付故障可以通过暂停虚拟机实例进行模拟，在模拟无法交付时间间隔过后，可以重新激活。VM 分配缓慢或失败可以通过暂挂 VM 分配请求进行模拟，要么在传递到云操作支持系统（OSS）之前延缓，或是返回模拟故障给调用者。配置资源能力退化交付，尾部延迟降低，时钟事件抖动和时钟漂移等情况的模拟，都可以由相应的测试工具和程序进行。

16.4 测试计划

应用程序的测试活动应包括验证可接受的行为，特点和性能的测试计划。基于云的应用程序服务质量测试活动应包含以下大部分或所有的测试类型：

- 服务可靠性和延迟测试（第 16.4.1 节）；
- 架构缺陷测试（第 16.4.2 节）；
- 健壮性测试（第 16.4.3 节）；
- 持久性/稳定性测试（第 16.4.4 节）；
- 应用程序弹性测试（第 16.4.5）；
- 升级测试（第 16.4.6 节）；
- 灾难恢复测试（第 16.4.7 节）；
- 极限共存测试（第 16.4.8 节）。

16.4.1 服务可靠性和延迟测试

基本服务质量测试验证当应用程序的虚拟化架构传输处于典型的或正常的性能，应用程序运行在容量刚好够或者略低的情况下，服务可靠性需求（第 13.3 节）和服务延迟需求（第 13.2 节）是否得到满足。具体而言，这意味着第 4 章中虚拟化架构的缺陷并非是显著的。如果测试工具正常测试，那么服务的可靠性及服务延迟可以通过运行相同的测试表征。应用程序负载生成工具应当产生正确一致的事务，并监测返回代码结果和事务延迟。除了记录发送不同类型请求的次数，测试工具应做到以下几点：

- 明确计算并记录成功（如“200 OK”）和不成功（包括其他）的响应。这样能够对服务的可靠性进行评估。
- 在足够的测量“桶”中记录服务延迟计数以生成有用的结果。当两个测量桶（比最大可接受服务延迟小，比最大可接受服务延迟大）最低限度的能够确定不可接受的慢事务速率，最好使用至少 10 个，理想 20 个以上的测量桶。应该有至少两个测量桶高于最大可接受的服务延迟（其中一个能够捕捉“略微”大于最大可接受服务延迟，另一个捕捉明显大于最大可接受服务延迟），并且大多数测量桶应包括在可接受的服务延迟时间范围内。可以使用不均匀大小的桶（在 50% ~ 90% 的小桶比大桶在“尾部”更接近最大可接受的服务延迟值）。每个单独的桶中应该有少于 20% 的样品。数据应绘制成便于分析的统计分布。

如第 16. 2. 3 节“统计置信度”所讨论的，每个请求类型的足够迭代应记为用合理置信度表征的特性。测试结果应概括为关键功能/操作如下：

- 典型服务延迟，例如中值（50%）或 90% 以及尾部延迟点，例如 99. 999%（十万分之一中最慢的）。互补累计分布图是最好的。
- 每百万次尝试操作出现不可接受服务的比率，例如“0. 3 DPM（太慢了）”，这样慢的事务速率是不可接受的，将会报告。
- 正如“3. 2 DPM”，这样的全局事务故障率会报告。
- 服务延迟的尾部具有独特的特征，就好像是互补累计分布图。

服务可靠性和延迟测试也应该在以下过程中执行：

- 产品。服务的可靠性，延迟和中断应当在发布时进行实时监测，从而确定应用程序的实际流量。这对构造版特别有用，正如第 16. 4. 11 节“构造版测试”中所述。
- 云服务提供商的运营，管理，维护和配置（OAM&P）。当云服务提供商维护操作（例如实时迁移，储备和扩展）执行时，服务的可靠性，时延和中断应当进行监测。

16. 4. 2　架构缺陷测试

第 15. 2 节“IaaS 缺陷影响分析”中，定性描述了虚拟化架构缺陷对应用程序服务的影响。架构缺陷测试可以模拟最大可接受的架构故障，以验证对用户服务的影响是可以接受的。故障测试案例应当集中 IaaS 缺陷影响分析（IIEA）以说明影是高风险的，案例应当包括故障的所有类型，验证应用程序对架构缺陷不敏感。所使用的测试计划应确定采用何种工具和技术来模拟架构缺陷（见第 16. 3 节，“模拟架构缺陷”）。

16. 4. 3　健壮性测试

健壮性测试验证非单一故障事件引起的服务影响比最大可接受的服务中断周期影响更大（在第 13. 1 节“服务可用性需求”中已讨论）。从逻辑上讲，健壮性测试应该验证用户服务故障的影响并没有比被记录在应用程序的故障模式影响分析

（FMEA）更严重。健壮性测试也应当验证应用程序使用的所有平台即服务（PaaS）的技术组件（例如 load-Balancing-as-a-Service，Database-as-a-Service）故障不比在 PaaS 故障影响分析（PFEA）（参见第 15.3 节）更严重。

为了确保测试活动计划是可接受并健壮的，作者建议测试人员从以下几类考虑测试用例。相关的测试案例应是自动测试的，也可以用作回归测试来验证软件变更作为发布活动管理的一部分：

- VM 实例故障。所有类型的应用程序 VM 实例单独或同时出现故障；
- 技术组件“即服务”故障。应用程序使用的个别 PaaS 技术组件故障；
- 相邻噪声和可变资源延迟故障：
  - ○ 突发 VM 调度（过度调度延迟）；
  - ○ 高 IP 数据包丢失；
  - ○ 磁盘访问缓慢；
  - ○ 数据库访问缓慢；
  - ○ 高时钟事件抖动；
- 服务编排错误：
  - ○ VM 激活失败；
  - ○ VM 到达即死亡（DOA）；
  - ○ VM 慢启动；
  - ○ VM 实时迁移缓慢；
- 实时时钟偏斜：
  - ○ 虚拟机托管应用程序组件实例之间的高速时钟漂移；
  - ○ 一些 VM 实例中时钟时间向后运行；
- 应用程序错误：
  - ○ 内存泄漏或枯竭（包括过多的碎片）；
  - ○ 共享资源冲突；
  - ○ 紧凑或无限循环；
  - ○ 远程执行故障和“挂起”，包括远程过程调用失败；
  - ○ 线程堆栈或地址空间损坏；
  - ○ 引用未初始化或不正确的指针；
  - ○ 逻辑错误；
  - ○ 非内存资源泄漏；
  - ○ 过程中止，崩溃或挂起；
  - ○ 线程挂起或中止；
- 数据错误：
  - ○ 文件系统损坏，包括断电导致磁盘写无序；
  - ○ 数据库损坏，包括断电导致磁盘写无序；

○ 主备版本之间数据库不匹配；
○ 记录损坏；
○ 磁盘分区或文件系统已满；
○ 持久性存储故障或损坏；
○ 共享内存损坏（例如，校验错误）；
○ 链表破损；
○ 文件未找到；
○ 文件损坏；
○ 数据库升级失败；

- 冗余错误：

○ 恢复失败；
○ 应用程序的高可用性进程故障；
○ VM 修复失败；

- 网络错误：

○ 相邻或支持的网络单元不可达或故障；
○ IP 数据包丢弃；
○ IP 数据包损坏；
○ IP 数据包乱序；

- 应用协议错误：

○ 无效的协议语法；
○ 无效的协议语义；
○ 意外的或非法的消息序列；
○ 超范围参数，包括非法命令代码；
○ 恶意邮件。

Netflix 公司已经推广了一套自动健壮性测试工具，称为 Simian Army [Netflix11]，其中包括 Chaos Monkey [Netflix12] 能够用来随机杀死组件实例，从而验证自动故障检测和恢复机制正常运行。而关键应用的运营商不太可能拥有与 Netflix 同样的自由在他们的生产环境中释放 Simian Army，人们可以在云中使用一个单独的应用程序测试台释放的自动健壮性的测试工具，例如 Chaos Monkey 来验证应用程序健壮性机制的速度和效率而不会危及服务最终用户。也有 Monkeys 可以引入通信延迟和损坏，这可以在测试床中释放出来以验证网络问题的应用程序处理。

16.4.4　持久性/稳定性测试

要模拟产品使用模式，验证应用程序在长期持续的工作负荷中是否能保持完全稳定性，最好的做法是进行持久性和稳定性测试。云计算能够使稳定性测试发生变化，这个变化就是从静态应用程序配置的稳定性测试即传统的时间限（如 72h）转变为动态应用程序配置的工作负载约束的测试，这个测试使得更多的数据可以针对一个弹性应用程序配置来执行。基于云架构的应用程序稳定性测试可以包括以下几个方面：

- 在应用程序和云服务提供商共同支持下，持久性测试的早期，弹性增长操作以工作量增长的最大增长速率执行。
- 当应用程序达到或接近最大设计的容量运行时间时执行了千万甚至上亿的事务。
- 当数据库备份或 OAM&P 活动运行时，云用户可以进行操作，与此同时应用程序达到或接近能够提供给用户工作负载的最大容量。
- （如果可能的话）当应用程序的虚拟机实例进行独立迁移时，云服务提供商可以进行操作，以太网交换机重启可以模拟云服务供应商的常规操作。
- 为了验证在持续重工作负载下能够快速自动恢复，在对抗阶段虚拟机被“随机”杀掉。
- 当持久性测试运行结束时，工作负载弹性逆增长。

图 16.3 所示为基于云计算应用程序的可视化持久性测试案例。测试案例包括以下几个阶段：

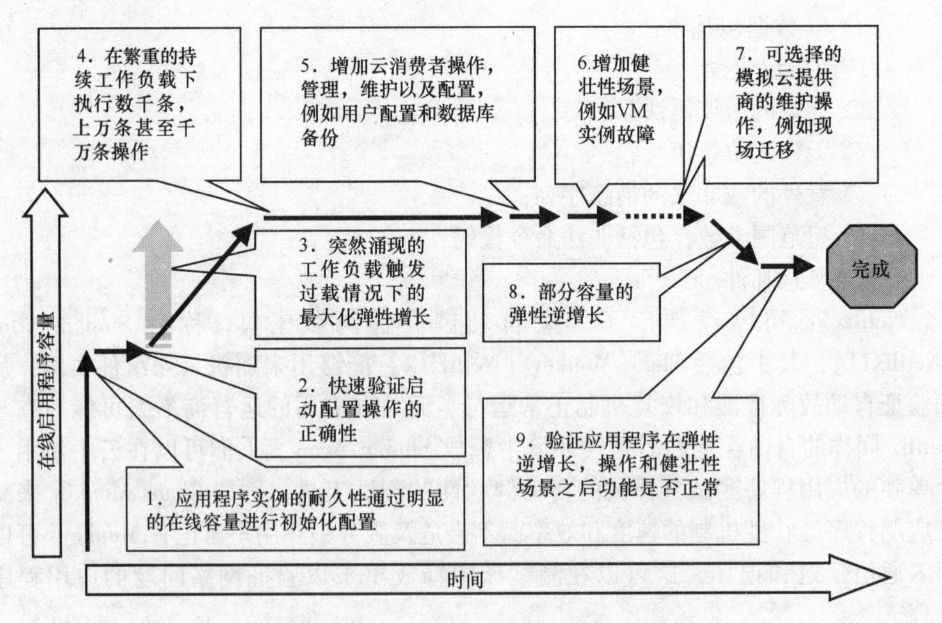

图 16.3 基于云应用程序的持久性测试用例

1）测试应用程序就是实例化小于最大支持在线容量。

2）在启动时，应用程序功能性“热启动”校验已经完全验证了应用程序实例有足够的能力进行耐久性测试并完成基本服务的 KQI。

3）在线应用程序容量显著增加使得应用程序出现过载并激活了自动弹性增长。保持较高的工作负载能够验证应用程序是否可以迅速应对过载情况。

4）名义上完全应用程序容量在线，执行长时间的用户服务 KQI 测试，完成百万或数十亿的事务，都可以表征服务质量性能的高可信度。

5）云消费者的操作、管理、维护和配置（如数据库的备份、添加、修改以及删除用户账户），应用程序和 OAM&P 操作都需要进行 KQI 性能测量。

6）对抗性场景，例如分别杀死 VM 实例验证自动恢复操作，并简单暂停虚拟机实例从而模拟架构缺陷。在整个对抗性阶段都需要进行 KQI 测量并记录性能降低的程度。

7）云服务提供商的 OAM&P 的操作，如实时迁移，当监控应用程序 KQI 来验证这些操作既不会破坏应用程序，也不会显著影响应用程序 KQI 的性能的情况下，这些操作就能够任意执行。

8）应用程序容量的弹性逆增长能够验证在缩减期间，用户的 KQI 是否没有受到重大影响。

9）最后一个“冷却”阶段验证所有的 KQI，以确保性能没有比热启动和满负载测试阶段降低。

如图 16.3 的持久性测试案例实例，是基于应用程序的使用概况，敏感性，脆弱性和质量的历史记录序量身定制的。例如，经过一段时间的流量过载，应用程序配置的最大容量则应当增加。自动测试用例可以模仿以前版本中的现场流量故障模式，这样应用程序验证至少能够具有与以前的版本一样的稳定性。

服务可靠性和所有操作延迟分别为持久性测试的不同测量阶段。而稳定性测试则不是服务延迟或服务可靠性测试的替代品，稳定性测试应尽可能记录服务可靠性（DPM）数据和服务延迟数据。稳定性测试 DPM 结果应与专门的服务可靠性测试相比较，如果出现差异，则应进一步发掘原因。

16.4.5　应用程序弹性测试

通过几个测试场景对应用程序弹性功能和需求进行验证（见第 13.8 节，“弹性需求”）：

1）验证弹性需求（见第 13.8 节，“弹性需求”）是否满足所有支持服务和存储容量弹性增长和逆增长的操作。

2）第 8.11 节“弹性故障场景”中的弹性故障场景讨论验证了应用程序服务能够从故障中恢复正常。

3）验证用户服务质量需求满足整个弹性服务容量和存储增长，所提供的工作负载不会过快增长从而激活应用程序的过载控制机制。

4）验证用户的服务质量需求满足整个支持弹性逆增长操作。

5）验证当应用程序过载时，快速弹性机制操作能够最终减轻负载（前提是所提供的负载小于应用程序的最大上限容量)。

6) 验证发生在弹性容量逆增长操作时流量激增能够得到管理。

7) 验证弹性容量增长操作的组件故障能够得到管理。

8) 验证弹性容量逆增长(缩减)操作的组件故障能够得到管理。

需要注意的是,分布式拒绝服务(DDoS)攻击很可能像多次洪水袭击一样,超过正常工作负载的应用程序实例比普通的流量波动更剧烈。应用程序往往部署在安全设备之上,如防火墙和深度包检测(DPI)引擎,这些安全设备应能够缓冲DDoS攻击的冲击。DDoS和其他安全攻击场景应明确验证为安全测试的一部分。

16.4.6 升级测试

虽然每个软件升级策略都要求测试验证并测量升级过程中的任何会话或数据的掉线或丢失,但也有一些特殊的测试。

对于类型Ⅰ,“街区聚会”软件升级(见第9.3.1节“Ⅰ型云支持升级策略:街区聚会”)的测试,必须确认以下内容:

- 新版本实例的安装和初始化不影响在旧版本上运行的流量;
- 对于特定版本实例存在一个配置和分配流量的策略;
- 同一时间流量可以在多个版本中运行;
- 版本数据添加、更新或删除不影响其他版本的数据完整性。

对于类型Ⅱ,“每车一司机”软件升级(见第9.3.2节“Ⅱ型云支持升级策略:每车一司机”)的测试,必须确认以下内容:

- 目标版本的软件和数据可以在不破坏当前版本的应用程序服务进行实例化。
- 流量可以从原始版本中耗尽并重定向到可接受的最大服务中断时间内的目标释放(见第13.1节“服务可用性需求”)。

16.4.7 灾难恢复测试

灾难性事件能同时影响运行在单一云数据中心的所有用户应用程序,所以应该定期模拟激活灾难恢复,以验证恢复目标与恢复点分析(第15.8节“恢复点目标分析”)和恢复时间分析(第15.9节“恢复时间目标分析”)是一致的。测试应该测量以下实际服务的影响:

1) 非计划站点故障(即无有序准备)。

2) 有序的站点切换(即在该站点进行重大维护操作前将当前站点下线)。

3) 有序的冗余切换(即在灾难事件或重大维护操作之后,离线修复的站点恢复服务)。

16.4.8 极限共存测试

正如第7.3节“极限共存解决方案”所讨论的,极限共存意味着多个应用程序组件都整合到单一的虚拟化架构，这样虚拟机服务器的故障会同时影响多个解决方案组件。因为，不论是云消费者还是应用程序提供商都拥有明确的控制权，云服务提供商如何在整个云服务提供商的虚拟化架构分发应用程序组件实例，应用程序必须准备从任何可能出现的极端共存配置中恢复。因此，各种极端共存故障情形应当进行测试，以验证用户服务没有受到不可接受的影响。极限共存配置的解决方案在一些特殊的配置过程中是必须的，之后还会对架构故障进行模拟。

16.4.9　PaaS 技术组件测试

正如在第 15.3 节“PaaS 故障影响分析”所讨论的，PasS 技术组件可以包含在解决方案中。这些组件的故障可能对应用程序服务产生影响；因此，应用程序必须准备处理这些故障。PaaS 技术组件测试包括在 PFEA 中确定 PaaS 组件故障情况，以核实故障用户服务的影响是可以接受的。正如第 16.4.3 节“健壮性测试”所讨论的，一组完整的回归测试应重点放在 PFEA 风险最高的故障情形。

16.4.10　自动回归测试

为了确保软件或配置的更改不会导致新问题的产生，自动回归测试应当在生产环境中对变更进行验证。当支持持续交付时，确保引入新的软件对活动系统不产生负面影响尤其重要。可能的测试示例在第 16.4.3 节“健壮性测试”中进行了介绍。

16.4.11　构造发布测试

构造发布提供了在生产环境下监控一小部分早期用户使用情况得到的应用程序质量。正如第 16.4.1 节“服务可靠性和延迟测试”中所讨论的，有必要进行服务的可靠性和延迟测试，同时，通过 KQI 监测和分析来确定发布版的质量，并判断当用户数量增加是否需要对应用程序做进一步的修改。

第17章 关键点连接与总结

本书的第Ⅰ部分介绍了由于虚拟化和云计算产生的面向资源服务缺陷，以及基于云的应用可以降低面向用户服务的风险。第Ⅱ部分系统地分析了这些风险，第Ⅲ部分给出建议降低这些风险对终端用户服务的影响。本章总结了这三个部分的关键点。

17.1 应用程序服务质量所面临的挑战

终端用户一般不关心应用程序是否部署在传统的架构或云架构之上。假设对于两个部署方案用户服务质量需求是一致的。通过应用程序的资源服务边界与部署在非虚拟化的硬件配置的比较得知，云部署带来了额外的缺陷（在第4章中虚拟化架构缺陷中讨论）。

如图17.1（等同于图4.1）所示，这些故障包括：

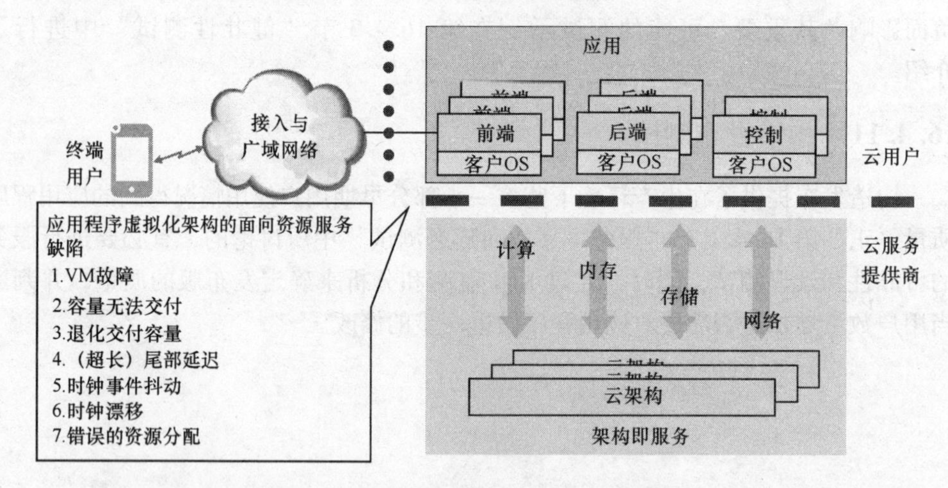

图17.1 基于云应用程序虚拟化架构缺陷

- 虚拟机故障（第4.2节）：如同传统的硬件，虚拟机也有可能发生故障。
- 无法交付的虚拟机配置容量（第4.3节）：例如，虚拟机简单地停止操作（又名“停止”）。
- 交付退化的虚拟机容量（第4.4节）：例如，当一台特定的虚拟机服务器出现了拥塞时，一些应用程序IP数据包会被主机操作系统或虚拟机管理程序丢弃。

- 资源传送的附加尾部延迟（第 4.5 节）：例如，一些应用程序组件偶尔可能会经历非常长的资源访问延迟。
- 时钟抖动（第 4.6 节）：例如，定期时钟事件中断（例如，每 1ms）可能造成缓慢或聚结。
- 时钟漂移（第 4.7 节）：客户机操作系统的实时时钟与 UTC 失准。
- 失败或缓慢的虚拟机实例分配和启动（第 4.8 节）。例如，新分配的云资源可能不起作用（又名到达即死亡［DOA］）。

如图 17.2，创建一个健壮的应用程序满足面向用户服务质量指标（参见第 2.5 节）是一个挑战。云服务供应商提供一个应用程序，它的面向资源服务可能存在一些缺陷，例如服务可用性，服务延迟和服务的可靠性等方面。

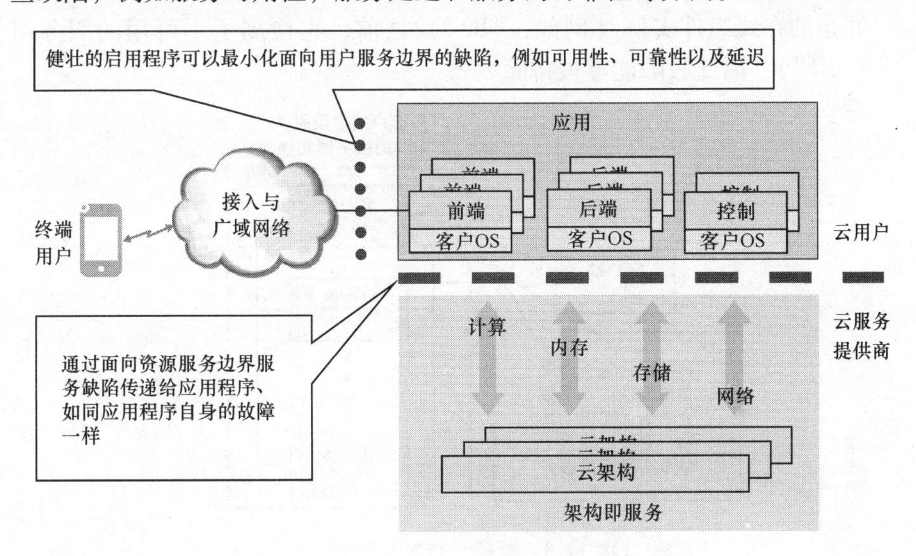

图 17.2　应用程序健壮性挑战

由架构提供的面向资源服务质量从根本上驱动应用程序的体系结构选择。例如两轮驱动汽车适用于在维护良好的道路上驾驶，但在地形不断变换的未铺设的道路上，就需要具有四轮驱动的系统和重型悬挂系统的汽车。同样的，在选择一个应用程序的体系结构时，应当考虑云架构的缺陷以确保其可行性。即使架构存在缺陷，也应当尽可能满足面向用户服务质量的期望。

17.2　冗余和健壮性

通过云实现的应用提供了丰富的、灵活的、有弹性的资源。考虑范围更广的冗余选项，可以提高服务的稳定性。从根本上说，有四个冗余模型可通过应用程序组件部署：

- 简单架构。单个组件实例充当一个或多个用户，如果这个实例失败，那么受影响的组件必须在用户服务恢复前进行修复。虚拟化和基于云的快速自动修复 Repair-as-a-Service（修复即服务）（参见5.3节通过虚拟化改进架构修复时间）能够减少服务恢复时间，将修复时间从数小时减少到数分钟或更少，显著提高了简单架构服务的可用性。
- 顺序冗余。增加备用组件实例作为冗余，它可以为用户提供服务，而无须事先修复故障的（单一的）组件。在顺序冗余中（见图17.3），每个请求由单个组件实例响应，如果该组件实例失败，则以对用户影响最少为原则将服务转移到冗余组件实例。这种冗余模式将故障检测和恢复服务单元“B1”的故障放在了用户服务传递的关键路径上，即在该请求被重定向到冗余的在线组件实例（例如，“B2”）之前，先检测了不可用的服务组件（“B1”），因此故障能够被排除。

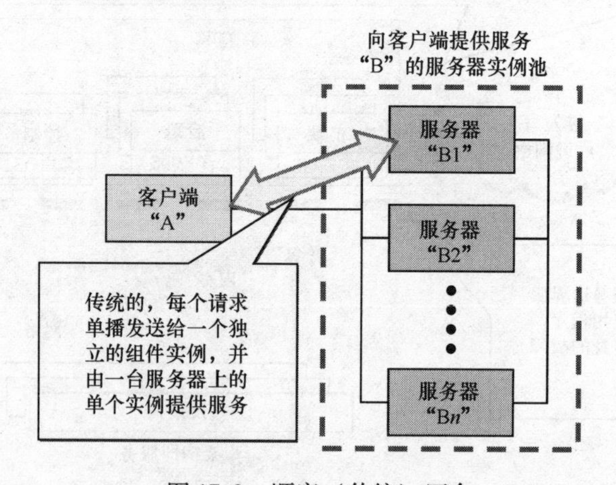

图17.3 顺序（传统）冗余

- 并发冗余（见图17.4）。每个客户端请求同时逻辑多播到几个在线服务器组件实例。因此每个客户端请求的冗余副本并发处理。在这种结构中客户端“A”的逻辑是比传统的冗余更复杂，因为它必须同时多点传送请求到几个服务器组件实例，然后通过这些返回选择一个响应使用。当几个组件实例并行处理相同的请求时，服务器实例架构的设计必须可以有效地处理出现的挑战。相比连续的冗余架构，并发冗余架构能够更有效地缓解组件故障，因为故障检测和恢复不再在关键服务路径进行。即使该组件实例中有一个故障，也会最少有一个成功的响应能够被客户端“A”通过运算组件实例及时收到。而不必等待检测组件实例失败后重试请求到另一个组件实例。除了这种服务可用性方面的优点，冗余架构可以有效地缓解一些虚拟化架构的缺陷，如虚拟化资源未投递或退化传递（又名VM出错［hiccup］或抛锚［stall］）。因为至少一个组件实例是全面运行的，并且可以返回一个提示成功的响应到客户端。

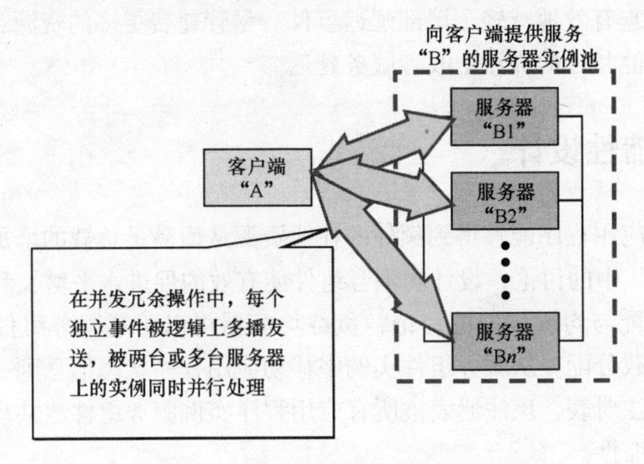

图 17.4　并发冗余

- 混合并发冗余（见图 17.5）。客户机可以发送一个请求到单个服务实例并等待一回复，而不是逻辑上通过并发多重冗余组件服务同时处理每个请求副本的多点传送。如果选定的服务实例在保护时间 Toverlap（也许是第 99 百分位的延迟时间）内不回应，则该请求被发送到另一个服务实例，客户端使用第一个被接收的响应。这种混合并发的方式减轻故障和架构缺陷带来的服务影响，它比通过缩短故障检测时间方式的顺序冗余方法更好。相比并行冗余，混合并发冗余带来稍长的用户服务延迟，无论是正常还是故障工作期间。混合并发冗余消耗更少的资源，原因是相比处理每个请求多次的"全"并发冗余，该方式对绝大多数客户端请求的处理只有一次。

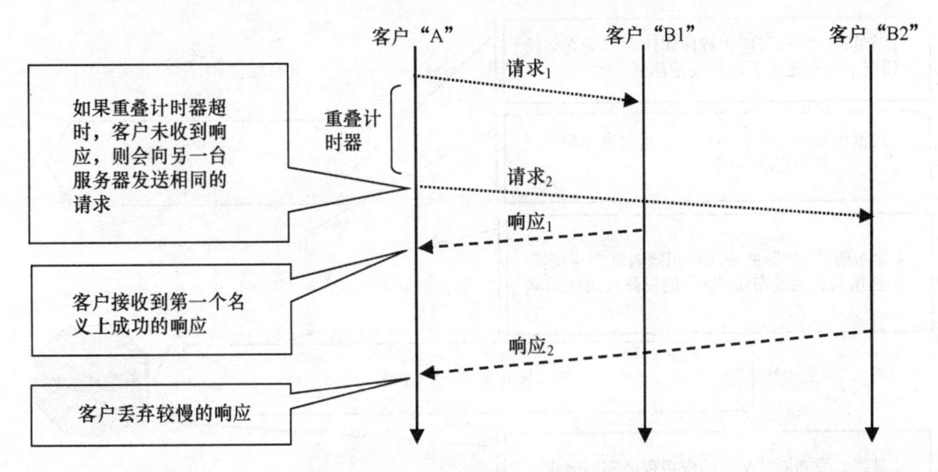

图 17.5　包含慢响应的混合并发

基于云的应用无法忍受单纯的组件故障带来的用户服务影响或是中断。因此修复作为一种服务运行机制应该部署冗余架构。混合并发冗余提供比顺序冗余更好的服务质量。因为它有效地减轻了尾部延迟事件。尽管耗费更多的资源，但并发冗余在混合并发冗余健壮性的优点上改善服务延迟。

17.3 可伸缩性设计

快速弹性使应用程序能够得到额外的在线资源从而满足负载的增加需求。如第8章“容量管理”中的讨论，设计弱耦合组件能有效的促进水平增长和逆增长。如第6章" 负载分配与均衡" 中的讨论，负载均衡器可以跨越服务组件的弹性池方便的进行工作负载分配。从服务组件实例中移动应用程序状态信息到一个具有高可用性的易失数据注册表，该注册表被所有应用程序实例服务组件池共享，从而提高应用状态的可伸缩性。

正如在第7章“故障容器”中的讨论，VM资源是从底层物理资源中虚拟分离而出。因此，应用程序组件被设计成在VM实例中运行，其大小被设置为适当的容量增长单位，并禁止故障虚拟机实例占用，从而满足商业化服务质量的要求。

17.4 可扩展性设计

弹性和虚拟化使基于云的应用软件升级采取完全不同的策略，可分配足够的额外资源来安装升级一个新的独立应用程序实例，并同时运行（完全冗余）当前版本。正如第9章“发布管理”中讨论，首选策略，作者称之为Ⅰ型“街区聚会”（见第9.3.1，“Ⅰ型云支持升级策略：街区聚会”和图17.6）是指分配、安装、

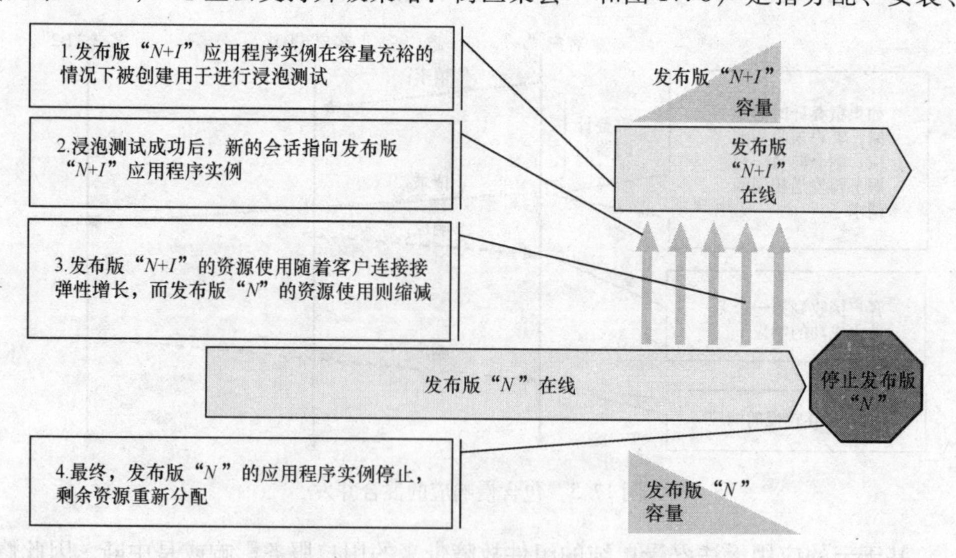

图17.6 类型Ⅰ“街区聚会”升级策略

配置、激活以及对新的或是升级的应用程序实例做浸泡测试或是将用户流量中的一部分进行迁移，原则为对现有的应用程序实例干扰最少，直到用户服务完全迁移到新实例。

"街区聚会"不仅便于持续软件交付，也使云用户能够轻松地体验他们的服务。例如，一个应用程序可被修改以试用略微不同的网页布局或优化结构。将其部署到实时用户业务，比较 A/B 应用的关键质量指标（KQI）来评估变化。

17.5 故障设计

VM 实例比本地硬件更频繁的陷入故障，因为虚拟机管理程序和额外的云计算软件往往在应用程序的虚拟机实例和底层硬件之间的关键路径上。此外，以复杂的软件系统和云服务提供商部署的操作策略所支持的虚拟化基础架构环境会因某种原因而失败，这将会影响虚拟机主机应用组件。因此，相比传统的部署，应用组件应该做好准备应对更频繁的严重故障。

供应商和用户基于云的应用程序故障设计基本原则应该考虑有以下几个方面：

- 设计故障容器。不可避免的故障应该被自动遏制，从而避免级联故障的发生（见第 7 章，"故障容器"）。
- 设计故障诊断。应用程序应该设计为具有快速检测故障并激活恢复的机制，且尽量减少静默或挂机故障的风险。云用户不应依靠终端用户进行故障检测并发现应用程序错误。
- 服务有效性设计。可以通过自动故障检测和服务恢复将用户服务故障的影响快速最小化。在线冗余组件自动恢复服务必然比单一措施快，尤其是自动修复作为一种服务机制使用的时候（见第 5 章"应用程序冗余和云计算"）。
- 应用程序修复设计。为了减缓（虚拟机与传统的硬件比较）在提高云消费者的运营支出（OPEX）中导致高故障率的影响，自动 VM 修复作为一种服务或自愈机制应该被采用（请参见第 5.2 节"通过虚拟化改进软件修复时间"和第 5.3 节"通过虚拟化改进架构修复时间"）。

根据定义，系统陷入故障时是一个无法预知的状态，因此故障事件是杂乱的。应采用大量的测试以保证可以迅速可靠的进行故障围堵、检测、恢复和修复。幸运的是，云计算能够使得测试用例进行应用实例健壮性测试，而完全不影响实时用户服务。可以承受在生产系统上进行健壮性测试风险的服务，在生产系统上使用部署在应用上的测试工具，如 Simian Army 即 Netflix，可从频繁健壮性验证机制中获益。在产品系统容忍十分有限的验证服务，应限制它们对生产系统的测试以进行周期性灾备演练。

17.6 规划注意事项

如［Carr］讨论，云计算在信息和通信技术（ICT）行业代表了一个“大转变”。这将最终影响企业如何利用信息技术。［TOGAF］给出了四种架构：业务、应用、数据和技术。所有这四种架构将演变为企业需求、顾客和市场需求以及技术和生态系统的发展。因此，企业领导者必须规划这些相关架构的演变。在保证进度和成本的限制下，以便应用程序、数据和技术架构以可接受的服务质量支持业务需求。这样一来，应用程序的云意识（参见3.7节，“Cloud Awareness”）更可能是一个不断发展的过程，而不是单一的大爆炸事件。考虑重新编写云应用，应该抛开传统架构的假设，以友好云的架构原则，如［Birman］，［CCPP］，［ODCA_DCCA］和［Varia］。

以下建议能够保证基于云应用的可行性和可能性以持续实现服务质量预期。

- 明确定义服务质量需求。系统化的体系结构，分析，设计和定性和定量的测试需求。可验证的应用服务质量需求基准测试（参见第13章“应用程序服务质量需求”）是任何高服务质量的应用程序基础。
- 应用程序架构设计：
  - 包容，检测，恢复和修复不可避免的故障（见第5章，“应用程序冗余和云计算，”和第7章，“故障容器”）；
  - 在线容量平稳增长和逆增长（见第8章，“容量管理”和第6章“负载分配和平衡”）；
  - 支持“街区聚会”发布管理（见第9章“发布管理”）；
  - 监控虚拟化架构的性能以便服务出现故障或损坏时进行根源分析（参见第14章，“虚拟化架构度量和管理”）。
- 分析应用程序的体系结构，以保证不断满足服务质量要求产品部署的可行性和可能性。

在第15章“基于云的应用程序分析”中进行了详细完整的分析。

  - 可靠性框图和参照分析（第15.1节）；
  - IaaS缺陷影响分析（第15.2节）；
  - PaaS故障影响分析（第15.3节）；
  - 工作负载分布分析（第15.4节）；
  - 反关联性分析（第15.5节）；
  - 弹性分析（第15.6节）；
  - 发布管理的影响效应分析（第15.7节）；
  - 恢复点目标分析（第15.8节）；
  - 恢复时间目标分析（第15.9节）。

- 云测试应用软件。第 16 章,“测试注意事项”中讨论了传统部署没有的增量测试。这保证了部署到云的应用程序能提供可靠的服务质量。除了功能测试,在应用程序的测试中应当包括:
  - 服务可靠性和延迟测试(第 16.4.1 节);
  - 架构缺陷测试(第 16.4.2 节);
  - 健壮性测试(第 16.4.3 节);
  - 持久性/稳定性测试(第 16.4.4 节);
  - 应用程序弹性测试(第 16.4.5 节);
  - 升级测试(第 16.4.6 节);
  - 极限共存测试(第 16.4.8 节)。
- 不断地质量改进。对于云计算来说故障设计是与持续的质量改进相伴随的。当故障不严重时,系统往往可以检测和自动恢复正常。但至少一个用户会受到故障的影响。

如果部署得当,故障设计可能会启动故障处理事件,用最小的服务影响自动解决,否则可能已经产生严重中断。需要注意的是,以最小的影响不等同于无影响。通常情况下,最小服务影响的事务故障和一个极为缓慢的事务将会融合成慢性服务障碍。面对突发业务故障,先进企业努力推动后台故障服务水平向一流发展。这也将推动慢性服务故障改进向一流水平发展。改进方法如下:

1) 测量服务性能;
2) 服务故障的 Pareto 分析;
3) 影响服务问题的根源分析;
4) 部署纠正以防止复发服务问题;
5) 重复。

17.7 传统应用的演化

本节讨论已成功从本机硬件配置部署到云,且可以提供可媲美现有或传统应用程序服务质量的(参见第 3.7 节“云意识”)应用所面临的挑战。鉴于此任务的复杂性,且商业现实与动态市场客户的持续支持是相互关联的,大多数应用程序供应商和云用户将传统的(本地)完全部署到云,一般采用多个应用程序逐步部署的方法过度,而不是采取一个单一的“大爆炸”似的发布。图 17.7 说明了示例应用程序演化的时间轴,从阶段 0 开始。现有的传统应用程序只在本机硬件部署,之后不断发展为云意识的几个版本。

- 阶段 0:传统应用(第 17.7.1 节)。定量地表征本地部署应用程序中的关键用户服务质量指标,帮助应用程序设计人员、开发人员和测试人员对程序性能有一个准确的了解。

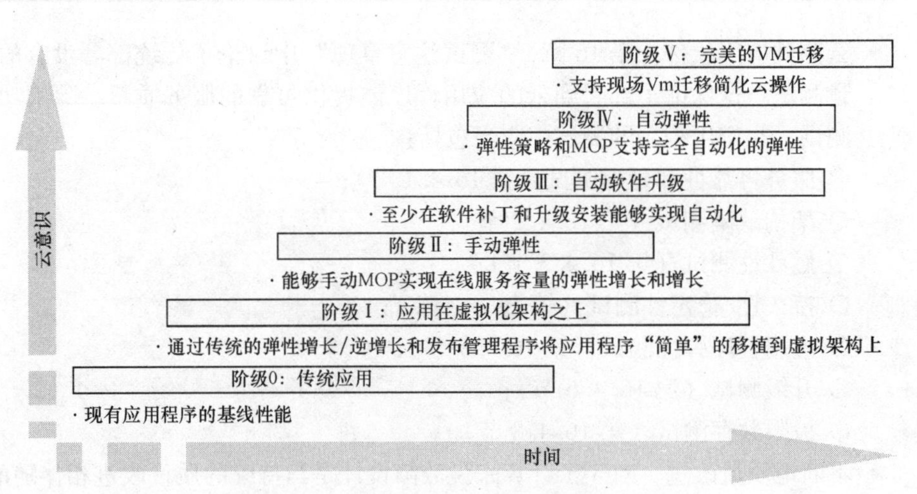

图 17.7 传统应用程序的阶段性演化示例

- 阶段Ⅰ：虚拟化架构上的高服务质量（第 17.7.2 节）。第一个步骤，当构建云架构时保证该应用程序提供可接受的服务给用户。
- 阶段Ⅱ：手动应用弹性（第 17.7.3 节）。对于传统应用来说，在线弹性容量增长和逆增长往往具有挑战性。富有弹性的云应用程序有两种：

A. 手动扩展或收缩的应用程序容量；

B. 策略的、机制的、集成的使那些弹性增长和逆增长的程序可靠地自动执行而无需人工参与。

为了尽量减少对用户服务影响的风险，提供关键服务的诸多应用服务提供商会需要手动执行弹性增长和逆增长程序，直到程序被证明是足够可靠的和确定的。这样自然不会危及应用服务提供商的声誉。手动弹性应用控制使云消费者能够轻松地在达到预期负载前扩展应用程序的容量（例如 Cyber Monday 电子商务网站），并在需求过后方便地减少网络容量。采用机制、策略、管理来自动触发容量增长和逆增长事件，在容量逆增长中可能强制释放资源。自动控制的其他细节都在第 17.7.5 节“阶段Ⅳ：自动应用弹性”中进行阐述。

- 阶段Ⅲ：自动发布管理（第 17.7.4 节）。发布管理通常包括数据演进，在这个阶段应该是自动的。但供应商保留在主要版本升级中依赖于一些手工操作的选项，特别是在如果应用程序故障需要决定是否修复或继续时。
- 阶段Ⅳ：自动应用弹性（第 17.7.5 节）。一旦阶段Ⅱ的弹性增长和逆增长程序被证明是高度可靠的，即可专注于自动激活或执行这些程序，然后弹性整合到云 OSS。
- 阶段Ⅴ：虚拟机迁移（第 17.7.6 节）。当应用程序支持 VM 迁移，云服务提供商可以自主移动应用程序的虚拟机实例来执行维护操作（例如，架构组件的发布管理），或整合工作负载管理电源消耗（例如，断电时使用率较低的服务器），而不会对应用程序终端用户产生不可接受的服务影响。

这些步骤可以被重新排序和定制，以满足具体应用、云消费者、云服务提供商和终端用户的需要。例如，某些应用服务提供商将要在自动发布管理（名义上阶段Ⅲ）之前自动部署应用程序容量（名义上阶段Ⅳ）。

17.7.1　阶段 0：传统应用

传统的应用程序一直致力于提供可接受的用户服务，这也是应用程序不断发展的坚实基础。理想情况下，应用程序用户面临的 KQI 是已知的，作为云部署应用程序的目标，明确的量化记录为服务质量要求。如第 13 章“应用程序服务质量需求”所述。请注意，许多应用程序用户面临的 KQI 值可能超越用户的期望，所以云部署逼近而不是等于那些目标是可接受的。

17.7.2　阶段 I：虚拟化架构上的高服务质量

不断发展的传统应用程序部署到云的第一阶段是通过管理程序运行在虚拟机实例上的；这个阶段提高应用程序的硬件独立性。部署虚拟化架构能一定程度上使服务器整合或应用共存。虚拟化使资源共享也存在一定的风险，这在第 4 章“虚拟化架构的缺陷“中进行了介绍。需要注意的是，因为有管理程序之间的差异，供应商一般挑选特定的虚拟机管理程序进行集中支持。

架构师首先映射应用程序的软件组件到虚拟机实例。在适当的时候，随着目标平台作为一种服务（如负载均衡器和数据库服务器）提供技术组件，应用程序架构师将考虑更换本地应用组件。架构师和开发人员应该预先考虑不完善的基础架构和技术组件，并完成 IaaS 缺陷影响分析（第 15.2 节）和 PaaS 故障影响分析（第 15.3 节）。应用程序应该对虚拟化架构的故障进行监测，使应用服务质量问题无论是在测试还是生产部署过程中都能得到的有效解决。如果一个无法接受的性能传递到某个单一的虚拟机实例上，那么应用程序架构师可以考虑采用以下一个或者多个缓解策略：

- 虚拟机级拥塞检测与控制（第 14.4.2 节）；
- 终止性能欠佳的虚拟机实例（第 14.4.4 节）。

当支持弹性增长，应用程序可以考虑额外的缓解办法：分配更多虚拟资源容量（第 14.4.3 节）。

架构师应完成反关联性分析（第 15.5 节），以方便写反关联性规则，在 VM 服务器主机中明确分布应用程序的虚拟机实例，这样应用程序实例可以承受单个 VM 服务器故障。需要注意的是，架构师可通过手动部署或自动灾难恢复机制减轻 VM 主机故障。应执行恢复点目标分析（第 15.8 节）和恢复时间目标分析（第 15.9 节），以验证架构满足其业务连续性和故障恢复目标，包括主要的云架构故障恢复。

阶段 I 中已经说明了应用程序安装和发布管理措施，程序容量的增长和逆增长措施遵循传统（例如离线的）过程。

除了功能测试，云部署应用程序的测试活动应包括以下内容：

- 服务可靠性和延迟测试（第16.4.1节）。注意此处应该包括模拟的虚拟化架构故障测试；
- 构架缺陷测试（第16.4.2节）；
- 健壮性测试（第16.4.3节）；
- 持久性/稳定性测试（第16.4.4节）；
- 升级测试（第16.4.6节）；
- 灾难恢复测试（第16.4.7节）；
- 极端共存测试（第16.4.8节）。

17.7.3 阶段Ⅱ：手动应用弹性

现有的应用程序会支持一些功能扩充，但通常执行时应用程序是离线状态（例如在维护期间），并且可能需要一些变化（例如重新安装并进行不同的设置，如一个大的数据库应用程序）。应用程序团队将决定哪些应用增长和缩减支持在线操作（例如增加用户服务）和哪些方面应该继续脱机操作（例如不断增长的数据库容量）。注意，应考虑应用程序本身和其组件的许可策略，以确保许可证管理与应用程序的弹性对齐。

架构师决定了应用程序的在线增长是水平的或垂直的，并且设计适当的机制。架构师也将确定增长的单位（例如个人VM实例或VM实例组）以及弹性增长的极限。弹性分析（第15.6节）用来确保健壮的弹性架构。相应的应用程序弹性测试（第16.4.5节）也应当设计实施。

17.7.4 阶段Ⅲ：自动发布管理

自动发布管理使软件补丁、更新、升级和改造能够有效的进行，并保证尽可能少的进行手动安装。在第9章“发布管理”中详细讨论了相关内容。除了降低云消费者的OPEX，还可以通过bug修复以及安全性和稳定性补丁提高应用程序的服务质量。这样就减少了时间窗口，一个被修复的应用容易造成风险。自动发布管理需要不断交付，但这么做是有价值的，甚至需要采用定期发布交付模式。发布管理影响效应分析（见第15.7节）应用于分析应用程序的发布管理策略，升级测试（参见第16.4.6节“升级测试”）用以验证操作的正确性。

17.7.5 阶段Ⅳ：自动应用弹性

第8章“容量管理“详细阐述应用程序的弹性问题。应用程序弹性自动化要求应用程序架构师做到如下几个方面：

- 确定哪些应用程序的性能指标触发自动弹性增长和逆增长；

- 制定评估能够恰当引发弹性操作的性能指标的策略；
- 定义强大的自动弹性程序以保证可接受的服务操作和服务质量，尽管有些故障和误操作是不可避免的。

架构师应该小心确保弹性操作连接了正确的自动触发器，从而减小观察到的性能下降或吞吐量瓶颈引发的错误资源增长所带来的风险，导致应用程序因为资源容量和性能/吞吐量问题终止。应用程序开发人员将实施这些机制并用适当的弹性业务支持系统进行整合。反复进行弹性分析（第 15.6 节）以确保架构和用于自动弹性操作设计是健壮的。

还需要考虑适当的应用程序弹性测试（第 16.4.5 节），包括验证自动弹性机制不会妨碍自动故障检测和恢复机制。反复进行升级测试（第 16.4.6 节）以确保自动弹性不会给软件升级带来负面影响。持久性/稳定性测试（第 16.4.4 节），包括自动弹性增长（或逆增长）应当作为日常稳定性测试标准的一部分。

17.7.6　阶段 V：虚拟机迁移

云服务提供商从一个特定的 VM 服务器主机删除应用程序的虚拟机实例是不可避免的，当然这也是必要的和便捷的。如要使服务提供商进行维护操作，例如 VM 服务器的发布管理，就必须进行配置更改或维修 IP 架构。当应用程序可以脱机或处于在单机操作状态较长时间时，解决问题的传统方法是将维护工作安排在统一的维护时段（例如，午夜至凌晨4 点之间）。首选的解决方案是让应用程序支持 VM 实例到其他服务器的迁移，这样云服务提供商就可以高效地执行维护操作，从而确保应用程序的最终用户受到的影响最小，且实现运营成本和云用户风险最小化。虚拟机管理程序暂停一台主机上 VM 实例虚拟机的内存、存储和网络连接传输到另一台主机，然后激活虚拟机上的另一台主机上，以产生一个“激活的”VM 迁移。虚拟机管理程序、云服务提供商架构和经营策略以及其他因素将决定已配置 VM 容量交付故障的时间（参见 4.3 节）。如果时间太长，应用程序架构师则应该完善迁移机制，使虚拟机实例在用户服务影响最小化下实现迁移。

17.8　结束语

与传统的应用程序部署相比，云计算提高企业服务灵活性并减少资本支出（CAPEX）和运营支出，同时为终端用户提供可接受的服务质量。然而，云计算引入了与虚拟化架构相关的风险，复杂的生态系统以及新的职责问题，这都会影响终端用户应用的服务质量。本书系统的界定和分析了这些风险，并提出了具体建议，使云提供的服务质量至少与本地应用一样好，在某些情况下应当更好。

缩 略 词

AC	交流电
ACID	原子性，一致性，隔离性，持久性
API	应用程序接口
ASP	应用服务提供商
BASE	基本可用，软态，最终一致性
BAU	照常营业
BE	最大努力
CAPEX	资本支出
CCDF	互补累积分布函数
CDF	累积分布函数
CDN	内容分发网络
CFS	面向用户服务
CI	配置项
COTS	商用现货供应
CPU	中央处理单元
CSP	云服务提供商
DFR	可靠性设计
DHCP	动态主机配置协议
DNS	域名系统
DOA	到达即死亡
DPM	每百万瑕疵率，如每百万中失败的交易次数或每百万中失败的呼叫次数
DR	灾难恢复
DSL	数字用户线，有线接入技术
EMS	网元管理系统
EOR	低端以太网交换机
ERI	早期返厂指数（名义上的前 6 个月的硬件故障率）
FMEA	失效模式影响分析
FRU	现场可更换（硬件）单元
GMT	格林尼治标准时间
GPS	全球定位系统

GR	地理冗余
GUI	图形用户界面
HA	高可用性
IaaS	架构即服务
ICT	信息通信技术
IIEA	IaaS 故障影响分析
ISP	互联网服务提供商
IT	信息技术
ITIL	IT 架构库，一套由英国政府公布的 IT 管理流程
KPI	关键性能指标
KQI	关键质量指标
LAN	局域网
LBaaS	负载均衡即服务
LTR	长期返厂率（名义上的 18 个月以后的硬件故障率）
MAN	城域网
MOP	程序方法
MOS	平均意见得分
MTBF	平均无故障时间
MTRS	平均服务恢复时间
MTTR	平均修复时间
NE	网络元素
NFS	网络文件系统
NFV	网络功能虚拟化
NIST	美国国家标准与技术研究院
NSP	网络服务提供商
NTP	网络时间协议
OAM	操作、管理和维护
OAM&P	操作、管理、维护和配置
ODCA	开放数据中心联盟
OLTP	在线事务处理
OOS	停止服务
OPEX	运营支出
OSS	操作支持系统
PaaS	平台即服务
PIEA	PaaS 影响效果分析
PM	性能管理

PTP	精密时间协议
QoS	服务质量
RAAS	修复即服务
RAID	磁盘冗余阵列
RAM	随机存储器
RBD	可靠性框图
REST	表征状态传输
RFC	征求意见
RFP	请求建议书
RFS	面向资源服务
RMS	机架式服务器
RPO	恢复点目标
RTO	恢复时间目标
SaaS	软件即服务
SO4	产品属性服务年停机时间测量
SPOF	单点故障
TOR	高端机架式交换机以太网
VFRU	虚拟现场可更换部件
VIP	虚拟 IP 地址
VLAN	虚拟局域网
VM	虚拟机
VMI	虚拟机实例
VMS	虚拟机服务器
VMSC	虚拟机服务器控制器
VoIP	IP 语音
VPN	虚拟专用网
WAN	广域网
XaaS	任何产品即服务
YRR	年返厂率（名义上在第 6 ~ 18 个月的硬件故障率）

参考文献

[Bauer11] Eric Bauer, Randee Adams and Dan Eustace, *Beyond Redundancy: How Geographic Redundancy Can Improve Service Availability and Reliability of Computer-Based Systems*, Wiley-IEEE Press, 2011.

[Bauer12] Eric Bauer and Randee Adams, *Reliability and Availability of Cloud Computing*, Wiley+IEEE Press, 2012.

[Birman] Kenneth P. Birman, *Guide to Reliable Distributed Systems: Building High-Assurance Applications and Cloud-Hosted Services*, Springer Verlag, 2012.

[Carr] Nicholas Carr, *The Big Switch: Rewiring the World from Edison to Google*, 2013.

[CCDF] Daniel Zwillinger and Stephen Kokoska, *CRC Standard Probability and Statistics Tables and Formulae*, 32nd edition, CRC Press, 2011.

[CCPP] Rajkumar Buyya, James Broberg, and Andrzej M. Goscinski (eds), *Cloud Computing: Principles and Paradigms*, John Wiley and Sons, 2011.

[CSA] Cloud Security Alliance, http://cloudsecurityalliance.org (accessed September 17, 2003).

[Dean] Jeffrey Dean and Luiz André Barroso,The Tail at Scale, *Communications of the ACM*, Vol. 56, No. 2, pp. 74–80, 2013, 10.1145/2408776.2408794, http://cacm.acm.org/magazines/2013/2/160173-the-tail-at-scale/fulltext (accessed September 17, 2003).

[DSP0243] Distributed Management Task Force, Open Virtualization Format Specification, DSP0243, version 1.1.0, January 12, 2010, http://www.dmtf.org/sites/default/files/standards/documents/DSP0243_1.1.0.pdf (accessed September 17, 2003).

[FAA-HDBK-006A] Federal Aviation Administration Handbook: Reliability, Maintainability, and Availability (RMA) Handbook, FAA-HDBK-006A, January 7, 2008.

[Freemantle] Paul Fremantle Blog-Cloud Native, http://pzf.fremantle.org/2010/05/cloud-native.html (accessed September 17, 2003).

[IEEE610] IEEE Standard Glossary of Software Engineering Terminology, IEEE Std 610.12-1990(R2002).

[ISO_9000] Quality Management Systems—Fundamentals and Vocabulary, International Standard ISO 9000:2005(E), February 12, 2008.

[ITIL-Availability] ITIL® Glossary and Abbreviations—English, 2011, http://www.itil-officialsite.com/InternationalActivities/ITILGlossaries_2.aspx (accessed September 17, 2003).

[ITIL_CM] http://www.itlibrary.org/index.php?page=ITIL_Service_Transition (accessed September 17, 2003).

[ITIL_ST] Cabinet Office, TSO, ITIL® Service Transition 2011 Edition, 2011.

[ITILv3MTRS] http://www.knowledgetransfer.net/dictionary/ITIL/en/Mean_Time_to_Restore_Service.htm (accessed September 17, 2003).

[ITILv3MTTR] http://www.knowledgetransfer.net/dictionary/ITIL/en/Mean_Time_To_Repair.htm (accessed September 17, 2003).

[jHiccup] http://www.azulsystems.com/jHiccup (accessed September 17, 2003).

[Keynes] John Maynard Keynes, *A Tract on Monetary Reform*, London: Macmillan, 1924.

[Merriam-Webster] http://www.merriam-webster.com/dictionary/whipsaw (accessed September 17, 2003).

[Netflix10] 5 Lessons We've Learned Using AWS, December 16, 2010, http://techblog.netflix.com/2010/12/5-lessons-weve-learned-using-aws.html (accessed September 17, 2003).

[Netflix11] The Netflix Simian Army, July 19, 2011, http://techblog.netflix.com/2011/07/netflix-simian-army.html (accessed September 17, 2003).

[Netflix12] Chaos Monkey Released into the Wild, July 30, 2012 http://techblog.netflix.com/2012/07/chaos-monkey-released-into-wild.html (accessed September 17, 2003).

[NIST] http://csrc.nist.gov/publications/PubsDrafts.html (accessed September 17, 2003).

[NoSQL] NoSQL Relational Database Management System: Home Page, Strozzi.it., March 29, 2010, http://www.strozzi.it/cgi-bin/CSA/tw7/I/en_US/nosql/Home%20Page (accessed September 17, 2003).

[ODCA_SUoM] Open Data Center Alliance, Standard Units of Measure for IaaS Rev 1.1, http://www.opendatacenteralliance.org/docs/Standard_Units_of_Measure_For_IaaS_Rev1.1.pdf (accessed September 17, 2003).

[ODCA_CIaaS] Open Data Center Alliance, Compute Infrastructure as a Service Rev 1.0, http://www.opendatacenteralliance.org/docs/ODCA_Compute_IaaS_MasterUM_v1.0_Nov2012.pdf (accessed September 17, 2003).

[ODCA_DCCA] Jan Drake, Arun Jacob, Nigel Simpson, and Scott Thompson, Open Data Center Alliance, Developing Cloud-Capable Applications White Paper Rev. 1.1, November 2012, http://www.opendatacenteralliance.org/docs/DevCloudCapApp.pdf (accessed September 17, 2003).

[P.800] International Telecommunications Union, P.800: Methods for Subjective Determination of Transmission Quality, August 1996, http://www.itu.int/rec/T-REC-P.800-199608-I/en (accessed September 17, 2003).

[Parasuraman] A. Parasuraman, Valarie A. Zeithamal, and Leonard L. Berry, A Conceptual Model of Service Quality and its implications for Future Research, Journal of Marketing, Vol. 49, pp. 41–50, Fall 1985.

[RFC2616] R. Fielding et al., Hypertext Transfer Protocol—HTTP/1.1, June 1999, http://www.ietf.org/rfc/rfc2616.txt (accessed September 17, 2003).

[RFC4594] Internet Engineering Task Force, Configuration Guidelines for DiffServ Service Classes, RFC 4594, August 2006, http://tools.ietf.org/html/rfc4594 (accessed September 17, 2003).

[Riak] http://docs.basho.com/riak/latest/ops/building/benchmarking/ (accessed September 17, 2003).

[Sigelman] Benjamin H. Sigelman, Luiz André Barroso, Mike Burrows, Pat Stephenson, Manoj Plakal, Donald Beaver, Saul Jaspan, and Chandan Shanbhag, Dapper, a Large-Scale Distributed Systems Tracing Infrastructure, 2010, http://research.google.com/pubs/pub36356.html (accessed September 17, 2003).

[SP800-145] Peter Mell and Timothy Grance, National Institute of Standards and Technology, US Department of Commerce, The NIST Definition of Cloud Computing, Special Publication 800-145, September 2011, http://csrc.nist.gov/publications/nistpubs/800-145/SP800-145.pdf (accessed September 17, 2003).

[SPECOSGReport] SPEC Open Systems Group, Cloud Computing Working Group, Report on Cloud Computing to the OSG Steering Committee, http://www.spec.org/osgcloud/docs/osgcloudwgreport20120410.pdf (accessed September 17, 2013).

[TL_9000] Quality Excellence for Suppliers of Telecommunications Forum (QuEST Forum), TL 9000 Quality Management System Measurements Handbook 5.0, 2012, http://tl9000.org

(accessed September 17, 2003).

[TMF_TR197] TM Forum, Multi-Cloud Service Management Pack: Service Level Agreement (SLA) Business Blueprint, TR 197, V1.3, February 2013.

[TOGAF] The Open Group, TOGAF® Standard Courseware V9.1 Edition, http://www.togaf.info/togaf9/togafSlides91/TOGAF-V91-M1-Management-Overview.pdf (accessed September 17, 2003).

[UptimeTiers] Uptime Institute Professional Services, LLC, Data Center Site Infrastructure Tier Standard: Topology, Aug, 2012.

[Varia] Jinesh Varia, Architecting for the Cloud: Best Practices, January 2011, http://jineshvaria.s3.amazonaws.com/public/cloudbestpractices-jvaria.pdf (accessed September 17, 2003).

[Weinman] Joe Weinman, *Cloudonomics: The Business Value of Cloud Computing*, Wiley, 2012.

[Wikipedia-DB] http://en.wikipedia.org/wiki/ACID (accessed September 17, 2003).

[Wikipedia-LB] http://en.wikipedia.org/wiki/Load_balancing_(computing) (accessed September 17, 2003).

[Wikipedia-TI] http://en.wikipedia.org/wiki/Temporal_isolation_among_virtual_machines (accessed September 17, 2003).

[Zeithami] Valarie A. Zeithaml, Leonard L. Berry, and A. Parasuaman, *Delivering Quality Service*, The Free Press, 2009.

读者需求调查表

亲爱的读者朋友：

您好！为了提升我们图书出版工作的有效性，为您提供更好的图书产品和服务，我们进行此次关于读者需求的调研活动，恳请您在百忙之中予以协助，留下您宝贵的意见与建议！

个人信息

姓　　名：		出生年月：		学　　历：	
联系电话：		手　　机：		E-mail：	
工作单位：				职　　务：	
通讯地址：				邮　　编：	

1. 您感兴趣的科技类图书有哪些？

□ 自动化技术　□ 电工技术　□ 电力技术　□ 电子技术　□ 仪器仪表　□ 建筑电气

□ 其他（　　）以上个大类中您最关心的细分技术（如 PLC）是：（　　）

2. 您关注的图书类型有

□ 技术手册　□ 产品手册　□ 基础入门　□ 产品应用　□ 产品设计　□ 维修维护

□ 技能培训　□ 技能技巧　□ 识图读图　□ 技术原理　□ 实操　□ 应用软件

□ 其他（　　）

3. 您最喜欢的图书叙述形式

□ 问答型　□ 论述型　□ 实例型　□ 图文对照　□ 图表　□ 其他（　　）

4. 您最喜欢的图书开本

□ 口袋本　□ 32 开　□ B5　□ 16 开　□ 图册　□ 其他（　　）

5. 图书信息获得渠道：

□ 图书征订单　□ 图书目录　□ 书店查询　□ 书店广告　□ 网络书店　□ 专业网站

□ 专业杂志　□ 专业报纸　□ 专业会议　□ 朋友介绍　□ 其他（　　）

6. 购书途径

□ 书店　□ 网络　□ 出版社　□ 单位集中采购　□ 其他（　　）

7. 您认为图书的合理价位是（元/册）：

手册（　　）图册（　　）技术应用（　　）技能培训（　　）基础入门（　　）其他（　　）

8. 每年购书费用

□ 100 元以下　□ 101 ~ 200 元 □ 201 ~ 300 元 □ 300 元以上

9. 您是否有本专业的写作计划？

□ 否　□ 是（具体情况：　　　）

非常感谢您对我们的支持，如果您还有什么问题欢迎和我们联系沟通！

地址：北京市西城区百万庄大街 22 号　机械工业出版社电工电子分社

邮编：100037

联系人：吕潇　联系电话：010-88379767　传真：010-68326336

电子邮箱：16405282@ qq. com（可来信索取本表电子版）

编著图书推荐表

姓名		出生年月		职称/职务		专业	
单位				E-mail			
通讯地址						邮政编码	
联系电话		研究方向及教学科目					
个人简历（毕业院校、专业、从事过的以及正在从事的项目、发表过的论文）：							
您近期的写作计划有：							
您推荐的国外原版图书有：							
您认为目前市场上最缺乏的图书及类型有：							

地址：北京市西城区百万庄大街 22 号　机械工业出版社，电工电子分社

邮编：100037　网址：www. cmpbook. com

联系人：吕潇　电话：010-88379767　010-68326336（传真）

E-mail：16405282@ qq. com（可来信索取本表电子版）

北京市版权局著作权合同登记 图字：01-2014-6480 号。

图书在版编目（CIP）数据

云应用中的服务质量/(美)鲍尔（Bauer，E.），（美）亚当斯（Adams，R.）著；谭励，杨明华译. —北京：机械工业出版社，2016. 1

（国际信息工程先进技术译丛）

书名原文：Service Quality Of Cloud- Based Applications

ISBN 978-7-111-52352-9

Ⅰ. ①云… Ⅱ. ①鲍…②亚…③谭…④杨… Ⅲ. ①计算机网络 Ⅳ. ①TP393

中国版本图书馆 CIP 数据核字（2015）第 301096 号

机械工业出版社（北京市百万庄大街 22 号 邮政编码 100037）

策划编辑：吕 潇 责任编辑：吕 潇

责任校对：闫玥红 责任印制：李 洋

三河市国英印务有限公司印刷

2016 年 1 月第 1 版第 1 次印刷

169mm × 239mm · 16.5 印张 · 338 千字

0001— 3000 册

标准书号：ISBN 978-7-111-52352-9

定价：78.00 元

凡购本书，如有缺页、倒页、脱页，由本社发行部调换

电话服务	网络服务
服务咨询热线：010-88361066	机 工 官 网：www. cmpbook. com
读者购书热线：010-68326294	机 工 官 博：weibo. com/cmp1952
010-88379203	金 书 网：www. golden- book. com
封面无防伪标均为盗版	教育服务网：www. cmpedu. com